U0204258

新质生产力研究系列丛书

新质循环经济下的废弃物管理
拍卖机制与运营优化

徐素秀　冯江洪　李　果　孔祥天瑞　著

中国财经出版传媒集团

经济科学出版社
Economic Science Press

·北京·

图书在版编目（CIP）数据

新质循环经济下的废弃物管理拍卖机制与运营优化/
徐素秀等著. -- 北京：经济科学出版社，2024.5.
（新质生产力研究系列丛书）. -- ISBN 978 - 7 - 5218
- 5978 - 2

Ⅰ. X7

中国国家版本馆 CIP 数据核字第 2024NJ0605 号

责任编辑：李　雪
责任校对：王京宁
责任印制：邱　天

新质循环经济下的废弃物管理拍卖机制与运营优化
XINZHI XUNHUAN JINGJIXIA DE FEIQIWU GUANLI
PAIMAI JIZHI YU YUNYING YOUHUA
徐素秀　冯江洪　李　果　孔祥天瑞　著
经济科学出版社出版、发行　新华书店经销
社址：北京市海淀区阜成路甲 28 号　邮编：100142
总编部电话：010 - 88191217　发行部电话：010 - 88191522
网址：www. esp. com. cn
电子邮箱：esp@ esp. com. cn
天猫网店：经济科学出版社旗舰店
网址：http://jjkxcbs. tmall. com
固安华明印业有限公司印装
710 × 1000　16 开　23.25 印张　330000 字
2024 年 5 月第 1 版　2024 年 5 月第 1 次印刷
ISBN 978 - 7 - 5218 - 5978 - 2　定价：98.00 元
（图书出现印装问题，本社负责调换。电话：**010 - 88191545**）
（版权所有　侵权必究　打击盗版　举报热线：**010 - 88191661**
QQ：**2242791300**　营销中心电话：**010 - 88191537**
电子邮箱：**dbts@ esp. com. cn**）

国家自然科学基金创新群体项目：资源环境经济协同发展管理（72321002）；

北京理工大学青年教师学术启动计划；

国家自然科学基金面上项目（72471028）；

国家自然科学基金面上项目（建筑废弃物双边数字拍卖机制及智能竞标策略研究：72471028）；

教育部人文社科研究项目青年项目（考虑不确定用户行为的物流周转箱循环调运优化机制研究：22YJC630052）；

深圳大学高水平大学三期建设交叉学科创新团队项目（24JCXK03）；

深大社科2035计划（ZYQN2306）。

前　言

随着全球经济的快速发展和人口不断增长，资源的需求和废弃物的产生量呈现持续增长的趋势。传统的线性经济模式，即采购、生产、使用和丢弃的模式，导致大量的资源浪费和环境污染。为了缓解快速增长的废弃物带来的资源和环境压力，党和国家高度重视，相继出台了相关法律法规，以规范废弃物管理的各个环节。例如，2019年发布《关于加快推进资源循环利用的意见》，明确了资源循环利用的政策目标和重点领域，提出了一系列具体的政策措施，包括加强废弃物分类和回收利用、推动废弃物处置设施的建设和改造、鼓励循环经济产业的发展等。2020年第二次修订并于同年9月1日起施行的《固体废物污染环境防治法》明确了废物分类、废物回收利用、废物处置等方面的要求，对废物管理的各个环节进行了规范。这些法律法规为废物管理提供了政策支持和指导。然而，实践中废物管理面临诸多挑战，研究循环经济下的废物管理，有助于环境保护和生态平衡，促进废物管理理论的创新和发展，推动废物处理产业的发展，为社会经济的可持续发展提供支持和动力。

循环经济强调资源的循环利用和废弃物的最大化价值回收，通过将废弃物转化为资源，实现资源的有效利用和再生利用。在循环经济下，废物管理成为一个关键环节，涉及废物的收集、处理和再利用等各个方面。然而，传统的废物管理模式存在一些问题。首先，废物管理中存在信息不对称问题。废物的产生和处置往往涉及多个参与主体，包括生产者、收集者、处理者等。然而，这些参与主体之间的信息流通和协作存在不足，导致资源浪费和效率低下。其次，废物管理中存在资源的浪费和环境污染问题。由于废弃物的回收和再利用成本较高，往往无法形成有效的市场机制。同时，废弃物的处理和处置方式也存在环境风险和污染问题，对生态环境造成了不可逆转的损害。最后，循环经济废物管理系统不完善，缺乏对废弃物管理领域的创新变革。

为了提高废弃物管理的效率和效果，需要引入创新的机制和方法。废弃物管理拍卖机制是一种有潜力的解决方案，通过引入市场机制和竞争机制，实现废弃物资源的有效配置和回收。拍卖作为一种常见的确定交易价格和资源分配机制的方法，在循环经济下的废弃物管理中具有解决资源分配、运输服务采购等现实问题的巨大潜力。通过拍卖，废弃物管理者可以对废物设定最低价格并让潜在买家相互竞争出价，以提高废弃物的回收价值和资源利用效率。此外，在线拍卖还可以打破时间和空间的限制，促进废弃物的跨地区流通，进一步推动循环经济的发展。对于卖家来说，通过拍卖可以获得更多关于废弃物的信息，并逐步提高废弃物的价格，从而实现利益最大化。对于买家来说，拍卖可以节省信息获取成本和采购成本，并且在线拍卖允许竞标，同时还可以抑制废弃物市场中的各类不正当行为。因此，拍卖在循环经济下的废弃物管理中具有重要意义。

然而，我们通过对广州、深圳等地的废弃物管理调研发现，在循环经济下的废弃物管理领域，仍存在许多问题。这些问题包括以下三个方面：一是关于废弃物拍卖机制的研究与实践还比较薄弱。目前的研究存在一定局限性，包括对废弃物运输服务采购交易价格异常现象的解释、远程竞价机制、双边拍卖机制、多属性拍卖机制、保留价格等机制设计等方面。需要进一步扩展经典拍卖模型，并结合国内外研究现状与废弃物管理实际情况，设计更加适用的拍卖机制。二是废弃物管理中的物流流程优化是运营的关键。例如，废弃物收集车辆路径的优化问题，运输成本占据废弃物管理成本的很大部分，如何优化车辆运输和废弃物收集成为降低废弃物成本的关键。此外，应当指出的是，拍卖商对拍卖所涉废物组合的调整主要是基于其个人经验和专业知识。然而，这种主观方法可能会导致不同拍卖人在决策和判断方面存在很大差异。因此，在有限拍卖时间内，某些废弃物收集或运输服务可能会被忽视或低估，从而错失市场收益最大化的机会。这不仅会影响拍卖的整体效率，还会减少拍卖产生的潜在收益。因此，迫切需要通过拍卖平台来提高其在促进循环经济和最大化废弃物管理经济效益方面的有效性。三是废弃物供应链管理需要寻找合适的运输服务供应商进行废弃物运输。传统的采购方式需要综合考虑各种交易和非交易因素，运输服务价格可能受到买卖双方的人为干扰。随着废弃物量的增加，传统的运输服务采购方式已经无法满足企业不断增长的运输需求，因此，废弃物供应链管理亟须创新的运输服务采购方式。为此，本书遵循"问题—机制—结果"的研究思路，在考虑并融合多种拍卖机制和运营优化的情况下，深入研究废弃物管理的运营流程和基于拍卖的思想解决废物管理中的各类问题，为废弃物管理研究提供解决方案。

本书共分为八章。第一章，循环经济下的废弃物管理。本章主要对循环经济和废弃物管理基本概念进行了阐述，基于文献、数据和调研访谈等，全面总结了循环经济下废弃物管理的关键特征、基本原则、关键挑战和发展趋势。第二章，循环经济下废弃物回收交易与拍卖市场。本章介绍了废弃物回收交易与拍卖理论，分析了从传统上门回收市场到拍卖交易市场，接着对废弃物回收交易与拍卖市场的运作原理、现状和问题、关键要素等进行了系统的论述，同时结合前沿理论和最新废弃物管理实践进行了阐述，并对全书的研究路线图进行了总结。第三章，循环经济下废弃物供应链管理。本章对与供应链可持续性相关的各种术语进行分类，并对循环供应链管理进行了定义，对目前关于循环供应链管理研究现状的文献进行了结构化的分析。同时，鉴于废弃物管理涉及多个利益相关者，本章对当前废弃物管理所面临的障碍进行了深入分析。此外，本章还对循环经济下的废弃物供应链管理中的运输服务采购拍卖、运输路径和车队规模及运输车辆停靠位置选址等方面的研究进行了概述。第四章，循环经济下废弃物收集同步拍卖研究。本章在第三章循环经济下废弃物供应链管理基础上，着眼于研究废弃物收集行业的零担运输服务采购问题，提出了基于拍卖的废弃物收集同步机制。在这个机制中，承运人担任拍卖者的角色，决定竞标者的胜出及相应的付款，而托运人则充当竞标者，通过引入基于拍卖的废弃物收集同步机制，可以提高废弃物收集行业的运输效率，进一步推动循环经济的发展。第五章，循环经济下废弃物运输拍卖与机制设计。在第四章循环经济下废弃物收集同步拍卖研究的基础上，本章进一步在单边和双边市场环境中对废弃物运输服务资源分配与定价进行了研究。第六章，循环经济下废弃物运输车队规模及路径研究。运输商在确定了运输服务对象之后，需要对运输路径进行合理规划，为此，本章研究碳中和约束下的垃圾运输车队最优规模和路径问题，分别考虑总成本最小化、车队规模最小化和碳排放最小化目标函数，构建了数学规划模型，这些模型可以为其他企业在碳中和运输优化方面提供灵活的解决方案。第七章，循环经济下废弃物运输车辆停靠位置研究。本章重点解决了废弃物运输车辆在不确定性环境下的车辆停靠选址问题。第八章，循环经济下废弃物仓储区块链拍卖设计。本章提出了一个基于区块链的浮动计费管理系统作为废弃物仓储服务供应商的整体解决方案，以提高废弃物仓储服务的安全性、可信度和透明度。

与以往研究相比，本书具有以下三方面特色和创新：（1）研究思路与实现方法的特色。本书融合了拍卖理论、运筹优化理论和多属性决策研究，以多维度视角从智能废弃物管理障碍、废弃物收集同步机制、运输服务采购机制、废物运输路径优化、废弃物运输车辆停靠位置和废弃物仓储区块链机制设计等方面进行了全书的章节架构设计，所研究的废弃物管理问题具有重要的现实意义和应用价值，所得到的研究成果将丰富循环经济下废弃物管理拍卖机制的理论和方法。（2）研究视角与系统优化的特色。本书研究从循环经济的整体视角出发，考虑废弃物管理的全生命周期，包括废弃物的收集、运输、仓储等环节。通过综合视角，能够更好地理解废弃物管理的复杂性和相互关系，为拍卖机制的设计和运营提供全面的指导。本书也注重通过优化方法和技术来提高废弃物管理拍卖机制的效率和效益。通过建立数学模型和应用智能算法，可以对拍卖机制进行优化，使其能够更好地满足废弃物管理的需求，提高资源利用效率和经济效益。（3）研究结果指导实践应用的特色。本书旨在研究循环经济下的废弃物管理拍卖机制与运营优化，探索解决废弃物管理问题的新途径和新方法，通过系统地介绍相关理论和实践，为废弃物管理领域的研究者、从业人员和政策制定者提供有益的理论和实践指导，推动循环经济发展和实践应用。同时，也希望能够激发更多的研究和创新，为构建资源节约型、环境友好型社会作出贡献。

在撰写本书的过程中，我们吸纳了众多专家的研究文献、思想和建议，对他们作出的贡献表示衷心的感谢！由于作者水平和时间有限，不妥之处在所难免，敬请斧正。

目 录
CONTENTS

第 一 章

循环经济下的废弃物管理

在当今社会，随着环境问题的日益突出和资源的日益稀缺，人们对于如何有效利用资源、减少废弃物排放的重要性日益认识到位。循环经济作为一种可持续发展的模式，已经成为解决这些问题的重要途径之一，而新质生产力在循环经济中发挥着重要的作用。

第一节　新质生产力

一、基本概念

2024 年 1 月 31 日，习近平总书记在二十届中央政治局第十一次集体学习时指出，新质生产力是创新起主导作用，摆脱传统经济增长方式、生产力发展路径，具有高科技、高效能、高质量特征，符合新发展理念的先进生产力质态。它由技术革命性突破、生产要素创新性配置、产业深度转型升级而催生，以劳动者、劳动资料、劳动对象及其优化组合的跃升为基本内涵，以全要素生产率大幅提升为核心标志，特点是创新，关键在质优，本质是先进生产力。

新质生产力指的是随着科技进步、制度变革或社会发展而涌现的新的生产要素和生产方式。在循环经济中，新质生产力不仅包括了传统生产要素和生产方式的创新，更强调了对资源的有效利用和循环利用。具体来说，新质生产力在循环经济中的表现包括但不限于以下几个方面：

1. 新的生产要素

除了传统的劳动力、资本、自然资源等要素外，新质生产力还包括了高效的环保技术、智能化的生产设备、以及基于数据分析的生产管理等，这些要素的引入使得资源的利用更加高效。

2. 生产技术的创新

新质生产力带来了诸如数字化制造、3D 打印、物联网技术等的创新，这些技术不仅提高了生产效率，也有助于实现资源的循环利用和再生利用。

3. 生产关系的变革

循环经济要求各个环节的参与者之间进行更加紧密的合作与协调，新质生产力的出现促使企业、政府和社会各界之间建立起更加开放、灵活的合作关系，共同推动循环经济的发展。

新质生产力作为一个概念，其内涵涵盖了生产力的多个方面，从传统的生产要素和生产方式的创新到对资源的有效利用和循环利用的强调，体现了对生产力的全新理解和认识。从废弃物循环利用体系看，废旧装备再制造技术密度大、劳动力产出高，新型废弃物利用主要针对我国经济社会高质量发展伴生的环境问题。这两个领域是典型的技术驱动型和战略引导型产业，是废弃物循环利用体系中最具有新质生产力特点的领域。

一方面，新质生产力以科技创新为核心驱动力。我国广泛应用激光熔覆、增材制造等创新技术进行废旧装备再制造，不同于其他废弃物循环利用依赖要素和投资，新质生产力是从科技创新中寻求新途径，以高水平科技推动循环经济发展。此外，通过对机床、机器人、盾构机等实施再制造，实现了对传统产业的改造升级，提高了资源利用效率，为产业的高质量发展奠定了坚实的基础。

另一方面，新质生产力的经济社会影响广泛而革命性。新型废弃物主要来自新能源、新基建、新消费等战略性新兴产业，这些领域既是我国经济发展的重要动力，也是推动我国向高质量发展转型的核心。加强对新兴产业废弃物的规范循环利用，不仅是完善废弃物循环利用体系的重要内容，也是确保战略性新兴产业健康有序发展的至关重要的一环（见图 1-1）。

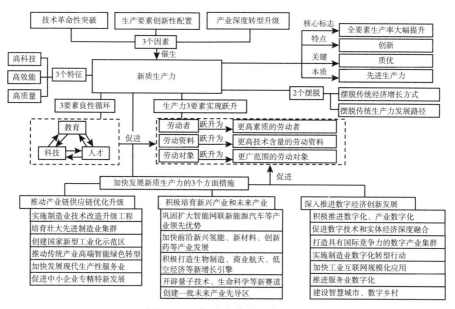

图 1-1　新质生产力逻辑关系

二、现实意义

新质生产力代表着先进生产力的未来发展方向，源自技术的革命性突破、生产要素的创新性配置以及产业的深度转型升级。它以劳动者、劳动资料、劳动对象及其优化组合的升级为核心内涵，具备强大的发展动力，有能力引领开创新的社会生产时代。

新质生产力在循环经济中的现实意义不仅是理论上的概念，更是对当代社会发展的迫切需求和实践探索。其意义深远且多方面，主要体现在以下几个方面：

1. 提升资源利用效率

新质生产力的应用使得资源的利用更加高效，通过技术的创新和生产方式的变革，能够最大限度地减少资源的浪费和损耗。例如，智能制造技术的应用可以实现生产过程的数字化管理，精准控制原材料的使用量，从而降低了资源消耗。

2. 环境保护与生态建设

随着环境问题的日益突出，新质生产力在循环经济中的应用对环境保护具有重要意义。循环经济模式下，废弃物的再利用和资源的循环利用可以有效减少环境污染和生态破坏。例如，废弃物的分类回收和再加工利用，可以减少对自然资源的开采，降低废弃物对环境的压力。

3. 促进经济增长与就业创造

循环经济的发展不仅可以推动绿色产业的发展，还可以创造大量就业机会。新质生产力的应用带动了绿色技术和环保产业的兴起，为经济增长注入了新的动力。同时，循环经济产业链的延伸和完善，也为社会提供了更多的就业机会，促进了就业稳定。

4. 实现可持续发展目标

党的二十大报告指出："高质量发展是全面建设社会主义现代化国家的首要任务。"高质量发展涉及国民经济的各个方面，但最为重要的是战略性新兴产业的幅度和深度。新质生产力在循环经济中的应用有助于建立可持续发展的经济模式，实现经济、社会和环境的协调发展。通过最大限度地减少资源消耗和废弃物排放，促进资源的循环利用和再生利用，可以实现经济的长期稳定增长，同时保护生态环境，实现社会的可持续发展。

5. 全球治理与国际合作

全球化进程的加速和环境问题的跨国性特点，使得新质生产力在循环经济中的应用也具有全球意义。国际社会需要加强合作，共同推动新质生产力的发展和应用，促进全球循环经济的建设。同时，通过国际合作，可以实现资源的跨国流通和利用，促进全球资源的合理配置和可持续利用。积极发展战略性新兴产业和未来产业，加快形成新质生产力，增强发展新动能是赢得国际竞争的制胜之道。

综上所述，新质生产力在循环经济中的现实意义是多方面的，不仅可以提升资源利用效率、保护环境和促进经济增长，还可以实现可持续发展目标，推动全球治理和国际合作。因此，加强对新质生产力的研究和应用，对于推动循环经济的发展，实现经济、社会和环境的协调发展具有重要意义。我们要用系统思维全面理解把握这一新概念蕴含的深邃逻辑，在不同层面对应采取针对性举措，合力助推新质生产力发展壮大。

随着科技的不断进步和社会的不断发展，新质生产力也在不断演变和发展。未来，新质生产力可能呈现出以下几个趋势：

第一、技术的深度融合，不同领域的技术将会进一步深度融合，形成更加复杂、多样化的生产技术体系。

第二、智能化与自动化，智能化和自动化生产方式将会得到进一步发展，人工智能、机器学习等技术的应用将会普及到生产的方方面面。

第三、生态化生产，生产过程中将更加注重生态环境的保护和资源的可持续利用，推动生产方式向更加生态友好的方向发展。

第四、全球化合作，随着全球化的深入，国际合作将更加频繁，新质生产力的发展将不再局限于国家和地区，而是呈现出全球化的趋势。

第五、个性化定制，随着消费需求的个性化和多样化，生产方式将更加向个性化定制方向发展，新质生产力将更加注重灵活性和适应性。

综上所述，新质生产力作为推动经济发展和社会进步的重要力量，在循环经济框架下具有重要的意义和作用。其基本概念包括对生产要素、生产技术和生产关系的创新和优化，与循环经济的关系密切相关。随着科技的进步和社会的发展，新质生产力将继续发展演变，推动经济社会的可持续发展。

循环经济理论注重实现"减量化、再利用、资源化"，并试图用环境友好的方式来使用经济资源与环境资源，使经济活动生态化。从循环经济角度来看，固体废弃物就是放错位置的一种资源，也是地球上唯一增长的资源。废弃物管理和循环经济理论有共同目标，废弃物管理为循环经济系统建设所必需，循环经济理论为废弃物管理提供了思想指导。因此，在实际工作中，废弃物管理工作要与循环经济理论及原则密切结合，以环境无害化技术为工具，以提高生态效率为核心，开展废弃物管理工作。

第二节　循环经济

为进一步深入理解循环经济，本节从基本概念和现实意义两方面来介绍循环经济。

一、基本概念

为了应对日益增长的需求、资源压力、气候和生态环境问题，以及帮助企业降低潜在风险，提高韧性和发掘崭新的增长机遇，我们需要一种新的发展模式——循环经济。

什么是循环经济？工业革命以来，"线性经济"模式成为全球主要的发展模式，人类对自然的开发能力达到空前水平，环境问题日益突出，迫使人类重新审视发展历程。

20 世纪 60 年代，美国经济学家波丁尔首次提出"循环经济"这一词，即在包括人、自然资源以及科学技术的整个系统当中，当自然资源进行投入之后，在企业生产、产品消费以及废弃的全过程，将传统的、依赖资源消耗的线性增长经济进行转换，逐渐转变成依靠生态资源循环发展的经济。"循环经济"的目的是建立可持续发展的资源管理规则，使经济系统成为生态系统的组成部分，即建立经济和环境和谐的条件。

进入 21 世纪，循环经济概念的沿革受到"从摇篮到摇篮""性能经济学""蓝色经济学"等诸多理论的影响。2010 年，英国艾伦·麦克阿瑟循环经济基金会成立，推动循环经济原则的普及；欧盟在 2015 年提出的循环经济推动方案，带动了欧盟成员国的循环经济发展，也从全球供应链的层面提升了全球循环经济动能。

而在中国，随着先行者的实践，政策的支持与推动，循环经济逐渐成为"热词"。2005 年，国务院发布了《关于加快发展循环经济的若干意见》。以尽可能少的资源消耗和尽可能小的环境代价，取得最大的经济产出和最少的废弃物排放。2009 年，《循环经济促进法》开始施行，采取减量化优先的原则。2011 年，国务院制定《"十二五"循环经济发展规划》，应对气候变化压力加大的形势，必须从源头减少资源消耗和废弃物排放，实现资源高效利用和循环利用。2013年，国务院发布《循环经济发展战略及近期行动计划》，包含3个循环经济层级，即企业、工业园区、城市或地区。2017年，国家发展改革委、科技部等14个部门共同制定《循环发展引领行动》，希望建立绿色循环低碳产业体系、城镇循环发展体系、新的资源战略保障体系及绿色生活方式。2020年，习近平主席正式宣布中国力争2030年前实现"碳达峰"，到2060年前实现"碳中和"的愿景。2021年，国家发展改革委印发《"十四五"循环经济发展规划》，"十四五"时期我国将大力发展循环经济。

而实际上，循环经济是一种以资源的高效利用和循环利用为核心，以减量化、再利用、资源化为原则，以低消耗、低排放、高效率为基本特征的经济发展模式，是与现今绿色环境相契合的。《2021中国循环经济企业实践》白皮书中描绘的循环经济系统如图1-2所示，即循环经济要求生态资源得到最大程度的利用，降低污染排放，形成清洁生产、资源综合利用和生态设计相结合的新经济。传统经济是一种单向流的物质经济模式，包括资源、产品、污染排放等。然而，循环经济是一种与生态环境协调发展的经济模式。按照自然生态系统模式开展经济活动，组织"资源—产品—可再生资源"的重复循环和流动过程，使整个经济系统、生产和消费过程基本不存在浪费现象，进而有效地缓解生态环境与社会经济发展之间的矛盾。循环经济应当从经济系统生产的源头入手，通过延长产品生命周期来推动工业固体废弃物资源化发展，最大限度地将经济活动维持在生态环境可承受的范围之内。工业的生产、消费都会对生态环境产生一定的破坏作用。循环经济的作用就是将污染排放最小化并且将工业废物进行资源化和无害化处理，这样可以用最小的伤害、最低的成本，取得最大的经济效益和环境效益，在生态环境可承受的范围内，从事工业生产，实现工业的可持续发展。

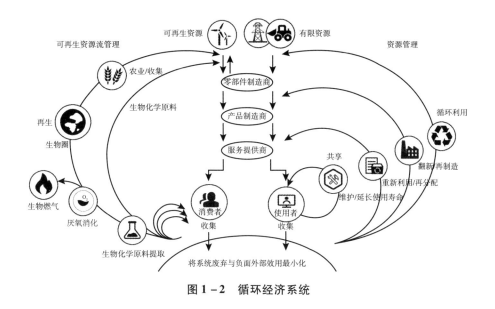

图 1 - 2 循环经济系统

二、新质生产力与新质循环经济

2024 年 1 月,习近平总书记在中共中央政治局第十一次集体学习中强调了加快发展新型生产力,坚定推进高质量发展的重要性。他指出,新型生产力主要以创新为主导,摆脱传统的经济增长方式和生产力发展路径,具有高科技、高效能、高质量的特点,符合新发展理念的先进生产力质态。废弃物循环利用体系是一个显著的例子,其中废弃装备再制造技术的创新密度大,劳动力产出高,主要应对我国经济社会高质量发展中伴随的环境问题。这两个领域典型地展现了技术驱动和战略引导型产业的特征,是废弃物循环利用体系中最具新型生产力特点的领域之一。

随着科技的不断进步和经济的不断发展,人类社会正逐步转向一种更加可持续的发展模式。在这个过程中,新质生产力和新质循环经济被提出,并逐渐成为引领经济增长的重要力量。它们之间有着密切的关联,共同构建着一个以创新为驱动力的可持续发展模式。本书将探讨新质生产力与新质循环经济之间的关系，并探讨它们在推动经济发展、资源利用和环境保护方面的作用。

新质生产力代表着生产力的新形态和新水平，是由技术革命、生产要素创新和产业转型升级而催生的先进生产力质态。它不仅包括了生产工具、生产方式和生产组织的革新，更体现在生产要素的高效配置和产业结构的优化升级上。新质生产力的提升，意味着生产效率的提高、资源利用的优化以及经济结构的转型升级。

新质循环经济是以资源节约和环境友好为目标，通过技术创新和产业升级，实现资源循环利用和经济增长的一种经济发展模式。它强调了资源的再利用和再生产，以及废弃物的有效处理和利用。新质循环经济不仅是对传统线性经济模式的一种革新，更是对经济增长方式的一种全面转变，其核心在于实现经济发展与资源保护的良性循环。

新质生产力与新质循环经济之间存在着密切的关联和互动。首先，新质生产力的发展为新质循环经济提供了技术支撑和创新动力。通过科技创新，可以开发出更加高效的资源利用技术和环保设备，实现废弃物的有效回收利用，推动循环经济的发展。其次，新质循环经济的兴起也为新质生产力的提升提供了市场需求和产业支撑。随着社会对资源保护和环境治理的日益重视，对节能、环保和循环利用的产品和技术需求不断增加，这为企业开发新产品、新技术提供了巨大的市场机遇。因此，新质生产力和新质循环经济之间形成了一种良性循环的关系，相互促进、共同发展。

新质生产力和新质循环经济在推动经济发展、资源利用和环境保护方面发挥着重要作用。首先，它们可以促进经济增长和就业创造。通过技术创新和产业升级，可以提高生产效率，降低生产成本，提高产品质量，从而促进企业的发展壮大。其次，循环经济的发展也将为产业结构的优化调整提供优化（见图1-3）。

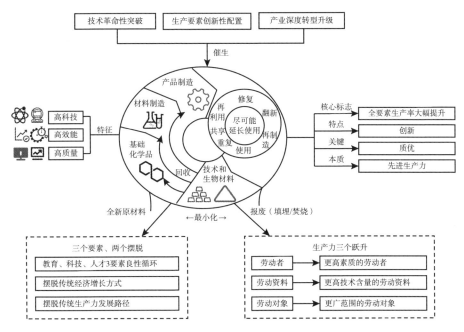

图 1 - 3　新质生产力下的新质循环经济系统

三、现实意义

1. 经济效益

（1）发掘新的商业增长机会。

为了促进循环经济的持续发展，国家在政策和法律法规方面采取了一系列重要措施。与此同时，国家在财政、投资、税收、金融等各项政策上都对发展循环经济给予了有力支持。企业能否产生效益，一个关键因素是企业能否把握商机。所谓商机，实际上是市场上出现的新的机遇和机会。循环经济是国家经济发展战略，是我国未来经济发展的必然模式。一个新经济模式出现，就是最大的商机。企业可通过循环创新提高利润，例如，提高资源的使用效率，从而降低成本；采用长期的服务收益来替代一次性销售收益等。企业也有机会发掘其商业潜力，以适应消费者需求的转变，优先占领新兴市场：越来越多的客户为产品所提供的服务买单，而不是为生产产品所需的全部资源、能源和营销费用付费。

（2）提升客户关系和品牌忠诚度，提高品牌力。

租赁、共享等服务模式将一次性购买转变为长期客户服务关系，持续与客户互动有利于建立信任和长期客户关系。此外，为客户提供更优质的服务体验，一些新型模式下，无须顾虑产品的保养和维修，客户可通过维修、翻新等手段保持产品价值，避免再次消费，增加可支配收入。因此，循环经济模式有利于塑造品牌在低碳、可持续、环保等方面的形象，同时，也可以提升雇主品牌口碑，获得员工认可，提高环境、社会和治理（ESG）绩效，获得投资者青睐。

（3）提高韧性，适应不断变化的新常态。

绿色壁垒已经成为当前我国扩大出口面临的最多也是最大一个难题，发展循环经济在突破绿色壁垒和实施走出去的战略过程中可以发挥重要作用。例如，采用符合国际贸易资源和环境保护要求的技术法规和标准，扫清我国产品出口的技术障碍、拥有建立逆向物流与回收链的能力，在采购与制造环节实现循环供应，稳定获取原材料，降低供应链风险等。

2. 社会效益

（1）减少资源消耗，维护资源存量。

当前，我国正处于人均资源量相对不足、资源开采和利用方式粗放、综合利用水平低、浪费严重的背景下，加快发展循环经济对节约资源具有重要现实意义。发展循环经济有利于资源循环再生或者可持续利用，减少人类对资源的开发需求，构建可持续发展的社会。当前，我国钢铁、有色、造纸工业大部分的原料都来自再生资源。我国的目标是，到 2025 年基本建立资源循环型产业体系，主要资源产出率将比 2020 年提高约 20%，单位国内生产总值能源消耗、用水量比 2020 年分别降低 13.5%、16% 左右。

（2）增加就业机会，产品或服务惠及更多人群。

循环经济转型将创造 600 万个就业岗位，包括回收、修理、出租和再制造等活动，将取代传统的"提取、制造、使用和处理"的经济模式。同时，资源回收再利用将整新产品捐赠给非政府组织（NGO）、弱势团体等，形成循环型社会，惠及无法在现有经济模式下获得产品或服务的群体。

3. 环境效益

（1）应对气候变化。

一个产品从原料开采、制造到被使用、废弃，整个生命周期都会产生大量的碳排放。若想实现气候目标，除了能源转型，还要从根本上改变产品的生产和使用方式，迈向循环经济。研究表明，如果仅在五个行业（钢铁、铝、水泥、塑料和食品）采取循环经济原则，到 2050 年，温室气体排放量将减少 93 亿吨二氧化碳当量，相当于消除了全球交通运输行业的总排放量。如果不对温室气体排放采取更加有效的减排措施，我们将面临巨大的国际环境压力。

（2）减少污染。

发展循环经济要求实施清洁生产，这样可以从根本上减少污染物的产生，是保护环境的重要措施，除此之外，各种废弃物的回收再利用可以极大减少固体污染物的排放。我们不仅应从设计阶段就考虑到废弃物和污染问题，也要排除有毒、有害物质的使用，确保产品安全，同时保障土壤健康及农业生产，优化生态环境。此外，应减少人类对资源开采的需求，实现农田的修复再生，提高生物多样性。

推进循环经济的发展，必须把资源节约、环境建设同经济发展、社会进步有机结合起来。既保证资源环境对经济发展的支持，又保证经济发展对资源节约和环境改善的促进，实现符合科学发展要求的良性循环，走出一条科技含量高、经济效益好、资源消耗低、环境污染少、人力资源优势得到充分发挥的新型工业化道路。

第三节　废弃物管理

从广义上讲，废弃物可以根据其形态分为气态、液态和固态三种。气态和液态的废物，通常纳入水环境或大气环境的管理体系，并且分别有专项法规作为执法依据，如《水污染防治法》和《大气污染防治法》。与废水和废气污染相比，固体废弃物在管理上具有独特之处，表现出一定的滞后性和复杂性，并且人们对固体废弃物污染防治的认识程度尚不如对废水和废气那样深刻，长期以来尚未形成一个完整的、有效的固体废弃物管理系统。随着社会、工业和经济的高速发展，固体废弃物的环境污染程度的加深，以及人们环境意识的不断增强，社会对固体废弃物污染环境的问题越来越关注，固体废弃物污染已成为环境保护领域的突出问题之一。防治固体废弃物环境污染是环境保护的一项重要内容。从本章开始，本书涉及的废弃物管理问题主要以固体废弃物为研究对象。

一、基本概念

"废弃物管理"是一个中国法学层面的词语，用来表示和强调政府对废弃物处理的主导作用。首先，"废弃物管理"的主体或行为执行者在中国主要是政府层面的相关组织机构，主要内容是指导编制与废物处理相关的法律法规体系、指标和标准体系等以实施管理行为，而废弃物相关行业的企业、协会、非政府组织在废弃物管理活动中并不是主导者；其次，"废弃物管理"的终极目标，是对废弃物处理进行高效处置并发挥资源效用。

"废弃物处理"是指，废物生命周期的不同阶段包括废弃物的产生、分类、收集、储存、物流、预处理、再生利用、处分等一系列人为施加的作用，目的是使废弃物的循环利用总量达到最大，使废弃物对环境的影响达到最小，从而提升资源利用效率，推动社会与环境的可持续发展。中国的《固体废物污染环境防治法》中对废弃物处理的相关内容描述部分，使用"处置"一词代替"处理"一词。根据《固体废物污染环境防治法》的规定，"处置"是指"将固体废弃物焚烧和用其他改变固体废弃物的物理、化学、生物特性的方法，达到减少已产生的固体废弃物数量、缩小固体废弃物体积、减少或者消除其危险成分的活动，或者将固体废弃物最终置于符合环境保护规定要求的填埋场的活动"。因此，在中国，通常把"处置"与"处理"结合起来，以表达人在废弃物从产生到最终回归自然的整个生命周期过程中施加的以环境友好和资源节约等可持续目的为指导思想的综合性活动。

固体废物管理是对固体废弃物实施整个过程的管理，即在固体废弃物管理理念指导下，坚持可持续发展和发展循环经济的原则，不断建立和健全固体废弃物管理法规，不断探索适应新形势的固体废弃物管理体制安排，不断完善固体废弃物综合处理系统，最终在环境可持续、经济可承受、社会可接受的前提下，形成一个具有生态化物流应用特征的综合管理平台，其体系结构如图1-4所示。固体废弃物管理系统可以简洁地概括为"公众参与、政府调控、企业处理"。体系结构中主要包括三个子系统：废弃物排放子系统、固体废弃物处理子系统和固体废弃物管理调控子系统。

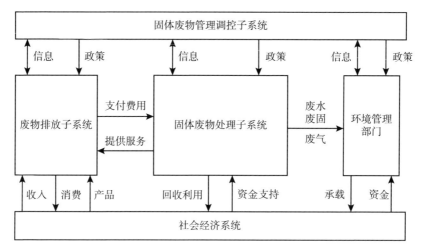

图 1 – 4   固体废弃物管理系统结构

二、现状和问题分析

1. 废弃物管理现状

随着城市经济的快速发展，产生的固体废弃物数量也在不断上升，对固体废弃物必须做好处理和治理，保证城市环境质量。但是，从当前的城市固体废弃物管理现状来看，仍然存在工业固体废弃物存量巨大、生活垃圾处置量逐年递增、清运、贮存和处置能力有限等问题。目前，很多城市对固体废弃物处理都是采取垃圾填埋、焚烧、生物处理等措施，而这些处理措施在处理过程中容易产生废水、废气、废渣等，如果没有做好处理会对环境造成二次污染。这些问题的存在会对城市环境造成一定影响，针对废弃物管理现状，城市要想获得更好的发展，就必须对原有的废弃物管理理念进行转变。

（1）工业固体废弃物存量巨大。

改革开放 40 多年来，在经济快速发展的同时，我国固体废弃物的产生量和贮存量居高不下。不容忽视的是，我国固体废弃物的处置能力和水平有限，与新时代经济发展对生态环境保障需求相比，存在较大缺口。

《中国统计年鉴 2021》显示，2021 年我国一般工业固体废弃物的产生量为 39.7 亿吨，综合利用量为 22.7 亿吨，综合利用率为 57.17%；贮存量为 8.94 亿吨，贮存率为 22.5%。危险废弃物产生量 8653.6 万吨，比 2020 年增长 2.27%，综合利用量为 8461.2 万吨，综合利用率为 97.8%；贮存量为 11948.9 万吨，比 2020 年增加 0.41%。图 1-5 显示的是 2019~2021 年全国城市固体废弃物产生量和综合利用率变化情况，总体来说近年来呈现了相对稳定的变化趋势。与此相对应的是，我国固体废弃物污染防治形势严峻，生态环境安全隐患较大。

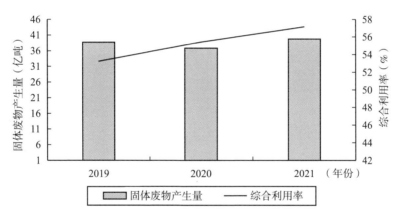

图 1-5　2019~2021 年全国城市固体废弃物产生量综合利用率变化情况

来源：根据《中国统计年鉴》自己制表。

（2）生活垃圾处置量逐年递增。

随着人民物质生活水平的持续提高，近年来生活垃圾年清运量居高不下。2021 年全国城市生活垃圾清运量为 2.49 亿吨，比 2020 年增长 5.96%。生活垃圾无害化处理量为 2.48 亿吨，无害化处理率达到 99.9%，其中卫生填埋 0.52 亿吨，占生活垃圾无害化处理总量的

20.97%；焚烧 1.80 亿吨，占生活垃圾无害化处理总量的 72.58%。图 1 - 6 为 2012 ~ 2021 年全国城市生活垃圾清运量及增长率变化趋势，目前我国城市生活垃圾累计堆存量很大，已成为世界上垃圾包袱最严重的国家之一。我国还是世界上"白色污染"发展速度最快的国家。近年来，由于外卖、旅游和电商等产业的发展，我国各种快餐盒、一次性纸杯等需求量也在不断增长，每年需要超过百亿个各种快餐盒，200 亿个一次性纸杯，数十万吨其他塑料包装制品。仅仅是铁路客车每年就消耗约 7 亿只白色餐盒。在一些大城市的垃圾中，一次性塑料用具占垃圾总量的 5% 以上。

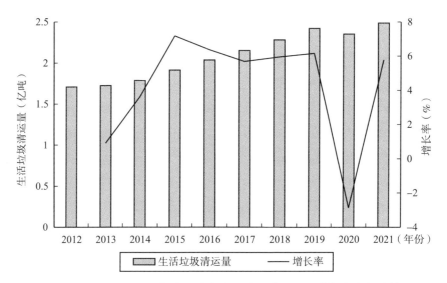

图 1 - 6　2012 ~ 2021 年全国城市生活垃圾清运量及增长率变化趋势

来源：根据《中国统计年鉴》自己制表。

（3）清运、贮存和处置能力有限。

一方面，与发达国家相比，我国无论是固体废弃物的清运、贮存能力，还是再生利用及安全处置能力，都存在不小差距。一些地方缺少对固体废弃物运输线路的优化设计，清运距离过长；有些城市没有建立生活垃圾清运车的动态监控机制，固体废弃物跑、洒、滴、漏及随意倾倒现象屡禁不止。此外，固体废弃物资源化利用及处置场所分散、分布不均、资源回收率不高、安全隐患较大。已建的生态工业园对促进各地的固体废弃物资源化利用及解决环境污染问题所发挥的作用不大，对区域经济社会发展的保驾护航能力不强。

另一方面，固体废弃物处置还存在地区间发展不均衡的现象。有研究指出，工业固体废物的产生地主要集中在中西部地区的山西、内蒙古、四川等省份，而这些地区对固体废弃物的管控能力不强、资源化利用率非常低。相较之下，近年来东部沿海省份的固体废弃物利用水平不断提高，部分地区的废弃物综合利用率已达到95%以上。再生产品的附加值也明显提升。但要清醒地认识到，剩下的都是难啃的硬骨头，一些工业固体废弃物，特别是危险废弃物的安全处置成本很高，需要进一步提高认识、加大工作力度，确保生态环境安全。

2. 存在的主要问题

随着经济、社会的发展，固体废弃物管理工作越来越得到全社会的重视。国家出台一系列固体废弃物管理方面的法律法规和政策制度，为固体废弃物管理工作提供了更加强大的依据，也对固体废弃物管理工作提出了更高的要求。随着工业不断发展，固体废弃物的产生量和种类在不断增加，大宗工业固体废弃物、危险废弃物、严控废弃物、污泥等固体废弃物污染已经成为环境保护部门急需解决的问题。固体废弃物管理中存在诸多问题，究其根源，与固体废弃物管理工作起步较晚、很多思路都在摸索中进行有直接联系。国家在固体废弃物管理方面制订了一系列的工作方案，开展了一系列专项整治，但是在很多方面仍然存在问题，如缺乏固体废弃物处理处置设施，固体废弃物管理队伍能力建设落后，固体废弃物产生、经营企业管理意识薄弱，固体废弃物监管力度不强等。

（1）缺乏固体废弃物处理处置设施。

缺少固体废弃物处理处置设施，这将严重影响社会经济的可持续发展。随着制造业的快速发展，预计固体废弃物产生量在未来十年内将翻倍，给环境和人体健康带来的隐患将日益凸显，加上废物历史遗留问题和不断严格的环保要求，给固体废弃物污染防治工作施加了巨大的压力。然而，目前危险废弃物处置中心选址困难，一般工业固体废弃物处置中心建设停滞；生活污水处理污泥、印染污泥、造纸污泥及垃圾焚烧飞灰等典型固体废弃物集中处置设施建设严重滞后。固体废弃物处理处置设施的缺乏，已严重影响社会经济的可持续发展。

资金投入严重不足，固体废弃物集中处置设施缺乏整体统筹规划，配套的经济激励政策尚未出台。规划中的危险废弃物集中处置中心由于选址困难，建设停滞，导致处置能力不能满足需要。

（2）固体废弃物管理队伍能力建设落后。

与日益增长的固体废弃物管理需求相比，固体废弃物管理队伍能力建设相对滞后，难以适应经济发展的需要。近年来固体废弃物相关法律法规颁布较多，需要人员落实；固体废弃物日常监管任务繁重，日常监管任务与人员配备比例差距较大，人员配备明显不足；固体废弃物管理中心建设滞后，固体废弃物信息管理系统建设尚不完善；固体废弃物管理中心不具备废弃物鉴别和监测能力。

做好固体废弃物管理工作的重要基础条件是具备健全的监管体制，但各级人民政府对固体废弃物监督管理的重视程度不够，导致固体废弃物监督管理机构建设滞后。由于我国的固体废弃物管理管理体系呈"倒三角"结构，越上级的管理人员越多，越基层的管理人员反而越少。加上机构改革，越来越多的"事权下放"，固体废弃物管理责任几乎都落到了属地的区、镇环保部门。固体废弃物的监督管理是一项专业性极强的工作，管理人员如果不具备较高环保业务能力和化学基础知识，工作就会处处被动。而在现实工作中许多基层管理人员对相关的技术规范、法律法规等掌握程度远远不够，业务能力和专业化水平有待提高。

（3）固体废弃物产生、经营企业管理意识薄弱。

固体废弃物产生、经营单位管理意识薄弱，管理水平亟待提高。固体废弃物产生和营运单位规范化管理意识薄弱，产生单位对固体废弃物管理认识不足，内部管理不规范，部分企业贮存和自身处理处置设施不符合相关污染控制规范；瞒报、少报危险废弃物、危险废弃物产生量，对废弃物重视经济价值而轻视无害化处置责任；危险废弃物经营单位违规、超规模、超范围处理危险废弃物现象时有发生；危险废弃物转移过程中缺乏有效监管。

（4）固体废弃物监管力度不强。

目前，环保部门所掌握的固体废弃物、危险废弃物产生状况，大多由产生、经营企业在每年年底的环境统计中自行上报，极有可能存在瞒报、漏报等现象，因此不能完全、真实地反映固体废弃物的产生、处置情况，固体废弃物管理存在底数不清的状况。

一是基础工作较差。首先，固体废弃物产生量主要靠企业自行申报登记，缺乏实地核查机制。随着新化学物质逐步被识别，企业在实际的生产活动中，各类固体废弃物和危险废弃物或多或少都会产生，因此固体废弃物的实际产生量将越来越多。其次，源头管理力度小，由于早期的建设项目环评资料极少提及固体废弃物污染防治内容，导致固体废弃物源头管理的难度大，固体废弃物监督管理部门难以从环评审批验收文件中得到较为准确的基础数据，信息难以共享。最后，管理手段较为单一，现实工作需要在摸索中进行，工作效率不高。

二是危险废弃物的分界不清晰。固体废弃物日常管理工作中时常遇到危险废弃物界定不清晰的问题。例如，有些企业将沾废机油的抹布手套没有当作沾染危险废弃物的包装物（HW49）处理；陶瓷厂产生的酚水和煤焦油按照危险废弃物鉴别标准应该被界定为含酚废物（HW39），另外运输过程中也存在很大安全隐患。

三是执法能力有限，对固废法的执行力太弱。违法倾倒、偷排固体废物行为时有发生，隐秘性高、执法任务繁重。实际操作中由于公众举报提供的线索有限，加上环保部门缺人、缺车、缺装备、缺技术等情况，往往难以及时处罚违法行为，对不法分子的打击力度不大，违法成本低而守法成本高造成不法分子不惜铤而走险，形成恶性循环，扭转局势的难度也越来越大。

三、新质循环经济与废弃物管理的关系

国务院办公厅印发的《关于加快构建废弃物循环利用体系的意见》对新时代废弃物循环利用体系建设作出全面部署，与2005年印发的《关于加快发展循环经济的若干意见》相比，在广度上和深度上有了较大提升，而且在覆盖范围上也带有鲜明的时代印记。

从领域范围看，该《意见》将循环经济的范围从传统的工业、农业和生活领域扩展到了新能源、新基建，以及新型电器电子消费品等新兴领域。随着我国能源结构的调整、数字化转型以及工业现代化升级，像风电、光伏等新能源，数据中心、通信基站等新型基础设施，以及平板电脑、穿戴设备等新型电器电子产业迅速发展，已经形成了相当规模。新型废弃物与传统废弃物有所不同，它们具有资源利用价值高、回收利用技术要求高、产业聚集性强等特点。该《意见》首次提出了"探索新型废弃物循环利用"的任务，这既是顺应时代发展的必然选择，也是促进资源循环利用产业高质量发展的重要路径。

从利用路径看，该《意见》将废旧装备再制造视为实现废弃物高值循环利用的重要内容。自2005年起，我国一直在推进再制造产业的发展。经过十多年的努力，这一产业已初具规模，各类再制造产品的产值接近1000亿元，再制造的汽车零部件广泛应用于售后维修、保险等领域，而再制造的打印机、复印机等的市场占有率也在不断提高。该《意见》再次对再制造产业的发展进行了全面部署，从传统

领域如汽车零部件、工程机械，拓展到新兴领域如盾构机、航空发动机、工业机器人等，朝着技术密集型、知识密集型产业的方向发展。

新质循环经济与废弃物管理之间存在着密切的关系，二者相辅相成，共同构建了可持续发展的新型经济模式。废弃物管理是新质循环经济实践的重要组成部分，而新质循环经济则为废弃物管理提供了理念、技术和路径。

首先，新质循环经济提倡资源的循环利用和再生利用，致力于将废弃物转化为资源。通过技术创新和产业升级，新质循环经济可以开发出高效的废弃物处理和再生利用技术，将废弃物转化为可再利用的原材料，从而实现资源的有效利用。例如，废弃的塑料、玻璃和金属等可通过再生工艺加工成新的原料，用于生产新的产品，延长了资源的利用寿命，减少了资源的消耗。这种转化过程不仅减少了资源的浪费，还降低了对自然资源的依赖，促进了资源的可持续利用。

其次，废弃物管理对于新质循环经济的发展至关重要。科学合理的废弃物管理体系可以有效地收集、分类、处理和处置废弃物，减少废弃物对环境的污染和危害。通过建立健全的废弃物管理制度和政策法规，可以引导企业和个人合理减少废弃物的产生，推动循环经济的发展。同时，废弃物管理还可以促进产业结构的调整和优化，推动相关产业向循环经济领域转型升级，为新质循环经济的建设提供有力支撑。

最后，新质循环经济和废弃物管理的相互促进也对环境保护和生态建设起到了重要作用。通过减少废弃物的排放和处理，可以降低对环境的污染和破坏，提高生态环境质量。同时，循环利用废弃物还可以减少对自然资源的开采和消耗，有利于生态平衡的保持和生态系统的稳定。因此，新质循环经济和废弃物管理的协同推进不仅有助于经济的可持续发展，也有助于实现人与自然的和谐共生。

在新质循环经济的框架下，废弃物管理不再只是简单地将废弃物排放或埋在地下，而是将其视为一种潜在的资源。通过科技手段，将其转化为再生资源，为经济发展提供新的动力和可能性。同时，废弃物管理也在不断推动新质循环经济的发展，通过提高资源利用效率、减少环境污染和促进产业结构优化，实现经济增长与环境保护的良性循环。因此，新质循环经济与废弃物管理之间的密切关系将为未来可持续发展的路径指明方向，并为实现经济繁荣、社会进步和生态平衡提供了坚实基础。

四、废弃物管理在循环经济中的重要性

固体废弃物管理是循环经济理论在人类物质利用生态化的重要组成部分。同时，废弃物管理是建立资源节约型社会、环境友好型社会以及发展循环经济的迫切需要和必要条件。

1. 固体废弃物管理是循环经济理论在人类物质利用生态化的重要组成部分

废弃物管理也是循环经济领域的一个热门话题，我国每年都会产生大量的固体废弃物，包括许多不同类型的废弃物，如电子废弃物、废弃的钢铁、纸张等。与此同时，我国固体废弃物的回收和再利用仍处于低水平。鉴于这种现状，我国废弃物管理和循环经济行业的主管部门已经开始利用管理结构解决这一问题，资源共享、技术资源互补、人力资源共用、经费资源节约等都是循环经济的体现。

可持续发展是现代社会发展的要求，循环经济是实现可持续发展的有效手段，固体废弃物管理是循环经济理论在人类物质利用生态化的重要组成部分。在循环经济的系统结构中隐含着三种不同层次的循环模式（见图1-7）：（1）企业内部的物质循环（小循环），促进原料和能源的循环利用；（2）企业之间的循环（中循环），组织生态工业链，把不同的经济组织联结起来，形成共享资源和互换副产品的产业共生组合；（3）社会整体循环（大循环），大力发展绿色消费市场

和资源回收产业，在整个社会范围内，完成"自然资源—产品和用品—再生资源"的闭合回路，构筑循环型社会系统，这是社会、经济与生态环境发展的最终目标。固体废弃物管理对固体废物在分类收集、运输、回收利用、资源再生、能量回收与最终处置这六个环节上具有直接作用。

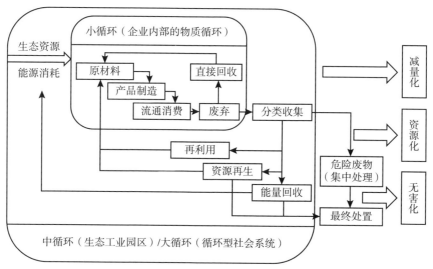

图 1－7　固体废弃物在循环经济系统结构中的迁变示意

2. 推动废弃物管理是发展循环经济的必然要求，是建立资源节约型、环境友好型社会的迫切需要

城市固体废弃物包括生活废弃物、工业废弃物、建筑废弃物等。随着社会经济的快速发展，现如今固废循环经济园城市生活及生产过程中产生的固体废弃物，是城市循环经济发展的载体之一，例如，广州东部固体资源再生中心（萝岗福山循环经济产业园）生物质综合处理厂二期工程项目，图 1－8 就是固废循环经济园区建成图。通过建设固废循环经济园区，可以有效解决固废处理措施分布散乱、资源浪费、环境二次污染等问题。基于循环经济理念的固废园区以无害化、资源化、减量化为导向，以物质循环及能源循环为动态链接，实现固体废弃物综合处置和循环利用。

　　循环经济是一种模拟生态群落的物质循环体征，以物质、能量的循环和梯级利用为方式的经济发展模式。循环经济的目的就在于促进人与自然的可持续发展，循环经济的本质是一种新的人类生存与发展哲学，最终目标是促进人类生活质量的提高，同时延长人类生存的年限。在固废处理中，循环经济理念也发挥着重要的作用。在原有的固废处理中存在资源浪费、环境二次污染的问题，而通过应用循环经济理念，可以促进资源得到循环利用，同时提高固废处理的有效性。

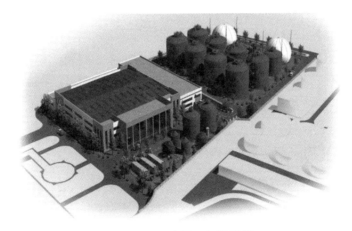

图1-8　固废循环经济园区

　　资料来源：广州东部固体资源再生中心（萝岗福山循环经济产生园）生物综合处理厂二期工程项目建设示意图。

　　城市固废处理改革创新是循环经济理念的重要体现。随着我国社会经济的快速发展，对环境保护越来越重视，在此背景下循环经济应运而生，现如今循环经济已经成为了我国重要的经济发展模式。因此，城市在固废处理建设方面也应该引进循环经济理念，开展固废循环经济产业园建设，这对提高固废处理效率和质量，以及促进城市良好发展都具有重要的意义。

第四节　循环经济下废弃物管理关键特征

固体废弃物管理系统是涉及社会、经济、环境、资源等方面内容的复杂人工生态系统。固体废弃物管理的复杂性表现在以下几个方面。

1. 整体性和涌现性

整体性是指系统是由组成系统的组分或子系统相互联系、相互作用、相互制约的统一整体。涌现性主要是由它的组分按照系统的结构方式相互作用、相互补充、相互制约而激发出来的结构效应。固体废弃物物流的生态化利用系统利用各功能主体所没有的新功能，用不同的处理技术、工艺和管理等手段实现优势互补。因此，固体废弃物管理系统具有多元性、整体性和涌现性特征。

2. 层次性

固体废弃物管理系统涉及废弃物产生、废弃物收运物流、废弃物回收利用和资源化利用、废弃物末端处理和废弃物管理调控等众多子系统，其中的任何一个子系统又都包含众多要素和下一级子系统，如此逐层分解，形成了规模庞大的多层次结构。

3. 非线性

固体废弃物管理系统各要素之间或各子系统之间的关联形式多种多样。这种关联的复杂性表现在结构上是各种各样的非线性关系，表现在内容上是物质、能量和信息的交换，非线性关系也是一种反馈机制，既存在正反馈，也存在负反馈。系统及子系统存在自我强化和自我稳定的作用机制。

4. 不 确 定 性

固体废弃物管理系统是一个复杂的、信息不完备的不确定性系统，主要表现在：（1）系统的复杂性和人类认识能力之间的矛盾使其很难获取关于区域废弃物管理流的完备信息；（2）固体废弃物管理系统中存在大量随机的、模糊的因素，使得系统发展具有不可预见性。

5. 动 态 性 和 演 化 性

固体废弃物管理系统与环境、经济、社会等因素紧密相连，但环境、经济、社会因素是时空的函数，随地理位置的变化和时间的推移而变化。因此，废弃物管理系统是一个动态的系统，总是处于不断变化中。随着时间发展，系统结构、功能和行为不断变化，通过自适应、自组织向更高级演化应使系统具有可变性、兼容性和适应性。

6. 开 放 性

固体废弃物管理系统的开放性导致系统演化的复杂性。长期以来，固体废弃物管理系统一直以来被认为是一个孤立的系统，系统所涉及和讨论的重点仅是如何实现废弃物各种处理技术的有机组合。废弃物管理作为大环境系统中的一个特定体系，它不是孤立的，而是开放的：与周围环境进行物流、信息和资金流的交换、受到周围生态、管理、社会、经济等子系统等的制约。因此，废弃物管理系统作为一个开放的体系，系统的建立必须与生态资源的平衡要求相适应、与社会的可持续发展相呼应。

7. 空 间 结 构 复 杂 性

固体废弃物管理系统涉及的各子系统都具有空间结构的复杂性，固体废弃物具有时空分布的差异和动态演化规律决定了固体废弃物物流系统结构、功能和目的的复杂性和空间布局上的自适应性。各种综合管理措施在空间上聚集形成区域固体废弃物管理子系统，各区域之间有复杂的交互作用，既有竞争，又有合作，集聚成更大的城市固体废弃物管理系统。

第五节　循环经济下废弃物管理基本原则

废弃物管理是在废物利用最大化、处置费用最小化的条件下，对固体废弃物管理系统中的各个环节、层次进行整合调节和优化设计，进而筛选出切实的规划方案，以使整个管理系统处于良性运转。因此，考虑固体废弃物环境污染特点和中国固体废弃物管理的特殊性，确定固体废弃物管理的主要原则，并以此规范固体废弃物管理部门的行为就变得尤为重要。循环经济下废弃物管理基本原则包括"三化"原则、全过程管理原则和分类管理原则。

1. "三化"原则

所谓"三化"原则，是固体废弃物管理过程中应遵循的原则，即减量化、无害化和资源化。

（1）减量化。

所谓减量化，就是从源头和根本上降低城市固废的产量，只有从源头降低城市固废产量，才能为后期提高处理率奠定基础。大力发展清洁生产，积极践行循环经济发展理念，在建筑行业、餐饮行业、污水处理领域，大力推进清洁生产工艺及技术，在综合考虑经济、环保基础上，努力从源头降低固废的产生量。

（2）无害化。

所谓无害化，就是通过物理或者化学、生物等技术手段处理有害物质，将城市固废中的有害物质进行深度处理，以保障固废对环境不会产生二次影响和危害。根据《循环经济促进法》的具体要求，政府应鼓励和支持企业大力发展污染资源化利用，提高城市废弃物处置及综合利用水平，防治城市污染等固废对环境的再次影响。

（3）资源化。

所谓资源化，就是将城市固废进行再次利用，作为二次利用或再生利用的原料，实现固废的二次资源化再利用，市场前景广阔。变废为宝，切实提升城市固废的经济效益。

2. 全过程管理原则

废弃物的污染控制与其他环境问题一样，经历了从简单处理到全面管理的发展过程。由于废物自身特有的属性，往往在收集、运输、储存、回收利用以及处理处置的各个管理环节和过程都会出现污染环境的可能。例如，在餐厨废弃物装车收集和运输过程中，类似汤类饭菜的液状物质，就有可能滴漏到土地上造成一定程度的污染；在城市生活废弃物不恰当的焚烧和填埋过程中，产生的有毒物质会对大气质量造成直接影响。另外，即使在废物的各个管理环节采取了正确的操作方法，环境污染通常也无法避免。例如，利用堆肥的方法实施废弃物再生利用，有可能对土地资源造成污染；对废弃物进行卫生填埋，也无法完全消除渗滤液和产生的有毒气体对环境的影响。

正是由于在废弃物管理的整个过程中都会对环境产生一定程度的影响。因此，对废弃物的管理就不能仅仅遵循"末端治理"或者"源头控制"原则，而应该采用对废弃物的全生命周期进行"从摇篮到坟墓"的"全过程管理"的原则，具体来说，这种"全过程管理"原则称为"3C"原则，即避免产生（clean）、综合利用（cycle）、妥善处理（control）。

3. 分类管理原则

分类管理是确保废弃物得到专业处理和再生利用的首要措施，也是达到环境法律规定的保护人体健康和环境的必要措施。由于废弃物类型复杂，对环境危害程度各不相同，危险废弃物较之工业废弃物和城市生活废弃物而言，产生量虽然较少，但是危害性严重，则应根据不同的危险特性与危害程度，采取区别对待、分类管理的措施，即对具有特别严重危害性质的危险废弃物，要实行严格控制和重点管理。因此，《固体废物污染环境防治法》提出了危险废弃物的重点控制原则，并制定较一般废弃物更严格的标准和更高的技术要求。

第六节　循环经济下废弃物管理关键挑战

"无废城市"建设要求进一步提升废物循环利用，"无废城市"建设与碳减排的实现路径双向协同，均已纳入我国生态文明建设整体布局。但目前由于废弃物管理处于初级阶段，废弃物管理的政策实施环境、对应的管理系统和相应的配套产业还不完善而引发以下 4 个挑战。

一是废弃物管理战略的实施力度不够。尽管我国相继出台了一系列废弃物管理的战略措施和政策，但由于习惯、风俗文化和经济发展水平等原因，这些战略的执行与预期目标存在一定差距。同时，由于我国在废弃物管理领域仍处于探索阶段，目前成功经验较少，颁布的战略和政策仍需进一步完善。然而，随着我国对废弃物回收和循环经济的关注日益增加，竞争性环境战略已经取得了一定进展。但在实践中，缺乏有效的废弃物管理决策系统。

二是各行业的循环经济发展不平衡。目前，废弃物的种类大致分为城市生活废弃物和产业固体废弃物，废弃物涉及各行各业，每个行业循环经济的起步时间和发展速度具有差异，如电子行业和建筑行业的废弃物回收率大有不同，电子行业废弃物回收率相对较高，而建筑行业的废弃物回收率相对较低。目前建筑行业的低回收率也可能是因为该行业的循环经济刚刚起步。尽管回收利用是最常用的战略，但只有少数发达国家才采用这种战略，许多发展中国家尚未了解该战略的潜力（Mahpour，2018）。

三是循环经济知识管理系统不完善。在循环经济和废弃物管理过程中，许多环节都涉及循环经济知识管理系统知识，循环经济（CE）知识管理系统可以为废物管理领域带来许多创新变革（Ghasemi & Valmohammadi，2021）。但是，截至目前，在许多可以参与废弃物管理的行业中并没有健全的 CE 知识管理体系。将知识管理与 CE 联系起来的积极研究有限。更重要的是，许多发展中国家和发达经济体的建筑行业仍然不知道如何完善 CE 知识管理体系。这是因为各国在发展循环经济及废弃物管理中欠缺该意识和有效的知识管理实践的 CE。因此，随着知识管理成为一个真正的工具，要在废弃物管理中重视 CE 知识管理并注重创新意识的建立和提高对该知识体系的理解（Ghasemi & Valmohammadi，2021）。

四是循环生产有待发展。循环经济被定义为一种旨在消除浪费并实现可持续发展的经济模式，在生产后通过回收、再利用和减少浪费把原本线性的产品生命周期打造成闭环。目前，其发展是经济从线性经济向闭环的转变，闭环意味着将原本处于两端的销售方和消费终端连接起来，连接过程可以利用废弃物管理把在消费终端产生的"放错位置的资源"为销售方提供原料。这时，消费终端产生的废弃物是否可以重复利用、重复利用率高低需要上游销售方在生产设计中作出贡献。循环生产与循环经济有着密切的联系，对于循环经济来说，"通过产品设计，使产品、部件和材料在技术循环和生物循环的任何时候都以最高的效用循环，从而实现资源的最优化利用"（Ghasemi & Valmohammadi，2021）是一种至关重要的模式。循环经济是再生和恢复性的设计，旨在保护和提高自然资本和可再生资源的使用。由于循环供应链中存在结构性漏洞，这意味着各方之间的关系缺失，有用的信息没有在整个供应链中共享。

第七节　循环经济下废弃物管理发展趋势

随着数字化技术的不断发展和相关法规的不断完善，在循环经济背景下，废弃物管理将呈现如下三个主要发展趋势。

1. 废物处理与数字化技术深度结合

迅猛发展的数字化技术能够推动循环经济下各废弃物处理主体的协同运作。例如，工业固废处理领域存在产废主体多、产废主体规模差异大、部分企业环保意识薄弱等诸多问题。通过打造基于数字化技术的固废监管系统，管理人员可以利用监管平台对辖区内企业进行统一管理。利用数字化监管平台还可以实现危险废弃物名称、废弃物产生量、产生环节、利用、处置去向和处置方式等信息的可视化，以提高监管效率。企业则可以通过工业互联网平台实现固废类别、数量、位置等数据信息的实时同步。下游处理和回收单位则能够实现快速响应并及时处理，以减轻上游仓储压力，最终实现产废端、运输端、处理端和再利用端的信息互通，推动废弃物处理产业链上各主体的协调运作。因此，未来的废物处理将会与数字化技术深度结合以进一步提高产业主体间的协调效率。

2. 线上交易平台赋能废弃物回收

在废弃物回收领域，通过利用线上交易平台，打造"互联网＋回收"的模式，能够实现废弃物回收的线上线下协调。同时还能提高规范化回收企业对个体经营者的整合能力，进一步提高废旧物资回收的便利化水平，从而完善废弃物回收网络。以旧手机回收为例，用户可通过专门的 App 进行在线估价，并决定是否预约上门回收。系统将对用户的旧手机进行多个维度的测评，在确定好回收价格后派专人上门回收。线上交易平台的赋能使得废弃物回收过程在估价、质检、服务效率上有了质的提升，同时能够解决传统回收方式受制于地理因素的问题，有效促进了废旧资源的循环利用。因此，在未来，废物回收将更多通过线上平台进行交易。

3. 废弃物管理朝规范化管理阶段迈进

以工业固体废弃物管理为例，我国的工业固体废弃物管理此前经历了无序摸索阶段、探索起步阶段、法治化阶段、全面提升阶段。2020年对《固体废物污染环境防治法》的修订对工业固体废弃物建立了从产生到处置的全过程管理制度，标志着我国工业固体废弃物管理进入规范化发展阶段。此外，在循环经济背景下，我国工业固体废弃物的治理理念由以贮存、填埋为主的处置阶段逐渐过渡到循环利用和资源化利用阶段。在治理模式上，由此前的政府主导逐步迈向"政府—市场—社会组织"多元主体共同参与的治理模式。在未来，随着相关法律文件的出台、相关配套基础设施和行业标准的不断完善，以及督查执法常态化、严格化，其他类型的固体废弃物，如农业固体废弃物、城市垃圾等也会同工业固体废弃物一样迈入规范化管理阶段。

第二章

循环经济下废弃物回收交易与拍卖市场

废弃物回收是一项重要的环保行动，有助于减少资源浪费和环境污染。随着公众环保意识的增强，废弃物回收市场也逐渐兴起。在传统的废弃物回收方式中，人们往往通过回收站或者垃圾分类点来进行回收，但是这种方式存在一些问题。如回收效率低、回收价格不透明等。为了解决这些问题，废弃物回收交易与拍卖市场应运而生。废弃物回收交易与拍卖市场是指通过交易和拍卖的方式进行废弃物回收和再利用的市场。在这个市场，废弃物可以被收集、分类、处理和销售。通过回收废弃物，可以减少资源浪费和环境污染，并且促进可持续发展。这种市场可以存在于线上平台或线下机构中，买家可以竞拍或者与卖家进行直接交易。有些废弃物如金属、纸张和塑料等有很高的再利用价值，因此在废弃物回收交易与拍卖市场上也可能出现高价竞拍的情况。这种市场的运作还需要有相关的政策和法规来保护和维护交易的公平性。

第一节　引　　言

自工业革命以来，"开采、制造、使用、丢弃"的线性经济模式成为世界经济发展的主要模式。这种基于快速资源消耗和高效率生产的发展模式在为世界消费者创造大量商品的同时，也使得固体废弃物在世界范围内与日俱增。据统计，全球每年产生的固体废弃物总量大约为170亿吨，预计到2050年，这一数字将达到惊人的270亿吨，这将会给未来的废弃物处置造成巨大压力。目前，废弃物的处置方式主要有填埋法、堆肥法、焚烧法和资源化利用这四种方法。然而，随着废弃物数量日趋增加，前三种方法在增加处置成本的同时还会对环境产生巨大破坏。因此，废弃物资源化利用将会成为今后废弃物管理的重要举措，它能够使废弃物成为再生资源而重新供人们使用，拥有明显的经济效益、环境效益和社会效益。而废弃物回收交易作为废弃物资源化利用中的最重要环节，逐渐被个人、企业、政府等重视。它通过收购、销售和交换等商业行为，将能够作为可再生资源的废弃物重新引入生产和消费循环中。这种交易不仅对环境有益，还可以节省资源、降低生产成本并为经济增长创造新的机会，契合循环经济的发展模式。

目前，我国废弃物回收交易面临的主要问题是：在回收废弃物的种类上，被回收对象多为废旧报纸、废旧书刊、废旧金属等利润率较高的可再生资源，而对于废旧塑料、废旧玻璃、废旧电池等固体废弃物，由于缺乏足够的认识，导致该类别废弃物的回收率低。在回收方式上，主要呈现"传统的线下上门回收为主，新兴的线上平台交易为辅"的特征。传统的上门回收缺点在于，回收点分散且易受到地理因素的限制；从事回收活动的主体大部分是非正规部门，回收人员大部分缺乏系统性、科学性的废弃物回收知识，由此容易造成废弃物回收供需的错配问题。线上平台交易虽然打破了传统废弃物回收方式受地理因素限制的瓶颈，但仍存在些许缺点。例如，对于在线上平台上进行交易的废弃物，其真实性难以验证，买方要依赖卖方对废物的描述和提供的图片。在交易过程中买卖双方间存在信息不对称的问题，由此导致交易产生逆向选择和道德风险问题。因此，尽管废弃物回收交易对提高资源利用率、促进循环经济发展具有很大推动作用，但在现行交易方式下未能将其最大潜力发挥出来。

废弃物回收拍卖是一种在线上交易平台的基础上诞生的新型交易方式，废弃物的供给方和需求方在线上平台上通过拍卖的方式进行废弃物交易。在拍卖前，废弃物供给方会将被拍废弃物的相关信息以图片和文字描述的形式发布在拍卖平台上，废弃物的需求方则可以在平台上浏览相关商品的信息并决定是否成为竞标者。有的拍卖平台还为竞标者提供拍卖前现场查样的环节，这解决了以往线上平台交易无法确保商品真实性的问题。因此，废弃物回收拍卖这种新型交易方式极大解决了现行废弃物交易方式的缺点，从而极大地释放了废弃物回收交易的潜能。随着网络交易技术的不断提高，相关法律的不断完善，废弃物回收拍卖将会成为未来废弃物回收交易的主要方式。

第二节　废弃物回收交易与拍卖理论

拍卖理论是经济学的一个应用分支，研究拍卖市场中的竞标者如何行动，以及拍卖市场的特性如何激励。拍卖理论作为一个独立的学科领域，是在 20 世纪 60 年代由威廉·维克瑞发展起来的，他对竞标者的最优策略进行了评估，并研究了不同拍卖形式的收入和效率属性（Vickrey，1961）。20 世纪后期，拍卖理论得到了进一步发展。维克瑞在 1961 年将拍卖理论推广到处理每个买家的不可观察价值。到了 20 世纪 70 年代初，大多数现实拍卖形式和信息设置下的单一物品拍卖开始被定义为均衡竞标。2020 年诺贝尔经济学奖得主保罗·米尔格罗姆（Paul R. Milgrom）和罗伯特·威尔逊（Robert B. Wilson）对拍卖理论作出了重要贡献，并发明了新的拍卖形式。在理论应用方面，拍卖理论与竞争市场有密切的联系。它也与垄断定价理论有很大的相似性，并且促进市场理论中寡头定价模型的发展。此外，拍卖理论还可以应用于非价格分配方式，包括队列、消耗战、游说比赛、其他类型的比赛和配给。在实践中，大量的经济交易是通过拍卖进行的。政府使用拍卖来出售国库券、外汇、矿产权包括油田以及其他资产如待私有化的公司（Klemperer，1999）。

随着市场经济发展，拍卖理论被应用于机制设计、资源配置、市场均衡等方面。拍卖理论被用来设计有效和公平的机制，用于分配稀缺资源，如频谱许可证、电力合同、碳许可证等（Milgrom，2004）。拍卖市场理论关注买方和卖方之间的持续互动、出现的不平衡以及随后在寻求公平价值的过程中发生的价格发现。这种均值回归策略利用了市场倾向于回归到稳定价格点的特性。拍卖理论在国内也受到充分的关注，拍卖理论继续沿着近 20 年不断成熟和发展起来的信息经济学、博弈论、契约理论的技术路线，探讨一个卖方针对多个异质性的买方在无法达到信息完全和信息对称的前提下，做到把资源交到对它的使用价值更为知晓、珍惜的需求方手里，不至于出现让买卖双方后悔而最终退出市场的资源错配的格局（孙立坚，2020）。拍卖理论广泛应用于市场交易，如金融资产、碳排放配额及无线电频谱的报价与交易等。①

拍卖是一种常见的交易方式，其基本原理是通过竞价和报价的方式来确定某种商品或服务的价格。在拍卖过程中，卖方将商品通过公开拍卖的形式出售，买方通过竞价的方式进行竞购。拍卖通常由拍卖师或主持人主持，他们负责宣布拍卖开始、介绍拍卖物品、接受竞价并宣布最高出价的买方。在拍卖开始前，通常会规定一些拍卖规则，如起拍价、加价幅度和拍卖时间等，以确保整个拍卖过程的公平性和透明性。在拍卖过程中，买方根据自己对商品的需求和估价，提交竞价或报价。竞价一般以逐步提高的方式进行，买方可以根据自己的意愿选择是否需要再次加价。当拍卖师宣布拍卖结束时，拍卖物品归属于出价最高的买方，并以其出价为最终交易价格。

拍卖的基本原理是基于市场供求关系，通过竞争的方式确定市场

---

① 翁翕."拍卖理论"释读：让经济理论应用于经济设计［J］.金融博览，2020，（12）：36 – 37.

价格，具有一定的公正性和效率性。拍卖不仅可以用于个人商品的交易，也可以用于企业资产、房产、艺术品等高价值物品的交易。同时，随着互联网的发展，线上拍卖已经成为一种流行趋势，买卖双方可以通过在线平台进行竞拍和交易，使拍卖更加便捷和全球化。

一、拍卖的基本原理

1. 收入等价原理

给定拍卖规则表明，出价最高的人获得该物品这类拍卖形式——即符合这类标准拍卖形式，如第一价格、第二价格乃至第三价格拍卖都属于标准型拍卖。在此类标准拍卖形式下，符合收益等价原理。也就是说，在符合假定条件下，标准拍卖方式的期望收益相等。

收入等价原理假设竞拍者的价值服从独立同分布（i.i.d），而且所有竞拍者风险中性，那么，只要价值为 0 的竞拍者期望支付为 0，对卖者而言，任何形式的标准拍卖的任意对称、递增的均衡策略，均产生相同的期望收益。

证明　考虑某一标准拍卖形式 A，并给定 A 的一个对称均衡策略 β。令 $m^A(x)$ 表示具有价值 x 的竞拍者的均衡期望支付。假设 β 满足 $m^A(0)=0$。

考虑某个竞拍者，如竞拍者 1。假设，除了竞拍者 1 之外，其他人都遵循均衡策略。先不关心拍卖的具体细节，而考虑如果具有价值 x 的竞拍者 1 不遵循均衡策略 $\beta(x)$，而是按照策略 $\beta(z)$ 出价，他的期望收益是多少。当竞拍者 1 的出价 $\beta(z)$ 超过最高的竞争性价格 $\beta(Y_1)$，或者等价，当 $z>Y_1$ 时，他将胜出。他的期望收益为：

$$\Pi^A(z, x) = G(z)x - c$$

其中，$G(z) \equiv F(z)^{N-1}$ 是 Y_1 的分布函数。同时，$m^A(z)$ 依赖于其他竞拍者的出价策略 β 和估值 z，而独立于真实价值 x。想要得到均衡策略，我们先要对利润进行一阶求导：

$$\frac{\partial}{\partial z}\Pi^A(z, x) = g(z)x - \frac{\mathrm{d}}{\mathrm{d}z}m^A(z) = 0$$

均衡时的最优策略为 $z = x$，则满足，对所有可能的竞拍者估值 y，都满足：

$$\frac{\mathrm{d}}{\mathrm{d}y}m^A(y) = g(y)y$$

结合前面的假设，有：

$$m^A(x) = m^A(0) + \int_0^x yg(y)\,\mathrm{d}y$$

$$= \int_0^x yg(y)\,\mathrm{d}y$$

$$= G(x) \times E(Y_1 | Y_1 < x)$$

等式右边与特定的拍卖形式无关，证明结束。由此证明，在符合假定条件下，标准拍卖方式的期望收益相等。

2. 显示原理

一般而言，在拍卖过程中，许多竞拍者参与竞争出价的目的是获得该物品。那么，在众多可能的拍卖设计中，是否能够找到一种竞拍者真实报价的直接机制。这就是拍卖过程中的显示原理（见图 2 - 1）。

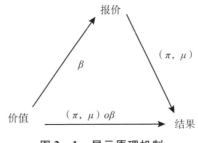

图 2 - 1　显示原理机制

　　显示原理表明通过寻找一种直接机制设计的方式，在激励相容的约束条件下，使竞拍者主动披露自己的信息。通过应用显示原理，任何机制的均衡导致的结果都可以通过寻找到一个直接机制的真实均衡来复制（Gibbard，1973；Myerson，1988）。显示原理，即给定任一机制和这一机制的某一均衡，存在某一直接机制，其中，①每个买者都真实地披露自己的价值是它的一个均衡，②该直接机制的均衡结果，与原先机制的给定均衡的结果相同。显示原理背后的直觉是给定任一机制和该机制的任一均衡 β。现在竞拍者不再提交报价 $b_i = \beta_i(x_i)$，根据机制的规则以决定结果，即谁胜出和谁支付多少，直接机制直接要求竞拍者报出对物品的价值 x_i，然后，确保最终结果与他们按 $b_i = \beta_i(x_i)$ 出价时的情形一样。换句话说，直接机制自动替竞拍者完成了均衡的计算。现在，假设某个竞拍者认为不说真话反而有利可图，并且在真实价值为 x 时报价 z。那么，在原有机制中，该竞拍者也会报价 $\beta_i(z_i)$ 而非 $\beta_i(x_i)$。但这与 β_i 为均衡前提相反，所以是不可能的。

3. 激励相容原理

　　满足显示原理，在拍卖设计过程中，总能找到一种直接机制，满足激励相容的条件。[1] 直接显示机制中（Q，M），满足激励相容的条件设计可以定义为：

$$q_i(z_i) = \int_{X_{-i}} Q_i(z_i, x_{-i}) f_{-i}(x_{-i}) \, \mathrm{d}x_{-i}$$

　　此时，将 $q_i(z_i)$ 表示为当其他竞拍者真实披露自己的价值，而竞拍者 i 公布自己报价为 z_i 时，竞拍得到物品的概率。

$$m_i(z_i) = \int_{X_{-i}} M_i(z_i, x_{-i}) f_{-i}(x_{-i}) \, \mathrm{d}x_{-i}$$

　　此时，将 $m_i(z_i)$ 表示为当其他竞拍者真实披露自己的价值，而

---

① Krishna V. Auction Theory [J]. 2010.

竞拍者 i 公布自己报价为 z_i 时的期望支付。需要留意的是，由于假设各竞拍者的价值是独立分布的，获得待出售的物品的概率和期望支付只依赖于所披露的价值 z_i，而与真实价值 x_i 无关。

假设其他竞拍者都说真话，真实价值为 x_i 而报告价值 z_i 的期望回报可以表达为

$$q_i(z_i) - m_i(z_i)$$

直接显示机制（Q，M）被称为激励相容，当且仅当，满足对于任何的竞拍人 i，x_i，z_i，满足：

$$U_i(x_i) = q_i(x_i) - m_i(x_i) \geqslant q_i(z_i) - m_i(z_i)$$

此时，将 U_i 称呼为均衡回报函数。

拍卖作为一种资源分配和价格发现的有效机制被广泛应用于各类场景中，如国债拍卖、古董拍卖、房产拍卖、鲜活品拍卖等。威廉·维克瑞（Vickrey，1961）于 1961 年开创性地引入博弈论作为分析竞拍者均衡策略的工具，将拍卖理论纳入经济学的研究范畴。过去几十年，各种不同的拍卖机制陆续出现在商业、金融等领域。在传统拍卖理论下，拍卖可分为四种标准拍卖类型，其中英式拍卖和荷式拍卖为公开叫价拍卖，第一价格拍卖和第二价格拍卖为密封拍卖。

二、拍卖的四种类型

1. 英式拍卖（English Auction，EA）

英式拍卖起源于英国，又称为公开叫价式升价拍卖，是目前应用最为广泛的一种拍卖方式。在英式拍卖中，卖家通常会先设定一个起始价，报价在此基础上逐步提高，直到拍卖结束或只剩最后一个竞买者为止。物品归最高报价者所有，支付价格为他的报价。英式拍卖的一个显著特点是在任何时点，每个竞买者都知道目前的最高报价。这一拍卖既可以由买方各自报价，也可以由卖方报价，规则简单，易于

操作，通常被应用于艺术品、文物、专利知识产权等的拍卖。

2. 荷式拍卖（Dutch Auction，DA）

与英式拍卖不同，荷式拍卖又称为公开式减价拍卖，因应用于荷兰鲜花拍卖而闻名。荷式拍卖和英式拍卖都采用公开叫价式。它首先是由卖方设定一个最高起始价，拍卖开始时价格逐步下降，直到有人接受为止。与英式拍卖相同，报价最高的竞拍人赢标。在荷式拍卖中，经常使用反向钟来显示持续降低的价格水平，竞买者按下按钮时指针所指的价格即为成交价格。荷式拍卖因其较高的交易效率而被广泛应用于易腐农副产品的拍卖，如鲜花、水果、蔬菜、鲜鱼等鲜活农产品。

3. 第一价格拍卖（first-price sealed-bid Auction，FPSB）

第一价格拍卖是指各竞买者在不知道其他买方出价的情况下单独递交投标，最高报价者赢得标的物，最终成交价格为最高报价。与英式拍卖不同，在第一价格拍卖中投标者仅有一次出价机会。该种拍卖方式主要应用于国有土地使用权、资源开采权和政府采购合同等领域。

4. 第二价格拍卖（second-price sealed-bid Auction，SPSB）

第二价格拍卖由维克瑞首先提出，所以也称为维克瑞拍卖。与第一价格拍卖类似，在第二价格拍卖中，竞买者以密封的形式呈递报价，唯一不同的是标的物的成交价格为次高报价。该种拍卖方式具有很高的理论价值，在实际中应用较少，目前的应用领域有邮票拍卖、网络拍卖、政府外汇拍卖和公司回购股份等。为适应拍卖在实际中的应用需要，四种基本方式衍生出很多新颖的拍卖方式。比如，买卖双方都是多人，买家和卖家同时出价的双向拍卖方式；英式拍卖和荷式拍卖组合而成的英荷混合式拍卖，主要用于异种物品的组合拍卖。另外，还有网上一口价拍卖和全支付拍卖的方式。

常见的拍卖大部分是一次拍卖单个物品，针对多物品或可分割物品，可以通过多场拍卖来销售物品（曾宪科、冯玉强，2015）。以逐次多场的拍卖形式来出售商品的交易机制我们称为序贯拍卖，该拍卖方式通常用于处理多物品和可分割物品的交易。鲜活农产品拍卖交易量大且需要拍卖师具备良好的经验，适用于荷式拍卖，它也属于多物品序贯拍卖。通常可以选择两种拍卖方式：歧视性价格拍卖、单一价格拍卖。

在歧视性价格拍卖中，赢得商品的买方支付的价格为其报价，体现为在同一场拍卖中赢标的各买方所支付的价格不一，相当于完全歧视价格。歧视性价格拍卖方式实际上是第一价格拍卖在多物品拍卖中的延伸，当拍卖的物品为一个单位时，歧视性价格拍卖与第一价格拍卖相同。

在多物品拍卖中，单一价格拍卖是指所有赢得商品的买方均按市场出清价格支付，即买方支付的价格为未赢得商品的最大价格，体现为在同一场拍卖中赢标的各买方支付的价格是相同的。与歧视性拍卖相同，当拍卖单个物品时，该方式与第二价格拍卖相同。因此，单一价格拍卖方式是第二价格拍卖在多物品拍卖中的延伸。

第三节　从传统上门回收市场到拍卖交易市场

预计到 2050 年全球每年产生的固体废弃物总量将达到 270 亿吨，废弃物收集和回收将会成为一个严重的问题，除去建筑废弃物还有许多如电子废弃物、纺织品废弃物和城市废弃物等其他废弃物充斥我们的生活和生存环境。废弃物有填埋、焚烧和回收再利用等处理方式，填埋和焚烧等对环境造成破坏的处理方式已经逐渐被各国各地区淘汰，废物回收将会成为未来主流的废物处理方式。

根据《History of Waste Management》一书，废弃物回收分为三个阶段：（1）在 18 世纪 70 年代～19 世纪 60 年代，工业化和城市化导致了工业所需的粮食资源和原材料问题。人口的增长，城市人口的增加，要求农业生产的同步增长，城市废弃物激增，回收废弃物的概念开始出现。1882 年，废金属主义者亨利·纳皮尔（Henri Napias）总结了这一目标："在工业中，不能有任何实际的废料，一切都必须用于工业本身或农业。"此阶段回收为散户近距离上门回收简易废弃物。（2）19 世纪 70 年代～20 世纪 60 年代，家庭消费的增长导致城市居民产生的废弃物数量增加和新型废弃物出现。例如，早在 20 世纪初就有资料提及包装废弃物。此阶段回收为远距离上门回收并可以回收混合材料的废品。随着城市化和工业化的发展，废品收购站和回收业开始兴起。这些机构专门从废物中回收可再利用的材料，如金属、纸张、玻璃和塑料，将其重新加工或出售。（3）1970 年至今，随着网络的诞生和发展，一些早期的回收交易网站流行，包括回收网（成立于 1995 年）和废弃物交换（Waste Exchange）（成立于 1997 年）等。这些网站旨在帮助各种企业和组织更容易地买卖配额，以促进资源回收和减少废弃物的填埋和焚烧，废弃物回收从传统上门回收向线上交易市场过渡。

传统上门回收的局限性有供需不对称、不规范（品质标准不统一和法律法规不健全等）、地理范围受限、公开信息接收不完全、非正规回收（电子回收）等问题。由于参与各方之间沟通和协调不力，一些企业开始建立在线交易平台，连接上游回收企业和下游，这大大提高了废弃物回收行业的效率。除了正式回收，在中国，电子废弃物主要由非正规部门回收，在这些部门，以极低的工资雇用了许多废弃物回收工人，采用粗糙和污染性的回收方法，分离可重复使用的部件，快速回收所含的金属。"非正规"一词往往被描述为官方治理的不同层次和机制所无法触及，缺乏监管、结构和制度化，未经登记和非法。非正规活动持续、普遍和不断增加，发生在经济发展水平差异很大的国家和地区。正式的社会经济、政治和体制系统的真实或感觉到的缺陷和结构性缺陷鼓励了非正规活动的发展。这些非正规的做法往往发生在最原始的情况下，使工人面临广泛的健康危险。同时中国的非正规回收部门在垃圾回收业中扮演着重要的角色，导致了大量的环境和健康问题。

第四节　废弃物回收交易与拍卖市场概述

废弃物回收交易与拍卖市场是一个涉及废弃物资源再利用和交易的市场。在这个市场中，废弃物可以转化为有价值的资源，并通过拍卖或交易的方式流通和利用。废弃物回收交易市场通常是一个由废弃物收集者、废弃物处理企业和废物利用行业等参与者组成的系统，其中废弃物收集者从家庭、企业或其他来源收集废弃物，然后将其出售给废弃物处理企业。废弃物处理企业可能会对废弃物进行分类、处理、再生或转运，并最终将其转化为可再利用的资源或能源。废弃物利用行业可以进一步加工和利用这些资源，将其用于生产新的产品或供给特定的市场。在废弃物回收交易市场中，拍卖是一种常见的交易形式。通过拍卖，废弃物收集者可以将废物的出售权委托给拍卖平台或相关机构，然后通过竞标的方式将废弃物的出售权交给出价最高的买家。这样的拍卖过程可以确保废弃物的最大化利用和经济效益。废物回收交易与拍卖不仅有助于实现废弃物资源的有效回收和再利用，还促进了循环经济的发展，减少了资源的浪费和环境的污染。此外，废弃物回收交易与拍卖市场也为废弃物管理企业和废物利用行业提供了商机和发展空间。然而，为了确保废弃物回收交易与拍卖市场的有效运行和监管，政府部门和相关机构需要建立相应的政策、法规和标准，并加强监督和管理。

一、废弃物回收交易与拍卖市场的含义

废弃物交易是指买卖双方对有价废物进行互通有无的行为，其过程可以是以货币为交易媒介的过程，也可以是以物易物。废弃物线上交易含义是指买卖双方通过第三方废物交易平台进行交易，买卖双方均可在第三方提供的平台上发布交易标的详情和要求，双方在平台进

行自由磋商并达成交易。废弃物交易平台定义为用户提供发布和搜索供求信息、资质认证、撮合交易、记录合同、审核可直接再利用的建筑废弃物销售等服务的平台。平台作为双边市场的中介，并不参与生产，而是为用户之间的互动或交易提供相应的配套服务，通过收取适当的费用实现自身价值的最大化。大多数的废弃物交易平台采用的是电子商务系统，根据目前所采用的商业模式，电子商务系统可以分为三种类型：企业对企业模式（如 e – IDC. com）、企业对客户模式（如 Build. com）和组合模式（如 Ei – Internets. com）。

第一个用于废料交易平台的在线市场名为 Yours2Take（由你决定），创建于 2008 年，旨在为废料交易商提供类似 eBay 的手段。国内的线上废弃物（二手）交易平台有：阿里资产、京东拍卖、香港减废网站和广东省固废危废（废塑料）交易平台，废弃物交易平台如表 2 – 1 所示。

表 2 – 1　　　　　　　　　　国际废物交易平台

平台名称	国家/地区	运营模式
阿里资产（https：//z. taobao. com）	中国	阿里拍卖于 2007 年成立，发展至今包含全程无人操作、独创的延迟系统、交易可追溯等内容的技术支持。为确保平台的稳定运行和拍卖交易保障，阿里拍卖会为买家提供评估监测、金融贷款、拍后代办等服务。对于机构而言，阿里拍卖提供的预约看样、VR 全景看房、调查报告等服务已经同上千家商业机构、政府机构、金融机构开展合作，旗下涵盖资产拍卖、高端消费品拍卖、收藏品拍卖等业务
京东拍卖（https：//auction. jd. com）	中国	京东拍卖于 2018 年成立，前期主要提供司法拍卖服务，但京东资产交易平台于 2023 年正式发布"12145 全场景资产处置服务战略"，以"1"大核心服务战略，开辟互联网资产处置新赛道，链接上游供应链和下游投资人"2"端，打造最大的互联网资产处置服务平台，并通过提供一站式委托、全流程司辅、精准撮合、大额配资等"14"项资产处置服务，覆盖金融资产、司法拍卖、破产重整与清算、政府罚没物资、国有资产"5"大业务板块

续表

平台名称	国家/地区	运营模式
广东省固废危废（废塑料）交易平台（https：//www.pcrexchange.com）	中国	广东省环境权益交易所有限公司（以下简称"环交所"）成立于 2010 年，是经广东省人民政府批准集各类环境权益交易服务为一体的专业化市场平台。成立以来，环交所在省政府和省国资委等主管部门与社会各界的大力支持下，高标准建设交易平台，全面构建市场和服务体系，积极探索市场机制下的环境与资源要素优化配置。当前已建和在建的有省级水权交易、广东省排污权交易、广东省碳市场综合服务、广东省固废（危废）交易、广东省自然资源交易等平台和广东环境·资源金融服务中心
好废（2Good2Waste）（https：//2good2waste.com）	美国	该平台提供了跨选定州进行废物交易的机会。它促进资源回收。该平台的运行只需三个简单的步骤：查找材料、发布材料和交换
材料市场（Materials Marketplace）（https：//go.materialsmar-ketplace.org）	美国	由美国可持续发展商业委员会开发，旨在促进公司之间的工业再利用。通过基于云的平台，该市场将传统和非传统工业废物流进行匹配，从而实现向循环经济转变。它提供了高效的用户体验及捕获和利用数据来生成有关材料及其潜在用途的可行见解的能力。市场积极分析可用材料并向其成员发送策划的比赛。目前，已有 2000 多家企业和组织在该平台注册。该平台的俄亥俄州分部第一年就转移了约 1525 吨垃圾，并创造了 15 万美元的处置成本和价值。该平台已将服务扩展到土耳其、越南和以色列
国际汇市场（MarketplaceHub International）（https：//marketplacehub.org）	国际	国际汇市场的目标是通过加速企业与企业之间的再利用机会推动全球二次材料的可持续利用，促进资源的循环利用。它开发了一张地图，概述了世界各地 108 个现有材料市场和工业协同网络，可按材料或位置进行搜索。目前，39 个市场可以处理拆建废料。该在线工具还定期进行市场研究和分析，以确定废物市场可持续运营的主要挑战
萨尔扎（Salza）（https：//www.salza.ch）	瑞士	萨尔扎是一个位于瑞士的在线市场。它的目的是促进瑞士目前的再利用实践。在这个平台上，业主可以通知其他人有关要拆除或翻新的建筑物。这使得建筑师、设计师和艺术家能够发现可以在新项目中重复使用的有价值的元素。萨尔扎让业主和顾客保持直接联系

续表

平台名称	国家/地区	运营模式
巴斯塔西亚（Backacia） （https：//www.backacia.com）	法国	巴斯塔西亚是一家专门从事建筑组件再利用的在线初创公司。该市场于 2017 年在法国推出。市场上销售的产品要么来自剩余订单，要么来自专业品质的结构建筑
奥斯汀材料市场 （Austin Materials Marketplace） （http：//austintexas.gov/zerowaste）	美国	奥斯汀市于 2009 年第一个实施"零废物计划"战略，该战略旨在改善废物管理，以"到 2040 年实现市议会的零废物目标"。2011 年，该市通过了"奥斯汀资源回收总体规划"试图加速实施零废物战略计划。目标是到 2045 年将废物转移率提高到 90%。在其建议中，该市计划"扩大和改进地方和区域再利用、回收和堆肥计划"以及"通过协作和伙伴关系让社区参与，以实现零废物"。正是在这种背景下，奥斯汀材料市场于 2013 年启动，被认为是促进战略计划实施的工具，是加速应用的工具。根据废物管理计划，奥斯汀材料市场由奥斯汀市全额资助。通过将市场的管理和运营承包给美国可持续发展商业委员会，该市认识到成功取决于外部主题专家
国家工业共生计划 （National Industrial Symbiosis Program） （http：//www.nispnetwork.com）	英国	国家工业共生计划于 2003 年推出，旨在解决跨行业二手物资交易中知识差距的问题。国际协同旨在实施工业共生（行动中的循环经济）方法、工具和技术。它引起了国际组织、政府和学术界的关注。该计划产生了一个资源重用数据库和管理系统（SYNERGIE ©）。该软件利用丰富的经验库，方便用户进行资源匹配；它使公司能够识别再利用机会并最大限度地减少浪费
钢材汇（Mjunction） （https：//www.mjunction.in）	印度	钢材汇是印度钢铁管理局（SAIL）和塔塔钢铁公司于 2001 年成立的合资企业，目前是全球最大的初级和二级钢材电子商务平台。Mjunction 最初专注于钢铁，后来迅速扩展到新的业务领域，现在为钢铁和煤炭等各种商品提供电子金融、电子销售、电子采购和电子知识服务。该市场的成功部分与其电子销售流程有关。他们的电子拍卖服务确保买家和卖家"根据市场情况进行透明定价"。该系统除了提供有关材料的可用性和质量信息外，还使双方都能从可信的环境中受益并安全地进行交换。远期拍卖系统授予材料的最高出价者。在这个过程中，买家和卖家可以随时看到价格及参与交换的各方数量。在此过程中，他们还可以得到"远程主管"的协助

续表

平台名称	国家/地区	运营模式
SMILE （http：//smileexchange.ie）	爱尔兰	SMILE（通过行业链接和交换节省资金）成立于2010年，于2018年终止，是嵌入爱尔兰国家产业协同效应计划的资源交换平台。该计划利用产业共生，重点提高企业回收利用二手材料的能力。该平台的流程始于通过免费在线平台识别协同效应；那么成员将受益于完成交易的技术支持。这项服务由爱尔兰三个废物处理地区的顾问提供，通过提供材料再处理专业知识，促进了交流。该平台提供的其他服务包括派遣顾问拜访公司并为他们提供有关交流机会的个性化反馈。支持团队还促进双方之间的谈判，以协助消除二手材料交易时通常出现的挑战。此外，该计划还通过全年举办社交活动，为企业提供寻找潜在合作伙伴的机会。利用这个平台，公司可以以有竞争力的价格获取二次材料。通常，企业也节省了与垃圾填埋相关的成本

资料来源：Shooshtarian S，Maqsood T，Wong P S，et al. Market development for construction and demolition waste stream in Australia ［J］. Journal of Construction Engineering，Management & Innovation，2020，3（3）：220 – 231.

网络交易平台，是指专业平台开发者或运营者基于互联网，依托网络技术搭建的平台架构，是平台与互联网相结合的一种新兴产业组织形式。平台企业不单独生产商品，而是为交易双方提供信息展示、搜索、支付等平台服务。不受时间和空间的限制，双方用户通过网络平台进行互动和交易，不仅降低了信息搜索和沟通的成本，还提高了双方交易和互动的效率。然而，建筑业信息化平台化作为转型升级的一种方式的研究和实践却远远落后于其他行业。其中一个原因是行业内信息交换不足、效率低下，有时信息甚至是错误的，由于信息化平台化的不成熟而导致一些时间上的浪费，从某种程度上来说，其实目前废弃物交易平台化相对于传统的上门回收可能效率并没有多高，但是与传统市场相比，交易平台所产生的双边市场最大的优势是网络外部性，分为直接网络外部性和间接网络外部性，即平台双方能够跨越时空直接接触的特性，平台为建筑和发展废物的再利用作出了重大贡献，从而降低了建筑的整体交易和社会成本。这将有助于实现有效的建筑和拆除废弃物管理，以促进建筑业的可持续发展，最终实现真正的循环经济。目前我们处于数字化信息化时代，我们在现实生活中都能享受到信息化的产物和成果，废物交易信息化亦能突破已有的障碍，大大提高废弃物交易的效率。

二、废弃物回收交易与拍卖市场的运作原理

整个废弃物回收交易与拍卖市场的参与方主要包括：（1）平台：向用户提供发布和搜索供需信息、资质认证、交易匹配、物流安排、合同记录等服务的市场化组织，同时基于互联网等数字化技术和智能交易机制帮助买方和卖方聚集及匹配；（2）卖方：城市群内可以提供任意废弃物的供应商，如建筑废弃物卖方，包括拆迁地、旧改地等，他们可提供多品类多单元产品；（3）买方：城市群内对可交易废弃物的需求者，如建筑废弃物中的买方，包括园区承建方、农村自建房主、新楼盘承建方、废弃物加工企业等，他们购买单品类多单元产品；（4）物流承运商：城市内、城际间的第三方运力提供者，拥有废弃物特殊运输工具，承运商受平台的托运要求提供多模式运输服务。图 2-2 为城市建筑废弃物拍卖运作原理示意图。按照"谁产生谁付费"的原则，本书假设卖方需要承担收运物流成本。卖方作为建筑废弃物的生产者首先需要确定投标的多种废弃物组合，同时采用各行业惯用的算法预估可能发生的运输费用，从而确定最终投标价格。买方若作为废弃物的需求者需要严格按照需求情况，以"整车"为投标单位决定投标货品和期望的投标价格。双边拍卖平台公开设定竞拍周期并以社会福利最大化为目标，根据动态竞拍机制匹配供需。

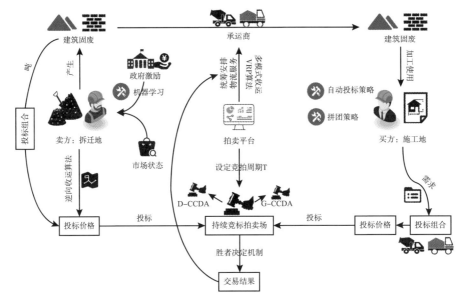

图 2 - 2　城市建筑废弃物拍卖运作原理

　　废弃物交付主要包含三种逆向收运模式及网络，以建筑废弃物为例分别是：（1）针对需紧急交付、可直接再用的建筑废弃物"施工地—施工地"城市内直送物流模式；（2）针对有资源化再生要求和需要回收的建筑废物"施工地—回收转运中心—施工地"城市内单中心转运物流模式；（3）针对跨城际交易与收运的建筑废弃物的多中心转运物流模式。

　　"施工地—施工地"城市内直送物流模式：针对需紧急交付、可直接再用的建筑废弃物。该模式在实际中已有类似案例，如南京的"土方银行"和上海的"渣土银行"。如图 2 - 3 所示，卖方作为废弃物物流费用的承担者，需要以建筑废弃物生产地为中心，设定合理的交易半径。平台胜者决定机制严格按照卖方设定的交易半径，在半径范围内撮合卖方和买方双边交易，反之不允许。卖方配送距离不同的圈层（以颜色深浅表示）对应不同的运输费用阶梯，越靠外的圈层表示费用越高。

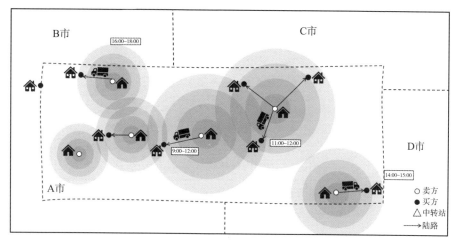

图 2 – 3 建筑废弃物逆向收运直送物流拓扑

"施工地—回收转运中心—施工地"城市内单中心转运物流模式：针对有资源化再生要求、需要回收的建筑废弃物。建筑废弃物混合了多种建筑材质，往往需要进行一定的分类、加工才可以使用，存在分拣转运需求。实际中不少城市都在试行城市废弃物回收转运政策，如浙江的"半地下中转站""竖式工艺中转站"。如图 2 – 4 所示，转运模式运作原理大致总结为承运人首先将废弃物从产生地运输至城市内的回收转运中心进行分拣、加工、再制造等操作，再由承运人运输至城市内的需求地。卖方需要根据转运物流模式估算物流成本，平台也需要根据转运模式统筹安排物流交付。如何确定回收转运中心最优选址将影响"收运物流（产生地运至回收转运中心）"与"派送物流（回收转运中心至需求地）"的整体效率，如何从全局规划"施工地—回收转运中心—施工地"的协同联动策略也是关键决策问题。

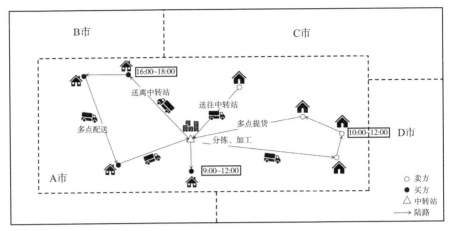

图 2 – 4　建筑废弃物城市内单中心逆向转运物流拓扑

城际多中心转运物流模式：针对跨城际交易及收运需求的建筑废物。建筑废弃物再生产品的交易与收运需求可能来自不同城市，国内外不少城市已在废弃物收运中设置了多个回收转运中心，如武昌建筑废铁回收中心与美国得州 UPCycle 等。如图 2 – 5 所示，若城市内仅存在一个回收转运中心，转运物流模式需要考虑车容和时间窗限制的

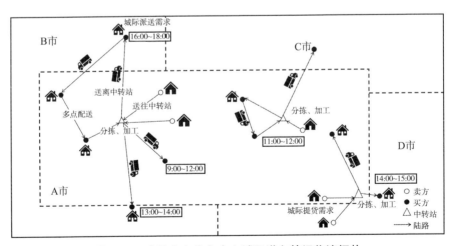

图 2 –5　建筑废弃物多中心城际逆向转运物流拓扑

转运物流路径规划问题；若城市内存在多个回收转运中心，不仅需要解决这一问题，还需要考虑如何全局选取多个回收转运中心的最优位置和整体总运输成本最小化。

废弃物交易平台主要有以下特征：

第一，市价依托废弃物相对应的行业状况。废弃物的价值决定价格，但是废弃物的供需状况和原材料的价格是影响定价的主要因素。根据供给需求曲线和产品生命周期的价值延续性，废弃物交易价格与废物供应量成反比，与原材料价格成正比。

第二，安全可靠的结算体系为交易保障。双方若想通过平台进行发布信息和交易，需要通过平台设置的资格审核门槛并缴纳一定的保证金，与平台签订具有法律效力的双边协定，即平台为双方提供资金信用中介。

第三，以现货交易为基础。目前大多数交易平台交换的商品标的为现货，性质是现货买卖。现货买卖意味着回收方能够线下检查废弃物的品质并且拍下即可运输，能够减少交易在品质上出现的摩擦造成的成本和等待生产成本等。

第四，信息化技术为支撑。信息化技术包含了 Web 门户网站及挂牌、竞价、结算、交收和纠纷系统［如广东省固废危废（废塑料）交易平台］，上述系统能够为交易的顺利完成提供技术支持，并且能提供线上交流和信息查询等服务。

第五，以销售方和回收方作为主要服务对象。如前所述，交易平台仅在供应链两端达成交易时在订单中抽取一定比例的中介费，仅为交易双方提供服务，并不干涉双方中任意一方的生产和消费，起到的是促进交易达成、提高交易效率和降低交易成本的作用。

第六，物流运输采用混合模式，即内部物流或外部物流。现阶段废物交易平台还处于发展初期，目前物流运输还没有平台内部化，物流运输权由交易双方自主协定，有以下两种运输方式：①内部物流定义为交易双方使用自有运输工具运输；②外部物流定义为双方协定将物流外包给专业化的第三方运输公司。

三、废弃物回收交易与线上交易市场的现状和问题

废弃物回收交易与线上交易市场相结合的过程中会存在许多摩擦，使废弃物回收交易效率达不到预期，现存市场主要有以下四个问题。

一是废弃物质量方面的信息不对称和不确定性。废弃物质量方面的信息不对称会影响市场，即如果交易中的一方比另一方拥有更多的信息，可能会导致逆向选择。在可重复利用材料中，逆向选择可能意味着可回收材料的销售方虽然可以为回收方提供明确的事后利益，但由于材料的质量（部分）未得到观察，因此无法将这一信息完全传递给回收方。废料回收工业协会有一个交易争端解决机制来处理材料质量问题的案件。但是现实生活中很少有人会利用该争端解决机制，因为与解决争端有关的费用往往会比交易中的争议争端所涉及的金额大，结果可能会得不偿失。然而，在这方面，政府行政机构这时候能够在解决信息不对称方面发挥作用。制定材料测试协议是各国政府试图克服其中一些问题的一个领域。此外，严格适用事后赔偿责任制度将增加废弃物销售方的审查成本，这可能会使销售方将其纳入交易决策考虑。然而尽管废弃物的"质量"可能较差，但不太可能足够明确地证明有必要推出这类诉讼。因此，各方将会更支持上述类型的交易争端解决机制。

二是可重复使用材料的消费外部性。当可重复使用材料的重复利用过程中还有没被发现的盈利空间时，即还有可以盈利的空间没被发现时，就存在市场失灵。比如，Z电子废弃物回收方仅对整部手机废物中的A零部件有需求，A零部件仅在整部手机废弃物中存在，而整部手机废弃物中还包括B、C和D等其他废弃零部件且有再利用的价值，若Z回收方仅需要A零部件那么他就会失去B、C和D零部件的回收的盈利空间。回收市场失灵的根本原因是由信息不完善、搜寻和交易成本、技术和消费的外部性以及其他因素导致的。其中许多因

素在一些可回收材料的市场上普遍存在。回收材料市场上普遍存在的障碍和失败可归因于其非常特殊的供需性质。参见表2-2。

三是与废弃物回收和再利用有关的技术外部因素。目前技术有限使得一些类别废弃物难以分解（如电子废弃物）和复杂废弃物分解时产生的额外成本，这将造成以下两种结果：一方面某种产品废弃物回收方的数量与销售方的数量失衡，即回收方数量远远少于销售方；另一方面是废弃物回收方给出的价格达不到销售方的预期进而拉长磋商时间，由于磋商时间长短与交易达成概率成反比，最后不仅交易效率降低，还会拉低平台的交易达成率。

四是废弃物交易供需匹配困难。一方面，由于回收方担心废弃物材料的质量，以及寻找销售方的不确定性，回收方通常直接与新材料销售方联系进行初步采购；另一方面，回收方一般是该废弃物的生产者上游，如果回收方想要把废弃物重新利用处理成为新的生产原料，回收方往往需要成套原料而不仅限于一种，由于废弃物的供应是随工业生产而变化，即供应不稳定，那么回收方需要成套废弃物的需求便难以满足，进而转向新材料销售方采购。因此，建筑垃圾总是供过于求，销售方在平台上发布的信息远多于回收方提供的信息。

上述的四个问题又被称为废弃物市场失灵，表2-2列举了在不同市场失灵的情况下受其影响的废弃物及其市场失灵的原因。

表2-2　　　　　市场失灵的类型和可能受影响的废弃物

市场失灵类别	潜在受影响的废物	市场失灵原因
信息不对称	建筑和拆除废弃物	材料质量不确定，限制了潜在用途
	塑料包装	污染物的存在增加了回收成本
	废金属	存在污染物或材料，可能导致意外的高处置成本或损坏再处理设备
	废纸和纸板	回收混合的废纸和纸板导致高分拣成本或低价值用途

市场失灵 类别	潜在受影响的废物	市场失灵原因
消费外部性	使用过的润滑油	消费者之间的知识溢出和对发动机可能损坏的担忧
	翻新轮胎	消费者之间的知识溢出和对井喷可能性的担忧
技术外部性	使用过的润滑油	存在污染物、添加剂或水，会削弱再精炼的潜力
	非金属合金	使用限制或阻止恢复潜力的复合材料
	家电	尽管技术正在快速进步，但由于废物的混合性质，分类/分解很困难
	报废车辆	复合材料的使用使车辆的拆卸变得复杂
	塑料包装	使用符合塑料会增加再加工成本并限制潜在用途
供需匹配 困难	建筑和拆除废弃物	建筑施工项目对原材料采购时效、多品类齐套要求高

第五节 废弃物回收交易与拍卖市场的优势和最新实践研究

由于线上废弃物交易平台废物质量方面的信息不对称和不确定性、与废弃物回收和再利用有关的技术外部因素、可重复使用材料的消费外部性和废弃物交易供需匹配困难等缺陷，目前出现了线上交易新形式——废弃物拍卖。废物拍卖是区别于通过第三方线上交易平台的现货买卖方式。拍卖一锤定音，在拍卖前，废弃物销售方会将其需要销售的废弃物的明细通过口头或文字描述或现场勘验的方式展现，能够在拍卖平台上进行交易的废弃物需要通过拍卖平台的一定审核并认证，那么废弃物的质量能有一定的保证，参加废弃物拍卖的回收方根据自身的需求与拍卖废弃物标的场次选择是否参加。

基于废弃物的拍卖流程及运作模式，废弃物拍卖具有以下优点：（1）减少交易磋商时间。建立在互联网上的拍卖平台跨越时空连接交易双方可减少磋商等待时间，同时根据拍卖机制能够把定价前置，大大提高拍卖效率。（2）增加废弃物供需方的匹配程度。根据拍卖的流程，买方根据卖方发布出售信息选择是否参加此次拍卖，相当于提高了供需匹配度。（3）增加交易达成概率。由于此拍卖模式基于互联网，拍卖平台能够尽可能多地容纳有销购需求的用户增加交易达成概率。（4）提高信息对称程度。买卖双方参与交易前都需要把自身的需求和标的物的详细信息在平台发布。

由于各行业的废弃物回收领域的发展程度和国内外的研究方向有差异，其拍卖交易机制成熟程度亦有差距。以下为国内外学者和从业人员的最新研究和实践。

沙哈布丁（Shahabuddin，2023）关于电子废弃物回收中遇到的挑战和机遇；在电子废弃物管理技术中，穆尔西（Murthy）和拉马克里希纳（Ramakrishna）重点介绍了电子废弃物管理的全球最佳实践，强调政策实施、技术要求和社会意识对实现可持续发展的重要性。库尔尼亚瓦（Kurniawa，2023）根据南宁市废弃物回收数字化的经验，批判性地研究了如何利用基于数字化的循环经济（CE）来加强玛琅的废弃物回收产业。此外，纳米材料辅助从农业废弃物中产生和储存能量被认为是绿色和循环经济智能固体废弃物管理策略的近期发展。卡拉利（Kalali，2023）探索了将塑料废弃物转化为新产品的各种方法。也有学者阐述和分析石油和天然气的特征和各自的处理技术、挑战和可能出现的机遇，并描述了对所有三类废弃物的资源回收和再利用潜力的深入了解。

有学者研究了如何完善拍卖碳足迹核算流程和行业碳中和体系，推动虚拟艺术品拍卖市场相关技术发展（Qian，Chen & Sun，2023）；与此同时，阿巴斯尼亚、法拉伊扎德、帕萨拉里、阿卜杜拉内贾德和法扎德基亚（Abbasnia, Fallahizadeh, Pasalari, Abdollahinejad & Farzadkia，2023）将修改后的三层业务模型画布用于描述废弃物管理中涉及的每个参与者的职责以及不同要素之间的相互作用并建立在线市场以提高废弃物回收效率；还有学者针对电动汽车电池回收问题提出了一种基于拍卖的市场交易机制，旨在实现电动汽车电池回收资源的最优配置和最优定价。文献中考虑了供需平衡、供过于求、需求过剩三种市场情景，制定了相应的拍卖分配规则。数值研究结果表明，MTR 机制可以实现有效的资源分配。本书提出了一个综合的 MTR、SM – MTR 和单边 Vickrey – Clarke – Groves（维克瑞 – 克拉克 – 格罗夫斯）拍卖机制，该拍卖机制是可行的单边和双边环境。此外，该研究可以为 EVBR 市场的利益相关者在实际应用方面提供思路（Xu, Feng, Huang, Zhai & Cheng, 2023）；虽然建筑业中的废弃物拍卖领域目前还处于基本空白状态，但是近年来，行业的研究人员和从业人员对采用数字技术作为推动因素将建筑业从线性商业模式转变为循环商业模式的讨论激烈。研究讨论了各种数字技术的整合且认为这些技术为建筑行业的循环起到助推作用。例如，尝试开发基于诸如物联网（IoT）和区块链技术的技术框架，以便跟踪、追踪和监控整个供应链中的材料流动，通过记录、存储和共享与材料或建筑组件相关的信息来实现重利用和回收。使用其他数字技术（如人工智能、虚拟现实和"数字双胞胎"）来实现建筑业中循环的可能性也已经有所报道。

　　近年来，初创企业和在线业务系统已在许多国家应用于废弃物管理领域。例如，Waste Place 公司自 2017 年以来一直致力于废弃物产生管理及其收集过程。该公司设计了一款软件，并在废弃物生产者和提供废弃物收集和处置服务（如卡车租赁）的公司之间建立了直接关系。美国 Rubicon Global 公司致力于废弃物产生管理和收集过程领域。该公司为散装和特殊废弃物生产商及废弃物收集公司和卡车司机之间的沟通提供了一个软件平台。爱尔兰 AMCS 公司从事废弃物产生管理和收集过程领域的业务；它为车队移动规划、卡车性能监控以及废弃物收集公司管理决策的备份信息提供了一个在线平台。2017 年，Mint scraps 公司在美国推出了一个在线平台，能够跟踪和接收解决方案，以减少和优化餐厅产生的废弃物量。

第六节 废弃物回收交易与拍卖市场的关键要素

废弃物回收交易与拍卖市场的关键要素包括以下方面：（1）废弃物类型。不同类型的废弃物有不同的价值和处理方式，涉及废纸、废塑料、废金属、废电子设备等不同种类的废弃物。（2）市场需求。废弃物回收的市场主要由需求方驱动，需求的增加将提高废弃物的价格和交易量。（3）资源供应。废弃物回收的成功与否取决于废弃物的供应量，供应方包括个人、家庭、企业等。（4）价格与价值评估。废弃物回收交易的价格由市场供求关系决定，同时也涉及对废弃物的价值评估，这可能涉及废弃物的重量、成分、质量等因素。（5）政策与法规。政策与法规对废弃物回收交易有重要的影响，包括关税、补贴、出口限制、环境保护标准等。（6）交易平台与渠道。废弃物回收交易需要一个有效的交易平台和渠道，便于供需双方进行交流、洽谈和交易。

这些要素共同影响着废弃物回收交易与拍卖市场的运行和发展。在推动废弃物回收交易与拍卖市场的发展过程中，需要综合考虑这些要素，制定切实可行的政策措施，提供良好的交易平台，同时促进社会各方的参与和合作。

一、废弃物分类与归类准则

2024年1月19日生态环境部发布了《固体废物分类与代码目录》，制定了固体废弃物分类标准。一般而言，可按照固体废弃物的性质、形态、来源等对其进行种类上的划分。最常见的分类方法是依据产生该废弃物的行业来进行划分。如图2-6所示，可将固体废弃物划分为工业固体废弃物、农业固体废弃物、建筑废弃物、生活废弃物和其他固体废弃物。在此之上，每个小类别又可进一步聚焦细分行业来划分为更小的固体废弃物类别。

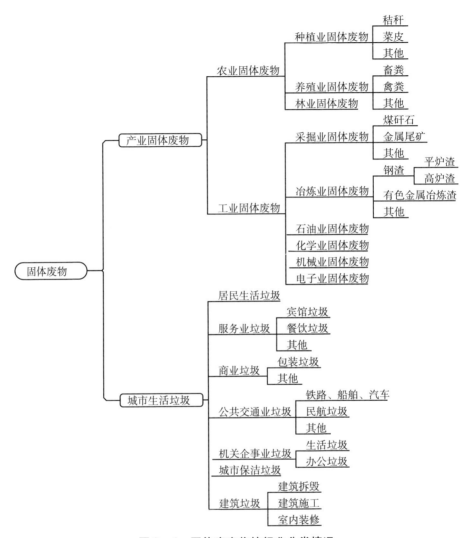

图 2-6 固体废弃物按行业分类情况

此外,《固体废物污染环境防治法》(以下简称《固废法》)也是对固体废弃物进行分类的重要依据。该法根据产生源及对环境的危害程度将固体废弃物分为工业固体废弃物、生活废弃物和危险废弃物三个类别。其分类方法如图 2-7 所示。

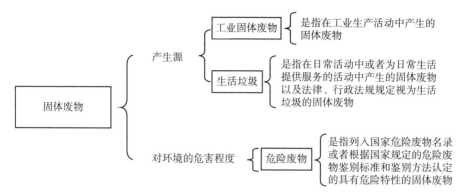

图 2 - 7　固体废弃物根据《固废法》分类

二、交易规则与平台建设

拍卖平台的交易规则是一套系统、明确、翔实的原则和条款，用于指导和规范拍卖平台上的所有参与者（包括拍卖人、竞买人、平台运营者等）在整个拍卖过程中的行为。这些规则为平台提供了运行的框架，确保交易的透明性、公正性、安全性和有效性。不同的拍卖平台基于所在国的相关法律、行业标准和惯例、公平性、用户体验、风险管理等因素来制定其交易规则。以中国拍卖行业协会组织建立的网络拍卖平台——中拍平台为例，其交易规则包括四部分：总则、与拍卖人相关的规定、与竞买人相关的规定、附则。其中，总则部分交代了平台制定该交易规则所依据的相关法律和规定，交易规则适用的范围和对相关交易术语的定义。与拍卖人相关的规定是对在平台上进行交易的卖方在拍卖过程中所作出的规定，它包括：拍卖人须根据委托方及相关法律法规要求，审核竞买人的竞买资格。标的成交后，拍卖人应及时通知买受人在规定的时间内到拍卖人营业场所或通过其他方式签署《拍卖成交确认书》。同时还规定拍卖人要如何处理因网络故障导致竞买人无法出价的问题，以及规定拍卖人在上传拍卖标的图文信息及整个拍卖过程中需要遵守的规章法律。与竞买人相关的规定则涵盖了想要参与交易的买方在平台上注册成为竞买人到竞拍成功并支付相关价款及费用至受领成交标的整个拍卖交易过程中的各项操作规范和要求。附则部分则主要为平台的免责声明。

总体而言，网络拍卖平台的交易规则是为了确保拍卖活动的有序、公正和透明运行而制定的一套细致的指导原则。不同平台的交易规则尽管在细节设置上会有所不同，但都会涵盖针对拍卖人（交易的卖方）、竞买人（交易的买方）和平台在拍卖过程中须遵守的规定。

网络拍卖平台建设是一个多方参与、共同建设的过程，其中最重要的两方是作为运营方的平台和作为监管方的政府及相关管理机构。对于平台而言，其首先需要进行市场调查和用户需求分析，以确定平台的定位和目标受众。例如，美国的材料交易市场（Materials Marketplace）、澳大利亚的渴望（ASPIRES）、丹麦的废弃物出口（Waste Outlet）是专门针对固体废物交易的网络拍卖平台。而中拍平台在拍卖标的上覆盖范围较广，涉及房地产、土地使用权、机动车、农产品、股权、艺术品、无形资产等丰富品类，固体废物则属于其"工业循环物质"品类。在确定平台定位后，平台的管理团队会制定平台的交易规则、用户审核机制、日常管理规范等措施。平台的技术团队则会负责开发一套用户友好、功能完备、高度安全的系统，涵盖用户注册、拍品展示、在线竞价、支付结算、客户服务等模块。平台在建设中还要考虑移动设备的适应性，如开发相应的 App 或进行移动端网页优化，以满足用户随时随地的拍卖需求。为保障交易安全，平台需要引入先进的数据加密技术，建立防火墙，定期进行安全检查，并为用户提供实名认证、双重验证等安全保障。此外，营销和宣传也是平台建设的重要组成部分。平台需要制订合理的推广策略，利用社交媒体、广告投放、公关活动等多种方式吸引用户。例如，中拍平台在上线之初就邀请了中央电视台、新华社、人民日报等 30 多家媒体进行报道，扩大了平台的知名度。政府与相关管理机构在平台建设上的主要作用是：制定网络拍卖相关的法律、条例和政策来为平台运营设定合法的框架，确保平台业务的合规性，例如，中拍平台的运营主要参照《拍卖法》和《拍卖管理办法》这两项法规；对满足一定条件的拍卖平台发放营业执照和相关许可，对不符合要求或违规的平台进行警告、罚款或撤销许可；定期对网络拍卖平台进行审查，确保其运营合规；维护市场公平，打击欺诈、假冒或其他不正当竞争行为；为网络拍卖平台提供法规、合规等方面的培训以指导平台合规运营；帮助网络拍卖平台建立风险管理机制等。

总体上，网络拍卖平台的建设是一个系统化、全方位的工程，涉及市场营销、技术开发、规则制订、立法建设等多个领域。需要平台、政府及相关管理机构以及作为拍卖参与者的平台用户、媒体等利益相关者共同建设。

三、审核机制与监管措施

审核主要指资质审核，既包括相关部门对平台从事网络拍卖活动的准入审核，也包括拍卖平台对注册用户（拍卖主体）的审核。在对平台准入的审核上，市场监管总局、商务部、国家文物局组织最新起草的《关于促进网络拍卖规范健康发展的指导意见（征求意见稿）》指出："从事网络拍卖应当遵守现行拍卖法律法规。从事经营性网络拍卖活动应当依照《公司法》取得企业法人资格，依据《拍卖法》取得商务部门颁发的《拍卖经营批准证书》或向商务部门备案"，"网络拍卖经营者应当在网站首页或者从事网络拍卖经营活动的主页面显著位置公示营业执照、拍卖许可（备案）、文物拍卖许可等信息"。在平台对注册用户的审核上，主要是审核其资质，并要求其向平台提供必要的证明文件。例如，丹麦的废弃物交易平台废弃物出口（Waste Outlet）要求在平台上注册的用户必须是值得信赖的、从事废物处理业务的公司，并提供相应的公司注册信息（如公司名、注册者个人在公司的邮箱）以及各种认证材料。中拍平台则将注册用户分为个人用户和机构用户两种。对于个人用户，要求其为年满十八周岁，并具有民事权利能力和完全民事行为能力的自然人，同时必须提供有效的身份证件、常住地址、手机号码及其他联系电话和电子邮件地址等材料。机构用户则应根据页面提示填写企业信息、法定代表人信息、联系方式等，并上传营业执照、法定代表人的证件照片等相关资料。此外，在中国，拍卖一般由委托人委托拍卖人进行拍卖。委托人是指委托拍卖人拍卖物品或者财产权利的公民、法人或者其他组织，拍卖人是指依照《拍卖法》和《公司法》设立的从事拍卖活动的企业法人。对于委托人，《拍卖法》规定："委托人委托拍卖物品或者财产权利，应当提供身份证明和拍卖人要求提供的拍卖标的的所有权证明或者依法可以处分拍卖标的的证明及其他资料。"对于拍卖人，《拍卖法》规定："设立拍卖企业必须经所在地的省、自治区、直辖市人民政府负责管理拍卖业的部门审核许可，并向工商行政管理部门申请登记，领取营业执照"。

在监管层面，现行的《拍卖监督管理办法》规定："市场监督管理部门依照《中华人民共和国拍卖法》等法律法规和本办法对拍卖活动实施监督管理。"该法律仅交代了监管部门的职责和拍卖人和竞买人在拍卖过程中被禁止从事的非法活动，但并未详细指明对拍卖平台进行监管所采取的措施。随着网络拍卖在盘活存量资产、提高要素配置效率、完善现代流通体系等方面发挥越来越大的作用，为进一步规范网络拍卖市场秩序、促进拍卖行业高质量发展，市场监管总局、商务部、国家文物局组织起草了《关于促进网络拍卖规范健康发展的指导意见（征求意见稿）》（以下简称"意见稿"），从加强网络拍卖市场准入管理、加强网络拍卖制度供给、加强网络拍卖行业模式创新等十个方面推出举措。在监管措施方面，意见稿提出应加强网络拍卖活动监管执法，依法查处网络拍卖平台实施垄断协议和滥用市场支配地位行为、违法实施经营者集中和不正当竞争行为，依法制止网络拍卖领域滥用行政权力排除、限制竞争行为。重点规制网络拍卖中

"有照无证""无照无证"经营、虚假宣传、恶意串通、虚构交易、知假拍假、文物拍卖标的未经审核、拍卖国家禁止买卖的文物，以及平台经营者侵犯平台内网络拍卖经营者商业秘密等扰乱市场秩序、开展不正当竞争的行为；应加强部门协作，推动建立拍卖行业主管部门、市场监管部门、文物行政部门之间情况通报、信息共享、执法联动工作机制。强化部门协同、上下配合、央地联动，加强对网络拍卖领域重大问题的协同研判。加强监管政策统筹协调，形成稳定发展预期，提振发展信心；应加强网络拍卖平台自治，网络拍卖平台经营者应当全面落实《电子商务法》《网络交易监督管理办法》等法律法规关于平台责任的要求。应当履行对平台内网络拍卖经营者的身份、拍卖许可（备案）等信息的核验、登记义务，对违规拍卖信息的依法处置、报告责任。针对文物等特许经营的拍卖品类，平台经营者要完善专业审核能力和内控制度建设，加强对违法违规交易的动态巡查和及时处置。为平台内网络拍卖经营者依法履行信息公示义务提供技术支持，督促网络拍卖经营者公示相关信息。对平台经营者作为拍卖人开展的网络拍卖业务应当标记"自营"，以确保拍卖相关当事人能够清晰辨认；应加强网络拍卖行业自律，构建诚信体系。鼓励行业协会制定网络拍卖服务规范和自律公约，开展签约承诺，引导网络拍卖企业和网络拍卖平台经营者依法诚信经营，自觉承担网络拍卖市场的主体责任，维护拍卖各方当事人的合法权益。推动行业协会建立健全企业信用档案，依法收集、记录企业信用信息，开展信用评价。组织开展自律合规培训，强化规范经营理念，形成长效机制。

第七节　废弃物回收拍卖交易及运作局限性

由于网络拍卖交易方式的内在特征和我国废弃物回收拍卖交易市场不健全、不完善的现状，致使废弃物回收拍卖交易在我国的运作存在现有拍卖机制设计和网络交易两方面的局限性。

一、现有拍卖机制设计的局限性

拍卖机制在国内被广泛应用于多个领域，包括公共采购、频谱拍卖、土地使用权拍卖、店铺定价、碳排放权，以及广告投放等。公共采购是政府部门通过拍卖进行的常见方式，以确保资源的合理分配和公平竞争。频谱许可证拍卖则是为了有效利用移动通信技术的发展，通过拍卖方式分配频谱资源。土地使用权拍卖也通过拍卖理论设计更有效、公平的拍卖机制，以确保土地资源的合理分配。此外，拍卖理论还应用于电力市场、碳排放权交易和在线广告市场等，以体现供需关系和获得合理定价。

随着平台经济的发展，互联网公司也采用拍卖方式制定商品或权益的价格。例如，互联网广告拍卖通常采取密封第一价格拍卖、密封第二价格拍卖及 VCG 定价拍卖方式。不同平台采用不同的拍卖方式，如 Facebook 采取 VCG 拍卖以激励竞标者说真话，而 Google 采取广义第二价格拍卖方式与点击数挂钩，尽管简单但不鼓励讲真话。

在现实中的应用过程，拍卖也遇到许多风险与挑战，也会涉及参与者投机心理、投机行为、串谋行为等，例如，同步加价的拍卖机制适用的频谱拍卖问题。当频谱许可证之间具有互补性时，几乎所有的拍卖设计都不尽如人意，这主要表现在卖者收益的降低、易于产生合谋、买者难以确定其报价策略等。

拍卖机制是基于一定的假设来研究的，在以往的文献中，最常用的假设是独立私有价值模型（SIPV 模型）。SIPV 模型需要满足三个条件：（1）是否独立私有估价？（2）投标者是否对称？（3）投标者是否风险中性？在该假设下，买方的报价策略应该使其期望利润最大化，卖方也可通过一定的策略来实现期望收益最大化的目标。然而，在废物回收拍卖实际运作的过程中，该假设的条件常常难以满足。首先，被拍卖废弃物的实际价值可能受到多种因素的影响，如废弃物的处理和回收技术、再生材料的市场需求、废弃物的成分和纯度等。这意味着投标者之间会存在一定的共同价值因素，他们的估价并不完全是独立私有的。其次，在废弃物回收行业中，可能存在规模大的公司和规模小的公司、废弃物处理技术先进的公司和处理技术落后的公司。它们的处理能力、技术、信息获取途径等都可能存在差异，这导致投标者的估价并非服从同一概率分布。同时，废弃物回收拍卖涉及的风险包括处理风险、市场需求风险、法律和政策风险等。不同的投标者有不同的风险承受能力和风险评估方式，这使得他们在拍卖中的行为可能不完全是风险中性的。

此外，在以往与拍卖机制设计相关的文献中，研究者们在进行模型刻画时，常设定拍卖中存在买方、卖方和拍卖平台三个参与主体。然而，在中国废弃物回收拍卖的实际运作中，被拍卖废弃物的卖方往往会委托第三方拍卖公司代替其参与拍卖活动，拍卖公司则从成功的交易中收取佣金作为其主要收入。这种委托代理关系会导致以下问题的发生：（1）委托人和拍卖公司间存在利益冲突。拍卖公司的主要收入来源是从成功的交易中收取的佣金，这可能导致其倾向于快速完成交易，而不是追求最高的成交价。而作为委托人的卖方，目标往往是希望以最高的价格卖出废弃物以实现期望收益最大化的目标，这种目标不一致的情况可能导致双方产生利益冲突。（2）信息不对称。拍卖公司可能拥有更多关于市场趋势、竞拍者情报和拍卖策略的信息，而卖方可能没有这些详细信息。这种信息的不对称性可能使得卖方在与拍卖公司签署委托合同时处于不利地位。（3）佣金结构问题。委托合同中规定的佣金结构可能会影响拍卖公司的行为策略。如果佣金是固定的，那么拍卖公司可能更关心成交率而不是价格；如果佣金是基于成交价的百分比，那么拍卖公司可能更倾向于寻求更高的成交价。

上述现象表明现有拍卖机制研究中的常用假设和模型设定在废物回收拍卖中不适用，因此需要对假设进行修正，例如考虑公共价值模型而不是独立私有价值模型，将模型中的卖方替换成拍卖人，并考虑佣金结构对拍卖人决策行为、拍卖效率的影响，以适应废弃物回收拍卖的实际运作。

二、网络交易的局限性

废弃物回收通过网络拍卖平台进行交易虽然有诸多优势，但这种网络交易的方式也存在如下问题。

一是被拍废弃物的真实性与质量安全问题。一般来讲，大多数网络拍卖平台难以为投标者提供实物检查的机会，这使得他们难以确认废弃物的真实状态、质量和数量。虽然中拍平台为投标者提供了在拍卖前联系拍卖公司现场看样的权利，但不是所有投标者都有机会现场看样。例如，有的投标者可能因为自身原因（如时间冲突）而错过对样品的查验环节，他们依然面临真实性问题。此外，平台仅作为网络交易的渠道，并不会对被拍废品的质量和安全作担保。例如，中拍平台在其设定的交易规则中规定"本平台仅作为交易地点，不对交易所涉及的物品的质量、安全或合法性，拍卖信息的真实性或准确性，以及交易各方履行其在拍卖协议中各项义务的能力作出担保"，这相当于平台将大部分责任和交易风险转嫁给了投标者。在上述情况下，投标者很可能采取风险规避的投标行为。该行为会对废弃物回收拍卖产生什么样的影响仍有待进一步研究。

二是投标者难以找到心仪的废物。在废弃物回收拍卖中，投标者可能面临找不到心仪废弃物的问题，这主要归咎于以下原因：第一，受制于供应链、收集量、处理能力等因素，某些特定类型或质量的废弃物可能在某段时间内难以在平台上出现，这使得拍卖平台上的废弃物种类和数量是有限的，投标者难以随时拍到所需废物。第二，在中国，废弃物回收拍卖交易市场相对不成熟，这主要体现在对拍卖物品的分类、评估、描述以及交易的透明度等方面。由于各地回收标准、政策和技术的差异，不是所有的废弃物都能直接进入拍卖市场。这意味着，某些废弃物，即使有再利用或回收的价值，也可能因为种种原因被排除在拍卖之外。例如，某些特定的危险废弃物或具有潜在污染风险的材料可能不允许公开拍卖。第三，由于评估和描述的问题，某些废弃物的价值可能被低估或高估，导致其在市场上得不到合理的价格。这种情况限制了废弃物回收拍卖市场的规模和效率，也为投标者带来了找不到他们需要的废弃物资源的问题。

三是网络交易的技术与安全问题。尽管用于网络交易的信息技术在近年有了很大的进步，但网络延迟和系统故障仍然是不可忽视的问题。该问题在很大程度上会导致投标者可能无法及时提交出价从而错失竞拍机会。同时，大量的敏感信息，如投标者的个人资料、支付记录及拍品信息在网络上存储，一旦平台未能妥善保护这些数据，就可能遭到黑客攻击，从而导致信息泄露和隐私损失。此外，尽管在线支付提供了快速结算的渠道，但支付系统可能会出现故障，或者受到黑客和欺诈的威胁，由此增加了交易的不确定性。再者，网络安全威胁，如钓鱼网站、恶意软件和勒索软件，以及技术更新带来的兼容性问题，都会进一步加剧网络拍卖的交易风险。

第八节　废弃物回收拍卖与运营优化管理研究路线图

本书对大量的废弃物清运相关文献进行整理分析，提出了当前废弃物清运管理中的几个关键科学问题，分别是现有废弃物收集运输未考虑同步性问题、废弃物运输服务采购缺乏激励兼容的交易机制、现有的废弃物运输车队规模和路径规划没有考虑"双碳"目标、现有的运输网络缺乏废弃物运输车辆停靠中心设施和缺乏必要的废弃物仓储拍卖交易机制，通过交易机制设计理论、优化建模方法和多属性决策理论对上述问题构建数学模型。因此，本书重点研究废弃物回收拍卖与运营优化管理中的以下几个关键问题。

（1）现有的废弃物收集行业很少考虑其零担运输服务采购，托运商根据其需求提出小批量的运输要求，而承运商则需要根据运输的位置来优化收集路线以实现最大利润。在提出的基于拍卖的废弃物收集同步机制中，承运商来充当拍卖师的角色，从而决定获得胜利的拍卖者和相应的付款，而托运商则充当竞标者。由于废弃物运输以承运商为主，那么承运商就必须整合多个零担运输请求，以提供具有成本优势的服务。此外，一个托运商（如建筑工地）可能会产生多种类型的废弃物，并且非常希望得到同步服务，这就需要专门用于不同废弃物类型的多个车辆接近同时到达。同步化有利于防止重复处理，并将造成的干扰降到最低。

（2）现有废弃物运输服务采购缺乏激励兼容的交易机制。与发达国家相比（如美国在废物回收企业发展方面，有三家废弃物回收企业已经实现市值超过百亿美元，分别是 Waste Management Inc.、Republic Services Inc. 和 Waste Connections Inc.）国内废弃物回收发展较为缓慢。根据对废弃物运输市场调研发现，国内很少有专业的承运商业废弃物的运输企业，大多是通过活跃在运输市场的中间商或个体运输商。一方面，有运输服务需求的回收商很难找到合适的物流运输商；另一方面，大量的物流运输商可能因为价格竞争而扰乱市场，进一步影响废弃物回收运输管理。此外，废弃物运输服务采购市场价格信息不透明，进一步削弱了回收商和运输商参与废物回收的积极性。由于废弃物运输服务市场缺乏有效的交易机制，这严重阻碍了废弃物运输管理。因此，对于平台而言，关键问题是如何设计一种有效的交易机制以促进更多物流运输商参与废弃物的回收。

（3）现有的废弃物运输车队规模和路径规划没有考虑到"双碳"目标。最优的车队规模和路径规划不仅能够降低运输成本，还能提高商家和回收企业的满意度。在以往的车辆路径规划中，大多学者研究的是车辆从单一或多个配送中心出发给顾客配送商品，然后回到配送中心。尽管许多学者也研究了车辆路径规划的变体，如考虑带时间窗的车辆路径规划、考虑车辆容量的路径规划、考虑接收退货的车辆路径规划，以及考虑不同类型的车辆路径规划等，但是迄今为止，鲜有基于碳中和视角的废弃物运输最优车队规模和路径研究的文献报道。因此，对于运输商而言，关键问题是如何构建一个有效的最优车队规模和运输路径规划模型以实现运输碳中和。

（4）现有的运输网络缺乏废弃物运输车辆停靠中心设施。废弃物运输具有小批量、多品种且带有时间窗的特点。通过对废弃物回收的文献整理和调研分析，发现大多物流运输商从单一的车场出发去收集商家的废弃物，然后将废弃物运输到指定地点后回到车场。这种模式不仅使得运输效率低下，而且在运输时效上也完全不能满足商家的时间要求。要达到商家的时间窗要求，运输商就需要派出更多的车辆，这必然导致运输商的运输成本增加。此外，由于商家要求运输商能够在给定的时间窗内收集废弃物，如果车辆提前到达收集点，那么车辆可能被迫在收集点周边巡游，因为在商业集聚区缺乏停车位，这也将导致运输商的运输成本增加。由于缺少必要的运输车辆停靠中心，有时运输车辆还未满载就必须运输到指定位置，从而导致运输效率低下。由于城市土地资源有限，在人口密度高的商业聚集区（如香港、深圳、上海等），很难找到一个合适的位置来建设车辆调度中心。尽管运输商在给定区域内有现成的车辆调度中心，但是可能距离商业废弃物回收点位较远，不利于降低成本。缺乏商业固体可回收废弃物运输车辆停靠中心设施，进一步阻碍了相关参与者的积极性。综合分析，运输商具有选择合适的车辆停靠中心设施的动机，以进一步降低运输成本和提高商家满意度。因此，对于运输商而言，关键问题是如何选择最佳的车辆停靠中心位置以进一步降低成本并提高效率。

（5）现行废弃物仓储服务计费方式不能反映真实服务价值，也不利于废弃物仓储服务的弹性管理。由于废弃物仓储服务供应商可能在虚拟需求方面存在既得利益，所以它缺乏足够的可信度来实施该机制。构建了一个有废弃物仓储服务供应商、多个商家和拍卖商的代理管理系统平台。商家将具有高价值的废弃物储存在云仓库中，可以通过互联网应用或通信技术进入平台，提交需要处理的订单数量，而废弃物仓储服务供应商则集中管理高价值废弃物，根据商家的订单信息完成订单分拣和配送。

本书是在全球倡导"废物回收循环利用"背景下对商业固体可回收废弃物清运管理工作做出的有益尝试。总体而言，本研究具有重要的科学价值和应用前景，因此，本书在理论价值和实践意义两个方面作出了重要的贡献。本书研究了废弃物回收拍卖与运营优化中的五个研究问题，其研究框架路线如图 2-8 所示。

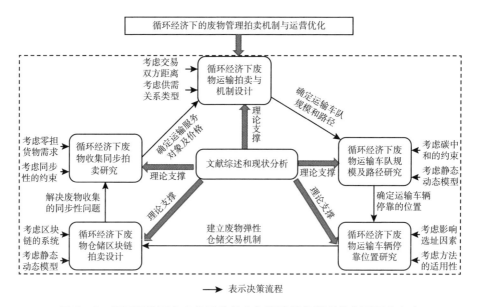

图 2-8　循环经济下废弃物回收拍卖与运营优化管理的主要研究内容

本书为废弃物清运管理决策提供了完整的分析框架模型，丰富了废弃物回收清运管理决策理论。因此，在理论价值方面作出了如下几个方面的贡献：①构建了废弃物收集同步拍卖模型，为废弃物的收集提供了重要的理论支撑。②将双边拍卖引入到废弃物运输服务采购市场，并提出了 SM‐MTR 拍卖机制。针对具有多个运输商和多个回收商组成的废物运输服务采购市场，由于运输商和回收商在运输市场方面信息的不对称，开发了基于双边拍卖的运输服务采购市场交易机制：一是丰富了双边拍卖理论；二是丰富了废物运输服务采购交易机制。为从事废弃物运输服务交易机制设计的研究人员提供一种以拍卖方法理解、描述、建模和分析需求变动对整体废弃物运输服务交易及其有效应对机制的理论框架。③从基于碳中和视角构建了废弃物运输最优车队规模和车辆路径规划模型，解决了废弃物运输中的车辆规模、路径规划和碳中和问题。提出的方法一是丰富了车辆路径规划相关理论；二是丰富了车辆路径规划在废弃物网络中的应用；三是提出的模型能够实现碳中和。也为从事碳中和、车辆路径优化的学者研究柔性路径规划提供了科学的思路和方法。④提出了集成 DEMATEL‐EW‐WASPAS 方法的分析框架模型，丰富了多属性决策理论。提出的基于 DEMATEL‐EW‐WASPAS 方法有效解决了废弃物运输车辆停靠中心选址问题。为从事废弃物运输商的研究人员提供一种以多属性决策方法来解决废弃物回收清运过程中可能产生的评价、选址等问题的理论框架。⑤为废弃物仓储服务构建了基于区块链的拍卖管理系统，能够缓解日益增长的废弃物（如废旧的电动汽车电池）仓储需求。

此外，本书也具有重要的实践意义，废弃物回收在实现环境可持续发展方面发挥着至关重要的作用。研究废弃物回收清运，研究内容顺应社会、环境和经济可持续发展，真正为"以智慧城市建设为驱动的先进智能废弃物清运"的系统性实现提供了有力保障。因此，所产生的成果在实践方面具有广阔的应用前景。提出的基于双边拍卖的市场交易机制能够有效解决废弃物运输服务采购市场中信息不对称的问题，提高了运输商和回收商参与市场交易的积极性，从而提高废弃物运输服务市场效率，并且能够最大限度实现废弃物运输市场的社会福利。提出的 SM – MTR 交易机制在市场规模足够大时能够明显增加平台效益。为了实现更多效益，平台有足够多的动力去推动更多的运输商和回收商参与市场交易。因此，提出的方法能够为相关利益者（运输商、回收商、拍卖平台）提供有价值的参考。提出的基于集成 DEMATEL – EW – WASPAS 方法能够为运输商找到最佳的车辆停靠中心，从而能够降低运输成本和提高运输效率。此外，运输商可以直接应用提出的 DEMATEL – EW – WASPAS 集成分析框架模型解决其他类似的问题。考虑到废弃物运输的小批量、多品种特征，本书提出的最优车队规模和车辆路径规划模型能够降低运输商的运输成本，提高运输商的运输效率和实现碳中和，为运输商路径规划提供有效的模型参考。提出的理论框架模型能够指导废弃物回收清运管理决策，根据研究的关键发现为相关管理者提供了有益的管理见解，也为研究废弃物清运的实践人员提供了一种全新的视角。

第三章

循环经济下废弃物供应链管理

　　循环经济越来越被认为是目前主导的线性经济模式的更好替代方案。循环供应链管理将循环经济的哲学理念与供应链管理相结合，为供应链可持续发展提供了一个新的、有说服力的视角。因此，相关研究文献日益增多。然而，现存文献中仍然缺乏对智能废弃物循环供应链管理的全面综合性观点。这导致不能与其他供应链可持续性概念进行明确区分，并阻碍其进一步发展。为解决上述问题，首先需要对与供应链可持续性相关的各种术语进行分类，并对循环供应链管理进行统一的定义。在此定义基础上，针对已有的关于循环供应链管理研究现状的研究文章进行结构化分析。此外，废弃物管理需要实现向零废弃物循环经济的过渡。然而，在现实中，许多经济体正在产生越来越多的废物，这对环境的可持续发展构成了严峻的挑战。这个问题非常复杂，因为它涉及不同的利益相关者，需要对当前的废弃物管理系统和占主导地位的线性经济模式进行彻底的反思。智能使能技术可帮助废弃物管理向循环经济转型，但仍存在许多障碍。本章基于对经验丰富的从业者的访谈，列出了中国智能废弃物管理存在的 12 个重要障碍。然后，根据三个具有代表性的利益相关者的调查数据，通过科学的优先排序技术，模糊决策试验与评估实验室方法对这些障碍进行优先排序，并确定了三个关键的因果障碍：缺乏监管压力、缺乏环境教育和环保文化以及缺乏来自市场的压力和需求。在研究结果和结论的基础上，总结并讨论了实践和理论意义。此外，废弃物供应链管理中的运输服务采购拍卖、运输路径和车队规模以及运输车辆停靠位置选址仍然缺乏足够的实践经验和理论描述。因此，本章也对循环经济下的废弃物供应链管理中的运输服务采购拍卖、运输路径和车队规模以及运输车辆停靠位置选址研究进行了概述。

第一节　引　言

可持续性在学术文献中引发了大量讨论和争议，包括供应链管理文献（Morali & Searcy，2013）。然而，全球生产、消费和贸易模式仍然存在不可持续性。按照目前的消费水平，如果产品的来源、生产、交付、使用、回收和再生方式不发生变化，在可预见的未来，世界将消耗更多自然资源。可能带来变化的一个重要哲学是循环经济，这一哲学越来越被认为是主导线性（获取、制造和处置）经济模型的更好替代品。循环经济正在演变为可持续发展背后的一种有影响力的驱动力，无论是在文献中还是在实践中，它已经成为一种新的驱动力。

循环经济是由埃伦－麦克阿瑟基金会（Ellen MacArthur Foundation）在2014年推动的，是一种通过设计恢复和再生的工业系统。循环经济的目标是在生物和技术周期中始终保持产品、组件和材料的最高效用和价值。这意味着生物成分或营养物质可以安全地返回生物圈，并增强自然资本。同样，地圈衍生的技术营养素可以设计用于回收（再制造、翻新和回收）。因此，它们可以在技术领域内流通，并以最小的浪费为经济做出贡献。从可持续性的角度来看，将循环经济集成到供应链管理中可以提供更多优势。因此，人们对供应链管理、对循环经济的热情和兴趣越来越高。然而，供应链管理研究在概念化如何推进供应链理论和实践以帮助实现循环经济的愿景和潜力方面仍处于初级阶段。

在有关可持续发展的供应链管理文献中，引入并交替使用了许多概念，如可持续供应链、绿色供应链、环境供应链和闭环供应链，以表达供应链管理中可持续发展概念的整合。这些概念代表了将可持续思维融入供应链的不同范围。与此同时，现有的关于循环经济和供应链管理可持续性的文献仍然支离破碎，循环经济的一些关键原则体现在战略层面，而其他原则则体现在供应链管理功能方面，如设计、采购、生产等。虽然"循环供应链"一词在一些研究中被用来将循环经济与供应链管理联系起来，但直到最近，文献中才出现了循环供应链管理的工作定义。循环供应链管理被定义为："通过有目的的商业生态系统整合，协调正向和反向供应链，通过延长生命周期从产品/服务、副产品和有用废物流中创造价值，从而提高组织的经济、社会和环境可持续发展能力。"（Batista，Bourlakis，Smart，et al.，2018）

　　显然，这与可持续发展的供应链管理定义密切相关："对材料、信息和资本流动的管理，以及供应链上各公司之间的合作，同时考虑到可持续发展所有三个方面的目标，即经济、环境和社会，这些目标来自客户和利益相关者的要求。"（Seuring & Müller，2008）它没有充分反映循环供应链管理独一无二的两个要素：（1）基于循环思维设计的恢复性和再生性循环；（2）循环经济理念中固有的零废弃经济愿景。因此，这一定义很可能导致与现有可持续发展概念在供应链管理方面的混淆，从而可能阻碍供应链管理的可持续发展。那么，在循环供应链管理中，影响智能废物管理的主要因素有哪些？

　　随着世界向可持续发展方向迈进，智慧城市整合了网络基础设施，以促进全面的经济增长，包括提高生活质量和更有效地管理资源。由于废弃物收集和管理的低效，废弃物数量的不断增加及其管理成为许多城市和地区关注的主要问题。然而，智慧城市越来越重视开发解决方案，通过使用物联网（IoT）、大数据和人工智能（AI）等智能使能技术来解决这些问题。这些技术有望改变城市发展的格局，并支持实现循环经济的目标。目前，人们普遍认为循环经济是一种可持续的经济模式，可替代占主导地位的线性经济模式（提取—制造

—废弃)。向消费经济转型需要模式转变为创新的、更可持续的供应链生态系统。

在微观层面,废弃物管理应建立在可持续发展综合概念的规范基础之上。使用智能使能技术被认为是实现可持续性的途径之一。智能废弃物管理一词已在现有文献中被使用,尽管是少量使用。然而,这一概念受到的关注有限,也没有得到明确的定义,尽管有文献记载了其潜力。本章将智能废弃物管理定义为利用智能使能技术实现更高效、有效和可持续的废弃物管理运营。这些智能使能技术包括但不限于物联网、大数据分析、云计算、网络物理系统和人工智能。这些方法有助于高效监测、收集、分类和运输废弃物,以实现价值回收和妥善处置。近年来,人们对数据采集和通信技术也产生了浓厚的兴趣。它们有助于监控卡车/垃圾桶的装载状态、通过使用动态模型,优化卡车路线,并对收集计划进行微调。

智能废弃物管理系统的实施仍处于萌芽阶段。可以说,这是一个日益复杂的问题,涉及公民行为、产品设计者、生产者和政策制定者,因此,涉及技术操作的基础设施和管理相关方面。然而,现代解决方案与其他废弃物管理实践相比相对较新。目前还存在一些潜在的问题,如数据安全,这些问题可能会对智能废弃物管理系统的能力造成限制。与此同时,许多学者呼吁通过跨部门、跨学科的方式探索废弃物管理的各个层面,包括城市科学、社会科学、工程学、生态学、经济学和伦理学等领域。最近的研究仅侧重于描述相关技术及其应用,但迄今为止,对推动或阻碍适当技术部署的政府政策、商业模式和管理决策的讨论还很少。文献中没有关于智能废弃物管理系统使用障碍的报告。特别是中国政府积极推进消费电子化,并于2008年将消费电子化立法作为国家发展政策的一部分。中国已在27个省份开始实施能源效率计划,涉及的行业包括冶金、交通、制药和纺织。实施消费电子倡议的主要城市包括黄山、三亚、珠海、大连、广州、青岛和烟台等。此外,在过去二十年中,中国通过与国际伙伴合作,加快了生态城市和工业园区的发展。这些生态城市包括东滩生态城、中新天津生态城和苏州新区。最近，国务院推出了一项新计划，即发展10个零废弃城市，以最大限度地减少固体废弃物的产生，并最大限度地提高城市地区的废弃物回收利用率。

然而，在中国，有效和高效地向循环经济过渡仍然存在许多障碍，因此调查中国实施智能废弃物管理系统的具体障碍是一个有重要意义的研究途径。在此背景下，本研究探讨了以下两个研究目标：一是确定智能废弃物管理向 CE 转变的关键障碍，以促进中国向消费电子转型；二是了解这些关键障碍如何相互作用，以及让利益相关方如何有效过渡到更生态、经济和道德的废物管理系统。

由于研究问题具有多学科性质，具有挑战性，需要废弃物管理、物流、决策科学、公共政策、立法、环境科学等方面的专业知识。在实践中，相关问题非常复杂，因为它涉及许多利益相关者，包括政府机构、生产者、消费者、技术提供者和废弃物管理组织。可持续的解决方案需要改变人们的行为方式，需要彻底反思当前的废弃物管理系统和占主导地位的线性经济模式。本章主要探索了智能废弃物管理在操作层面的障碍。观察到的因果关系提供了对智能废弃物管理解决方案实施障碍的整体见解。研究结果为包括技术服务提供商、用户、政府、监测机构、行业协会和公众在内的所有利益相关者提供了克服障碍的见解，确定了改进废弃物管理政策框架的关键要素投入。中国已将可持续发展纳入国家议程。然而，研究问题同样适用于其他许多努力使用智能使能技术来改善废弃物管理系统的国家，尤其是那些已经接受了循环经济愿景的国家。

第二节　循环经济下的废弃物供应链管理概述

最近的一篇综述论文（Masi，Day & Godsell，2017）将循环供应链研究分为三种：生态工业园，环境、可持续、绿色系统和闭环供应链。生态工业园指的是中观层面的循环经济实施，而其他两个集群代表了供应链管理可持续性领域，该领域目前在循环供应链管理研究中非常活跃。最近的例子包括探讨循环供应链中供应链管理的影响，并将其与传统供应链和可持续供应链进行了比较。强调建立可持续供应链网络以实施综合废弃物管理系统从而实现可持续经济增长的重要性。采用可持续供应链管理方法被认为有助于组织创造混合的商业和环境价值，从而为组织采用循环经济提供动力。另一些人则认为，将循环经济和闭环供应链整合为"循环供应链"。循环供应链和闭环供应链更注重的是通过逆向物流进行价值回收。绿色供应链管理和循环经济也被认为是相互重叠和支持的概念。为了将循环经济概念整合到绿色供应链管理中，一些研究提出了一个新的整体概念性绿色供应链管理绩效评估框架，整合环境、经济、物流、运营、组织和营销绩效。那么，循环经济下如何实现更好的废弃物供应链管理呢？鉴于此，本节将对循环经济下的废弃物供应链管理进行介绍。

一、可持续供应链术语分类

可持续供应链管理文献中的可持续发展概念主要受到埃尔金顿（Elkington，2004）的三重底线思想的启发，该思想认为组织的可持续发展由三部分组成：自然环境、社会和更广泛层面的经济绩效。根据这三个组成部分，文献中出现了不同的术语，如"可持续供应链管理""绿色供应链""闭环供应链"和"环境供应链"。这些概念都对这三个组成部分赋予了不同的权重。例如，阿希和塞尔西（Ahi & Searcy，2013）对文献中可持续供应链管理的独特定义进行了比较分析。他们发现，大多数可持续供应链管理定义明确涉及三重底线的所有三个维度。相比之下，已发布的绿色供应链管理定义均未明确提及社会问题。埃伦—麦克阿瑟基金会（2017）认为，"循环经济超越了当前的生产、制造和处置的采掘工业模式，其设计具有恢复性和再生性。以全系统创新为依托，旨在重新定义产品和服务，以设计废弃物，同时最大限度地减少负面影响。在向可再生能源过渡的基础上，循环模式建立了经济、自然和社会资本。"循环经济理念确定了产品的生物（再生）循环和技术（修复）循环之间有明确的区别。生物材料或养分作为自然资本成为生物圈的一部分，并可作为生产投入再利用。而技术材料或养分（聚合物、合金和其他人造化合物）则旨在通过维修、翻新、再制造和再循环进行材料回收。因此，如果循环经济得以实现以产品设计、使用和再利用为基础的经济活动模拟自然生态，即自然资源转化为制成品，制成品作为资源用于其他行业。在供应链管理中整合循环经济将开始扩展可持续供应链管理和绿色供应链管理的边界，减少对原生材料的需求，从而增加系统内的资源循环。

然而，根据对循环经济文献的分析，在如何将循环经济融入供应链管理方面还存在知识空白。因此，有必要加强供应链管理中现有的可持续发展概念，以实现循环供应链管理。

二、循环供应链管理的定义

在文献中，循环经济与供应链管理的整合被称为循环供应链。然而，目前还没有关于循环供应链管理的全面定义。事实上，循环供应链管理是将循环思维融入供应链及其周边工业和自然生态系统的管理中。它系统地重新存储技术材料和再生生物材料，从产品/服务设计到报废和废弃物管理，通过商业模式和供应链功能的全系统创新，实现零废弃愿景，涉及产品/服务生命周期中的所有利益相关者，包括零部件/产品制造商、服务提供商、消费者和用户。

循环供应链管理通过再生维度大大增强了绿色供应链管理和可持续供应链管理。它通过在供应链的所有阶段和功能中系统地应用循环经济的循环思想来推进可持续发展思想。与循环经济理念一样，可持续供应链管理适用于产品制造和服务。在循环供应链管理中，组织与行业内外的其他组织合作，最大限度地发挥商品/材料的效用。循环供应链管理为供应链管理者提供了一个前景广阔的愿景，引导他们在资源利用效率方面取得突破性进展，进而提高盈利能力。同时，它将对环境、社会和经济的负面影响降至最低。

不需要的废弃物通常被填埋。闭环供应链通过将商品和包装材料带回生产商供应链以回收价值来改善环境绩效。例如，与传统制造相比，影印机的闭环再制造可节省 20% ~ 70% 的材料、劳动力和能源，并减少 35% ~ 50% 的废物。然而，闭环供应链的价值回收程度往往有限，因为这些努力仅限于原始供应链（生产商供应链），不包括次级供应链和/或新的辅助渠道成员。闭合循环供应链仍会产生大量废弃物，因为在同一供应链内重复使用或回收所有不需要的物品很少可行。循环供应链则更进一步，通过与工业部门内的其他组织合作（开环，同一部门）或与不同工业部门合作（开环，跨部门），从废弃物中实现回收价值。

理想情况下，循环供应链将产生零废弃物，因为它旨在系统地恢复和再生其所处的工业和自然生态系统中的资源。循环供应链有两类资源流：初级资源流和循环资源流。初级资源流是指线性和闭环供应链中货物的前向流动；循环资源流代表货物、材料、能源的再循环流动，这些流动被回收、保留、再利用、修理、再加工、翻新、再循环等。在实践中，循环供应链管理通过全系统创新，从传统意义上的"废弃物"中回收价值，努力实现零废弃。例如，回收的 PET 瓶可用于建筑；在瓶中加入轻质混凝土，形成房屋的隔离墙。同样，制造商可回收纺织材料，为建筑业生产绝缘产品，而食品供应链的废弃食用油可提炼并用于生产生物柴油。可以从源头上最大限度地减少厨余垃圾，剩余的厨余垃圾可以堆肥或厌氧发酵产生甲烷作为可再生能源，发酵液可用作农业/园艺肥料。根据上述循环供应链管理概念，本章对这一新兴领域进行了较早的分析。这将极大地推动循环供应链管理的发展，并为可持续发展研究人员提供一个新的供应链管理维度，提供重要的管理、政策、人类健康和生态系统健康的影响。

三、消费电子废弃物转型

向消费电子转型需要在商业模式、供应链配置以及与生产/服务设计、生产、消费、废弃物管理、再利用和再循环相关的实践方面进行相当大的转变，这对供应链各阶段的物流产生了影响。因此，一些企业采用了各种微观层面的循环经济实践（组织运营和供应链）。这些实践包括生态设计或绿色设计、绿色生产、清洁生产以及基于减量化、再利用和再循环（3R 原则）的环境负荷管理。自供应链管理中出现循环经济以来，没有新的实践以循环供应链为标签。同样地，通过分析当前的循环经济实施案例，价值链中的"回收、消费和使用"部分受到了最多的关注。而"制造、分销和销售"则很少参与循环经济的实施。

循环经济的产品/服务设计在促进循环经济的材料和能源再循环方面发挥着关键作用。基于消费电子和可持续发展理念，产品/服务设计功能需要从根本上改变，因为产品/服务设计极大地影响着整个产品/服务的价值链。可持续包装设计和产品标签也被视为循环设计战略的重要方面。设计者必须应对截然不同的社会、经济和环境需求，并且必须采用整体设计、经济和环境需求，必须采用整体方法解决问题。他们必须改变设计思维和对相关实践的解释，通过创造适用的循环商业模式、所有固有标准的产品和服务来实现循环经济的转型。此外，需要为创新生产提供基础（例如，设计为可重复使用、可回收，或通过自然过程更新原料）的作用对于创造一个无废弃物的世界至关重要。目前关于设计功能的文献提供了基于产品寿命延长和闭环系统概念的各种设计策略和循环商业模式。《欧洲废物框架指令》中描述的废弃物等级制度是生态设计的指导原则之一，它详细规定了废弃物管理的优先顺序，即从废物预防到再利用、再循环、回收和处置。然而，循环产品设计与基于惯性原理和产品完整性概念的工作有关。迫切需要在循环产品设计战略中纳入产品/组件终身再利用准则。

最近，许多工业部门越来越多地采用拆解设计，部分原因是最近的技术进步除了延长产品责任法规外，还节省了成本。拆解设计不仅在产品生命周期阶段，而且在使用、寿命和维护阶段都为产品提供了价值。例如，通过拆解设计方法，可以用化学方法轻松分离和回收聚合物。

在采购职能中引入能源效率将重新定义采购的价格、质量、时间和性价比原则。绿色采购要求原材料在技术上具有恢复性或生物再生性，从而不会对环境造成负面影响。绿色采购一直是一个非常活跃的研究课题。然而，可能由于 CE 理念的新颖性，目前只发现了三项将 CE 纳入采购管理的研究。

减少生产过程中的资源消耗已成为制造业在当今可持续发展时代保持竞争力和生存的关键。因此，制造业已开始在其供应链中采用可持续制造实践和消费电子，以降低环境风险。在此背景下，绿色制造被广泛认为是可持续发展的战略模式。它包含环境保护、节约资源和能源、减少废弃物以及生产经济等原则。采用绿色生产方式不仅能长期节约成本，还能提升品牌形象、合规性和投资者利益。然而，也有人担心企业实施绿色生产会增加运营成本。在减少工业废物的产生、资源的提取和消耗、能源需求和碳排放方面提高材料效率，促使制造业制定了许多战略。为了在消费电子背景下提高材料效率，绿色制造和清洁生产是两个高度相关的术语，在文献中经常交替使用，作为帮助实现所需改进的方法。清洁生产包括绿色制造，因为它不仅涵盖制造活动，还包括服务活动。清洁生产被定义为一种生产方式，它不仅关注人们的需求，还关注环境保护、能源节约、减少废弃物排放。清洁生产还力求避免使用不可再生和有害的投入品。一般而言，清洁生产旨在提高整体经济效益，同时减少对人类和环境的损害和风险。

　　显然，清洁生产是实现消费电子愿景的关键。然而，清洁生产实践尚未在许多行业全面实施。中国建筑行业的立法和经济障碍在抑制企业实施清洁生产实践方面发挥着主导作用。清洁生产一直是生产研究的热门话题。事实上，《清洁生产期刊》（*Journal of Cleaner Production*）就是专门讨论这一研究课题的，并且在这一领域的声誉和每年发表的文章数量都在增长。令人惊讶的是，很少有研究明确地将循环经济的循环理念融入清洁生产中。热解方法将报废轮胎转化为具有吸收特性的高价值固体材料，并在此过程中进行热交换。总之，清洁生产实践被认为是在微观层面上促进能源效率实践的关键因素，并对其他供应链功能产生影响，如循环产品设计、消耗和废弃物管理。

　　消费者和政府立法都促使企业重新设计物流网络，使其在保持成本效率的同时更加环保。绿色物流被认为是以可持续的方式生产和配送货物，同时考虑到环境和社会因素。这包括测量各种分销策略对环境的影响、减少物流相关活动的能源需求、减少废弃物的产生以及处理残余废物。虽然传统物流的重点在于组织正向配送，即从供应商到客户的运输、仓储和库存管理，但逆向物流也在可持续发展中发挥着关键作用。预计消费电子将对物流管理产生诸多影响。迄今为止，将消费电子融入物流的努力主要集中在逆向物流领域。例如，二级市场在提取产品价值方面的重要作用，同时也有助于促进与逆向物流、消费电子和可持续发展相关的产品再利用。

　　循环经济理念促使人们向更可持续的消费模式转变，在这种模式下，有价值的资源得到再利用，产生的废弃物减少。消费经济背景下的消费和循环解决方案正成为学术界日益关注的领域，特别是在探索循环消费的驱动因素、障碍、性质、意义和动态方面。作为解决日益增长的资源使用问题的一种方法，循环消费在全球手机市场正日益受到重视。向消费电子转型需要消费者行为的改变，这些改变可以通过宣传活动和可持续发展教育来实现。然而，必须改变产品设计功能，使其更加优化。例如，一家荷兰公司已经设计并正在生产一种完全可以维修的手机。这将极大地改变消费者的态度，至少它应该或可能改变消费者的态度。总体而言，更有必要设计适当的政策和企业层面的措施，以提高人们对循环消费的认识，同时注意到文化差异在消费者对循环性和自然的总体态度中起着重要作用。

废弃物管理被认为对于回收产品的剩余价值以发挥其最大效用至关重要。废旧部件和材料的再循环具有重要的经济和环境性能影响。然而，在许多商业领域，人们对环境负荷管理促进经济发展的真正潜力还缺乏了解。现有文献讨论了各种废弃物资源回收方法。这些方法包括：再利用/再语境化、翻新、再制造和再循环。再利用被描述为"为不能再以原始形式使用的产品找到新的用途"。一个新术语"重新语境化"（取代"重新利用"），指的是在与最初设计用途不同的环境中，不采取任何补救措施而使用过时产品或其组件。在消费电子背景下，最近一项基于246台笔记本电脑样本的可行性研究发现，9%的报废笔记本电脑可在不产生任何成本的情况下被重新用作瘦身电脑。翻新是在不完全拆卸产品的情况下，将使用过的产品恢复到功能和满意状态的过程。翻新可用于重新获得废旧产品的价值并减少浪费。高效的翻新工艺可使产品在废弃后易于维护、回收和改装。

在报废产品循环之后，高效的翻新过程能够使产品的维护、回收和改造变得更加容易。然而，有必要制定翻新指南和标准，因为缺乏这些指南和标准会导致生产差异、质量问题和产品认知度低。再制造通过将废旧产品恢复到类似新产品的状态来回收其剩余价值。通常情况下，再制造比其他报废流程更受欢迎，因为再制造产品更环保、质量更高、寿命更长。然而，在许多行业中，围绕其他相关消费电子活动（如维修、重新定型、翻新）真实含义的模糊性及管理知识产权问题的不确定性阻碍了企业采用再制造战略。另外，全球消费者对再制造产品的接受度不高，阻碍了供应链释放再制造的全部潜力。产品类型、设计特征和材料组成的多样性也带来了严峻的政策和实践挑战。不同的研究提出了在消费电子背景下处理和优化再制造业务的不同策略和方法。

不同行业中受循环经济启发的回收实践的若干实例。钢铁行业被认为是循环经济模式的一个组成部分。鉴于材料本身的可回收性，废钢是炼钢的重要资源，可从产品中回收。尽管具有增加利润的巨大潜力，但文献强调了回收价值链中的经济、政策、信息和技术相关障碍，这些障碍阻碍了企业回收和再利用金属。另外，更好的法规和有效利用税收、鼓励金属研发、建立生产者责任延伸制度和使用稳健的预测模型对解决金属回收不足的可能方法进行了讨论。轮胎和农业塑料废弃物回收是热解技术成功应用的其他例子。消费后塑料包装老化回收系统具有巨大潜力，可为实现循环性做出积极贡献。此外，了解经济活动与废弃物产生之间的联系对于帮助实现循环经济目标至关重要。将循环经济纳入废弃物管理面临一些实际挑战。普遍的材料管理涉及收集废弃物以进行材料回收。然而，再利用需要改进收集系统，以防止在收集过程中对报废产品造成物理损坏。循环型综合废弃物管理系统通过加强废弃物处理与资源回收之间的联系，促进资源的循环利用。这一点对于废弃电气和电子产品尤为重要，因为它们通常容易受损，而作为二次供应来源的关键金属的再回收或再利用可带来经济和环境效益。在运输排放最小化方面，与固定收集方法相比，移动收集方法是影响最小且总成本较低的解决方案。适当处理废弃物产品（尤其是废弃电子电气设备）一直是监管机构议程上的热门项目。许多国家已经采用了基于生产者延伸责任概念的产品回收计划，由生产者实际或经济负责收集废弃电子产品并对其进行回收，从而将有害物质从垃圾填埋场转移出来。优化生产者延伸责任计划有助于通过闭合物质循环来促进危险和关键材料的收集和回收，同时还能激励生态设计。

四、技术在促进废弃物供应链管理中的作用

全面了解创新技术和新兴技术如何支持向循环经济下废弃物供应链管理过渡至关重要。然而，这一关键领域的研究仍处于起步阶段。工业 4.0 是指第四次工业革命，包括物联网（IoT）、增强现实、3D 打印（快速成型制造）、大数据分析、云计算、仿真、工业自动化和网络安全等一系列技术。尽管有关将工业 4.0 技术融入循环供应链管理的研究尚处于早期阶段，但已经有一些明确的证据显示，在实现循环经济愿景方面前景广阔。在过去几年中，鉴于技术变革的速度和大多数消费社会的丢弃文化，废弃电子电气设备已成为一个严重的环境问题。可以考虑构建一个物联网支持的废弃物管理框架，用于智能和零废物的可持续城市，同时将废弃物管理与整个产品生命周期结合。而且在框架中融入基于四个相互关联的策略，如废弃物预防、上游废弃物分类、按时废弃物收集。为了优化电子废弃物回收过程，可以考虑在回收生产线中引入协作机器人，与人类协作提高有价值部件和材料的回收率。然而，由于缺乏商业案例的支持，整个讨论依赖于概念情景。虽然 3D 打印为消费电子提供了巨大的发展前景，但其发展道路上还存在重大障碍。关于 3D 打印在多大程度上影响可持续发展和循环性还存在更多的研究空间。例如，3D 打印在消费电子背景下应用的一个有趣案例是将电脑废料中的塑料废物升级为 3D 打印长丝，并生产出有价值的消费品，如相机三脚架、SD 卡座和相机遮光罩。研究结果表明，通过加强消费电子产品的循环，可以产生巨大的经济和环境效益。

另一项研究涉及大数据在废弃物供应链管理中的作用。最近的一篇论文记录了大数据和预测分析对供应链可持续性绩效的重大影响。然而，目前关于大数据在废弃物供应链管理中的应用相关的研究较少。可以考虑设计一个消费电子和大规模数据在消费电子中的框架。

应用一个关系矩阵，说明循环经济、大数据和循环经济利益相关者管理的复杂性。

五、循环经济下废弃物管理的研究方向

循环经济下的废弃物管理仍是一个新兴的研究领域。大多数相关出版物都是概念性著作和案例研究，这对于一个仍处于起步阶段的研究领域来说非常典型。循环经济下的废弃物管理中的一些特定研究课题，包括上链绩效和报废产品管理，受到了相对更多的关注。然而，要充分发掘循环经济下废弃物管理的潜力，还必须在所有供应链功能方面开展更多的研究工作。要使循环经济成为现实，还有许多技术、流程和激励问题需要克服。因此，本章认为在以下方向开展研究，这些方向对循环经济下的废弃物管理非常重要，但却很少或没有得到关注。表3－1列出了每个研究方向的重要性、相关知识的空白程度、在该研究方向开展研究的潜在影响以及进一步研究的紧迫性。鉴于循环经济是可持续发展思想中一个前景广阔的新领域，本书认为在以下领域推进循环废弃物供应链管理，可以帮助组织实现更高水平的可持续发展绩效。

表 3－1　　　　　　　循环经济下的废弃物管理研究方向

可能的研究方向	重要性	研究空白程度	潜在影响	研究的紧迫性
循环设计	很重要	很大	严重	非常紧急
采购和循环供应链管理	很重要	很大	中等	紧急
生物降解包装	很重要	大	严重	非常紧急
循环供应链的合作与协调	很重要	大	严重	非常紧急
循环废弃物供应链管理驱动因素和障碍	很重要	大	严重	非常紧急

续表

可能的研究方向	重要性	研究空白程度	潜在影响	研究的紧迫性
循环消费	重要	大	中等	紧急
产品责任和生产者责任	很重要	很大	严重	非常紧急
技术与循环供应链	重要	很大	严重	紧急

1. 循环设计

显然，循环废弃物供应链管理要求对产品、流程和供应链的设计方式进行全面反思。循环设计是循环废弃物供应链管理的基石。在循环经济驱动的流程创新、废弃物管理的供应链设计和新产品设计方法（包括拆解设计、再制造设计和回收设计）等方面存在大量的研究机会。

2. 采购和循环供应链管理

采购是许多组织的一项战略职能，在公司的可持续发展绩效中发挥着至关重要的作用。令人惊讶的是，与大多数其他供应链职能相比，在采购中整合循环思维的研究要少得多。循环废弃物供应链管理要求产品具有新的或更强的功能，如耐用性、可靠性和可重复使用性，以支持生命周期的延长、资源的轻松回收和最小的浪费。需要开展更多的研究，将以消费电子为导向的性能指标纳入采购和供应商管理，以减少产品/服务在整个生命周期中对环境的影响。

3. 生物降解包装

全球每年生产数百万吨不可生物降解塑料用于包装，造成了严重的环境问题。例如，在中国，包装废弃物是第四大污染源。新的循环废弃物供应链管理要求包装材料具有可再生、可回收和可复合等特性。此外，包装材料还应具有成本低、物理和化学性质易于定制等特点。最近，在获得生物可降解包装材料方面取得了重大进展。例如，聚乳酸，这是一种脂肪族聚酯及基于可溶性大豆原糖的多糖可作为可降解包装的材料。基于可生物降解材料的包装解决方案值得在未来进行大量研究和投资，以提高向消费电子产品过渡的速度。

4. 循环供应链的合作与协调

在循环经济中，一个流程/供应链的残余废物成为另一个流程/供应链的资源。这不仅需要供应链合作伙伴之间的长期合作，还需要不同供应链之间的长期合作。许多研究机会在于激励机制和战略价值调整、协作和协调机制（包括合同）、供应链整合以及与供应商、客户和其他利益相关者的知识管理等领域，以保持旧产品/部件/材料的流通。

5. 循环废弃物供应链管理驱动因素和障碍

循环废弃物供应链管理的驱动因素和障碍在不同的背景下可能有所不同。迄今为止，只有少数研究调查了中国信息技术和电子行业以及芬兰纺织业和零售业面临的挑战。亟须调查文化和工业部门的具体情况如何影响循环废弃物供应链管理的驱动力和障碍。此外，有必要开展研究，确定特定背景下驱动因素和障碍的优先次序，以便制定最有效的干预政策来预防和克服这些因素。

6. 循环消费

消费者对循环产品的观点在很大程度上尚未探索。需要开展更多研究，探索如何使循环产品对消费者更具吸引力。例如，可以制订基于展示产品可靠性、创新产品、保修和质量控制机制保证的营销策略，以塑造消费者对循环产品的积极态度。鉴于许多消费者不愿意退回使用过的产品，研究改变消费者行为以支持循环事业的战略和激励措施非常重要。

7. 产品责任和生产者责任

生产者通过废弃物管理回收资源。因此，循环经济和废弃物管理方案必须解决以下问题：（1）在产品生产或使用过程中使用的有毒物质对人体健康和环境造成新的影响而引起的责任；（2）产品故障引起的责任；（3）在产品的合成和生产过程中，以及在产品的使用和报废/回收阶段的材料管理中，由于材料在生命周期或生命周期内的管理不善而引起的责任。未来的研究需要调查扩大生产者责任立法的可行性和有效性，甚至在产品销售给最终客户很久之后，以要求生产者对其产品负责。另一种方法是产品服务系统，这是一种功能服务模式，生产商保留实物产品的所有权，并作为服务提供商，专注于最终用户所需的服务。产品服务系统的设计有助于促进制造商的废弃物管理。它可以大大减少共享经济中对生产活动的需求，从而降低对环境的影响。

8. 技术与循环供应链

技术可以促进可持续发展，但其在循环废弃物供应链管理中的作用尚未得到充分研究。然而，现有研究并没有将先进技术融入循环思想，大数据分析技术在循环废弃物供应链管理中的应用还有很大的发展空间。此外，3D 打印作为另一项前景广阔的技术，已成为实现高效率、低成本定制化生产的重要推动力。研究人员需要研究产品品种激增和定制产品生命周期缩短所带来的循环经济问题。此外，物联网（IoT）和射频识别（RFID）技术可用于循环废弃物供应链管理，以提高可追溯性并加强生命周期信息管理。此外，迫切需要将循环经济原则整合到企业信息系统中。

人们日益认识到，在规划和实施可持续消费方面不断发展的愿景和行动，是比普遍的线性（获取、制造、处置）经济模式更好的替代方案。它为帮助组织实现可持续发展绩效的突破提供了巨大的潜力。因此，对循环经济纳入废弃物供应链管理的研究兴趣日益浓厚。然而，与供应链可持续性相关的术语仍然存在许多混淆。由于对循环废弃物供应链管理的实际内涵及哪些研究方向具有战略意义缺乏了解，该领域的研究进展受到阻碍。循环废弃物供应链管理概念涵盖了恢复性和再生性流程、适当的商业模式（闭环和开环）以及供应链功能（重新定位），以实现零废弃愿景。

第三节　循环经济下的智能废弃物管理障碍

由于产生的废物种类越来越多，在许多经济体中，负责任和有效的废弃物管理变得越来越具有挑战性。循环经济概念提供了一些新的见解，并开始引导技术方法的发展。在全球范围内，这些技术方法可能比目前占主导地位的技术方法更加有效。调查智能废弃物管理障碍能够帮助社会领导者有效、快速地克服这些障碍，实施负责任的废弃物管理，循环利用产品/服务系统中浪费的资源。目前，废弃物管理的现状与循环经济的愿景仍有差距。快速发展的智能使能技术能够促进和支持废弃物管理向真正的循环经济转变。然而，许多障碍阻碍了废弃物资源管理的改善。这些障碍很难克服，因为它们往往相互交织在一起。中国是已立法实施循环经济的主要国家之一。

一、废弃物管理研究现状

废弃物管理对保持资源循环具有战略意义。资源循环的目的是结合工业共生、服务生态系统、基于资源的生产力和功能调整等观点，以确保社会的可持续发展。根据循环经济目标，改善废弃物管理的重点主要是探索控制或减少废弃物产生的途径，同时也关注废弃物回收和废物再生。然而，由于固体废弃物背后错综复杂的模式，有关废弃物管理的重大决策非常复杂。此外，其运营框架涉及多个利益相关方，包括物业管理、地方政府、市政当局、对市民的影响和市民的参与、技术专家的参与以及直接影响城市生态系统可持续性的框架。废弃物管理需要包括管理技术投入、评估短期和长期成本效益决策、解决社会冲突，以及将废弃物视为资源的循环经济概念框架内。

废弃物管理实践正在从过于简化的收集和分类程序向可持续系统转变。该系统兼顾了产品/服务系统设计，通过减少废弃物的做法、生物逻辑和热处理过程以及材料回收技术，平衡产品/服务系统设计、材料回收/能源回收和目前浪费资源的寿命终期管理。因此，系统通过处理信息来管理和适应复杂的环境，这有助于提升环境效益、社会可接受性和经济效益。最终，企业可能面临整合产品和修复相关信息的技术挑战。消费电子领域的智能使能技术使用电子、软件、传感器和执行器来实现。智能废弃物管理系统技术分为四类：数据采集和基于传感器的技术、通信和数据传输技术、现场实验技术和传输技术及设定和安排卡车路线的技术。这些技术使用 RFID 标签、NFC 传感器、GPS 等来促进实时数据收集，并为有效的修复决策提供信息。

最近，地理信息系统（GIS）和采用稳健算法的动态调度也被集成到决策支持系统中。流程架构、社会背景和实验数据是 GIS 的智能组件，可控制废弃物管理流程。利用人工智能技术，包括深度学习和机器学习等人工智能技术，这些智能组件可处理大量数据，提供实时信息，并在减少人工参与的情况下支持有效决策。它们有助于跟踪废弃物收集情况并优化。在某些情况下，数据还可用于提供服务。这种透明的信息流使消费者更积极地参与废弃物管理过程。在智能废弃物管理方面有一些成功案例，如 Compology、Sensoneo 和 RecycleSmart 等公司利用基于物联网传感器的技术和基于网络的软件来定位、监控和测量集装箱的满载程度，即智能垃圾桶技术，从而使转运服务提供商能够有效地规划其物流运营。其他智能使能技术包括大数据分析和云计算在内的其他智能使能技术也已得到部署。

尽管有一些成功的应用，但总体而言，由于投资成本高、废弃物逆向物流缺乏政策支持，其应用仍然受限。因此，需要开展更多关于使用智能使能技术改善废弃物管理的研究，其中发展中国家的需求尤为迫切。由于快速的城市化、经济发展和生活水平的提高，发展中国家在废弃物管理方面面临着重大挑战。现有文献并未提及在发展中国家实施智能废弃物管理系统的障碍。近年来，在中国，城市固体废弃物是最具挑战性的环境问题，研究人员报告称，中国每年产生的固体废弃物增长了 5%～10%。废物的主要来源是居民家庭、市场、商业综合体、公共场所、街道和寺庙（Xu, Zhou, Lan, et al., 2015）。回收和废物处理的正规和非正规回收网络都面临着各自的挑战。2000年启动的源头分类试点项目收效甚微，回收体系的薄弱主要归咎于基础设施不完善。此外，从其他国家引进的政策和技术并不能有效地适应本国国情，特别是有机废弃物、填埋或焚烧无法处理。然而，为了改善废弃物管理系统，中国已将重点转向以社区为基础的废弃物管理项目。政府也热衷于在国家战略下推广综合系统，但在中国实施智能废弃物管理解决方案面临诸多挑战。

二、研究方法概述

近年来，许多研究人员提倡采用混合方法，以克服定性和定量方法在商业研究中的局限性。定性研究阶段采用半结构化访谈方法。在半结构化访谈法中，采用开放式问题，让受访者自由分享他们的观点。同时，这也有助于访谈者按照预先设定的问题保持谈话的重点。在访谈之前，所有受访者都获得了一份信息表，其中解释了消费电子和智能废弃物管理的概念，以及包括物联网在内的智能使能技术在未来可能发挥的作用。

向受访者提供的信息表包括一份初步的障碍清单。这些障碍包括：缺乏创新能力、难以获得财政资源、技术变化太快、技术集成困难、缺乏问责制，以及相关法律法规执行不力。受访者被要求修改列出的障碍，并提出未列入初始清单的障碍建议。

在定量阶段，研究人员使用了模糊决策试验和评估实验室（DE-MATEL）方法。DEMATEL 是一种多标准决策方法，用于识别系统各组成部分之间的因果关系并确定优先次序。解释性结构建模（ISM）和层次分析法（AHP）也可用于分析相互依存因素之间的关系。然而，DEMATEL 的优势在于帮助研究人员将因果关系可视化，并揭示各因素的总体影响程度。因此，DEMATEL 被广泛应用于可持续性相关研究。模糊 DEMATEL 是对标准 DEMATEL 技术的模糊集扩展，在本研究中被使用。模糊 DEMATEL 具有处理人类判断中固有偏差和模糊性的优势。模糊 DEMATEL 技术分析智能废弃物管理的障碍步骤如下。

步骤 1：调查受访者，构建配对比较矩阵。在这一步骤中，要求每位受访者以 0 ~ 4 分表示障碍 i 对障碍 j 的影响（0 表示无影响，1 表示极低影响，2 表示低影响，3 表示高影响，4 表示极高影响）。

步骤 2：获得模糊初始直接关系矩阵 A。为了捕捉判断中的模糊性，使用三角模糊数（TFN），每个 TFN 用三元组（e，f，g）来表示，以解释一个模糊事件。参数 e、f 和 g 分别指可能的最小值、最有希望值和最大值。一个三角模糊数 M 完全属于 [0，1]，如图 3 − 1 所示。表 3 − 2 显示了本研究中使用的模糊语言量表，用于将影响得分转换为三角模糊数。

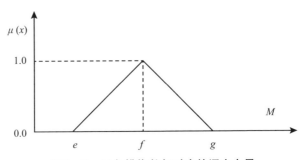

图 3 − 1　三角模糊数与对应的语言变量

表 3 - 2　　　　　　　　模糊语言范围与对应的三角模糊数

分数	语言变量	三角模糊数
0	无影响（NO）	（0，0，0.25）
1	极低影响（VL）	（0，0.25，0.5）
2	低影响（L）	（0.25，0.5，0.75）
3	高影响（H）	（0.5，0.75，1.0）
4	极高影响（VH）	（0.75，1.0，1.0）

假设 $x_{ij}^k = (e_{ij}^k, f_{ij}^k, g_{ij}^k)$，其中 $1 < k < K$ 为第 k 位专家对障碍 i 对障碍 j 的影响程度给出的模糊评价。K 是研究中的参与者人数，用来估算已识别的 n 个研究障碍之间的因果关系，那么参与者的输入结果为 $n \times n$ 矩阵，即 $x^k = x_{ij}^k$，其中 $k = 1，2，3，\cdots，n$（决策小组中的专家人数）。

$$a_{ij} = \frac{1}{k \sum\limits_{k=1}^{k} x_{ij}^k} \qquad (3-1)$$

然后，使用去模糊化过程将模糊数转换为清晰数，因为这些模糊数不适合矩阵运算。使用公式（3 - 2）对模糊直接关系矩阵进行了去模糊化处理：

$$S = \frac{e + 4f + g}{6} \qquad (3-2)$$

步骤 3：构建归一化初始直接关系矩阵 D

$$h = \min\left(\frac{1}{\max\limits \sum\limits_{j=1}^{n} a_{ij}}, \frac{1}{\max\limits \sum\limits_{i=1}^{n} a_{ij}}\right) \qquad (3-3)$$

$$D = h \times A \qquad (3-4)$$

步骤 4：获得总关系矩阵 Q，其中矩阵 I 为单位矩阵

$$Q = (I - D)^{-1} \qquad (3-5)$$

$$Q = [q_{ij}]_{n \times n} \qquad (3-6)$$

步骤 5：计算行数之和（R）和列数之和（C）。

$$R = \left[\sum_{j=1}^{n} q_{ij} \right]_{n \times 1} \tag{3-7}$$

$$C = \left[\sum_{i=1}^{n} q_{ij} \right]_{1 \times n} \tag{3-8}$$

步骤 6：生成因果图，使用（$R+C$；$R-C$）数据集生成因果图。（$R+C$）为横轴，用于衡量障碍物的突出程度，表明障碍物在影响和影响力方面的总效果。（$R-C$）是纵轴，解释了障碍之间的因果关系。如果障碍的（$R-C$）值为正值，则该障碍属于原因组。反之，如果障碍的（$R-C$）值为负值，则该障碍属于效应组。此外，在因果图上用箭头标出重要关系，以突出一个障碍对另一个障碍的影响。重要关系的临界值计算方法是，在总平均值的基础上增加两个标准差。

数据收集工具以英文编制，并参考了学术文献，然后由两名精通中英文的资深研究人员翻译成中文。为确保内容的有效性，进行了一次试点测试，以获得从业人员的反馈意见。随后，对数据收集工具进行了小幅修改，以消除歧义并避免潜在的误解。为确保数据的有效性和可靠性，要求所有研究参与者都具有多年使用智能废物管理设备/系统的经验。研究人员向所有参与者保证，从他们那里收集的数据仅供学术研究之用。在定性研究阶段，向 20 名潜在参与者发送了电子邮件邀请函和访谈信息表。作者采用有目的的抽样过程，共有 14 名受访者同意参与研究。访谈方式包括在他们的办公室进行面谈或电话访谈。每次访谈持续约 30~50 分钟。这一阶段的研究涉及多种所有制类型的组织。其行业类型包括政府、医疗保健、房地产开发、物流和制造。

在定量研究阶段，参与者对筛选出的障碍进行配对比较，以判断其因果关系。作者调查了三个具有代表性的组织，每个组织在使用智能废弃物管理方面都扮演着不同的角色。与只从单一类型的组织中获取数据相比，这种研究设计更加稳健，并有助于减少来自每个角色的潜在偏差。这三个组织分别是：①技术提供者。智能废弃物管理设备/系统的制造商和设计者，包括物联网智能垃圾桶、自清洁垃圾桶和智能环境管理系统。②技术使用者。一家房地产开发和建筑公司，该公司一直在使用物联网智能垃圾桶、自清洁垃圾桶和智能环境管理系统。③政府部门。负责监督环境保护和废弃物管理活动。

三、智能废弃物管理障碍

定性研究阶段记录了 12 个重要障碍。这些障碍是根据 14 位受访者提供的信息选出的，因为它们被最频繁地识别出来，并且被认为是非常重要的。其描述如下：

缺乏对智能废弃物管理的了解（B1）：包括物联网在内的智能技术相对较新，其在废弃物管理中的应用刚刚在一些组织中启动。许多组织目前还不具备智能废弃物管理方面的知识或专长。因此，一些组织尚未意识到智能技术在改善废弃物管理运营方面的潜力。

监督管理的挑战（B2）：垃圾焚烧发电一直被视为解决城市垃圾处理难题和推动清洁能源发展的重要途径，是许多国家发展战略的一部分。由于废弃物管理涉及因素较多且复杂，使得废弃物管理存在监督管理的挑战，废弃物管理往往是供应链运营管理中被忽视的一部分，然而，一些组织并没有在最新的智能技术方面投资更多资金以改善废弃物管理运营。

缺乏新质生产力下的创新能力（B3）：智能技术相对较新且发展迅速，组织领导者需要具备足够的创新能力，以便在废弃物管理中成功运用这些技术，并在必要时对其进行升级，这可能需要与技术提供商合作。领导者如果缺乏创新能力，或者没有培养创新文化，那么他们可能就失去在废弃物管理中使用智能技术的新机遇。

技术及其应用方面的困难（B4）：智能技术具有巨大潜力，但其应用会带来多重技术挑战。最常见的障碍之一是技术集成困难。当供应链或企业使用多种技术平台，而这些平台之间又互不兼容时，这种困难就显得尤为突出。另一个困难在于技术产品的生命周期较短。由于技术领域的创新速度很快，用户很难跟上永无止境的产品升级。此外，还缺乏自动废弃物分类和识别技术。

缺乏新质生产力下的市场压力和需求（B5）：缺乏来自新质生产力下的市场压力和环保需求是重要障碍之一。如果废弃物管理市场竞争不充分，企业可能缺乏引入智能技术的动力。在没有市场压力的情况下，企业可能更倾向于追求短期经济利益而忽视长期环境影响。缺乏市场竞争可能导致企业对废弃物管理技术创新和改进的积极性不高，从而限制了智能技术在废弃物管理中的应用。如果社会对环保问题的重视程度不高，企业可能会将废弃物管理放在次要位置，而不愿意投入大量资源来引入智能技术。缺乏环保需求可能使得企业对废弃物管理的技术创新和改进意愿不强，从而影响智能技术在废弃物管理中的应用。

成本和财务挑战（B6）：成本和财务挑战是智能技术在废弃物管理领域推广和应用的重要障碍。智能技术在废弃物管理中的应用通常需要大量的投资，包括设备采购、系统集成、数据分析等方面的费用。这些高昂的技术成本可能超出一些企业的财务承受能力。高昂的技术成本也可能使得智能技术在废弃物管理中的回报周期较长，对企业的财务风险构成挑战。智能技术在废弃物管理中的运营和维护成本也是一个重要考虑因素。除了初期投资外，企业还需要承担系统运行、数据管理、维护更新等方面的费用，增加了企业的财务负担。如果企业缺乏足够的资金用于运营和维护智能技术系统，可能导致系统效果不佳或无法持续运行，影响废弃物管理效果。

环境教育和环保文化的挑战（B7）：智能技术在废弃物管理中的应用障碍之一是来自环境教育和环保文化的挑战，这可能导致社会对废弃物管理问题的认知不足，企业和个人对环保的重视程度不够，从而限制了智能技术在废弃物管理领域的推广和应用。缺乏系统性、普及性的环境教育可能使得大多数人对废弃物管理和环保问题的认知程度不高，缺乏相关知识和意识。没有足够的环境教育可能导致社会对废弃物处理的重要性和紧迫性认识不足，影响了推动智能技术在废弃物管理中的应用。如果社会缺乏环保文化，企业和个人可能缺乏环保意识和责任感，对废弃物管理工作不够重视。缺乏环保文化可能使得企业对废弃物管理技术创新和改进的积极性不高，从而限制了智能技术在废弃物管理中的应用。

缺乏利益相关方的合作，包括服务提供商的合作（B8）：废弃物管理应基于生命周期评估。供应链中的利益相关者没有足够的合作来鼓励管理者采用智能废弃物管理。利益相关者的合作不仅包括技术层面的整合，还包括责任分担、激励与回报的协调。在废弃物管理行业，甚至在政府承包商中也缺乏智能服务提供商。

追求短期盈利而非长期可持续发展（B9）：在废弃物管理中应用智能使能技术需要大量投资，但环境可持续性的成果可能需要数年才能实现。这是短期盈利能力与长期可持续发展之间的权衡。企业的许多权衡决策都是短期性的。如果企业只追求短期经济利益，就不可能采用智能废弃物管理。

缺乏集群效应（B10）：高效的废弃物管理需要规模经济。在组织集群中实施智能废弃物管理有助于创造规模经济。相反，单个组织很难独自实施智能废弃物管理解决方案。在智能废弃物管理解决方案得到广泛实施之前，缺乏集群效应的好处仍将是一个障碍。

缺乏领导承诺（B11）：缺乏领导承诺是许多业务流程改进举措的共同障碍。领导者在组织中发挥着至关重要的作用，他们的支持和承诺对于推动智能技术在废弃物管理领域的应用至关重要。如果领导层缺乏对智能技术在废弃物管理中的重视和承诺，可能导致缺乏必要的资源投入，包括资金、人力和技术支持等方面的支持。没有足够的资源投入可能使得智能技术无法得到有效开发和应用，阻碍了废弃物管理效率的提升和环境保护目标的实现。领导层的承诺不仅需要体现在资源投入上，还需要体现在业务流程的重新设计和改进上。如果领导层不愿意重新审视和调整现有的废弃物管理业务流程，可能无法充分发挥智能技术的优势，限制了智能技术在废弃物管理中的应用效果。领导层的承诺也需要引领组织文化的转变，推动员工对智能技术的接受和应用。如果领导层不支持并倡导组织内部的文化转变，员工可能缺乏对智能技术的积极态度和参与意愿，阻碍了智能技术在废弃物管理中的落地和推广。

废弃物管理标准挑战（B12）：废弃物种类繁多，包括食品、电子、塑料、建筑和有害废物。这些废弃物需要不同的处理方法来回收价值，并在循环经济中进行适当管理。许多政府机构和组织都参与了废弃物的管理和处理，他们有不同的要求。

四、模糊 DEMATEL 结果

重要关系的临界值是通过在总关系矩阵的平均值上加上两个标准差计算得出的。技术提供者视角的阈值被计算为 0.271，用粗体标出了大于该值的数值。在图 3 – 2 中，它们也被标注出来，以表示重要的因果关系。确定障碍之间的重要关系对制定克服障碍的干预计划非常重要。如果一个重要关系中的因果障碍被消除，由于其对前者的依赖性，效果障碍可能会被自动规避。图 3 – 2 中的数据显示，B2 和 B7 是最重要的原因障碍，因为它们的（$R - C$）值最大。这表明，从技术提供者的角度来看，潜在用户缺乏在废弃物管理中采用智能使能技术的外部压力和内部动力。B1 和 B6 也被认为是重要的。这一点是可以理解的，因为智能使能技术相对较新，其在废弃物管理中的应用仍处于初级阶段。此外，许多人认为这些技术在短期内甚至在未来较长一段时间内都不会具有成本效益或有利于供应链的生态效益。研究显示，B7 是最突出的障碍，因为它具有最大的（$R + C$）值。它对B5（缺乏市场压力和需求）、B3 和 B9（追求短期盈利而非长期可持续发展）有重大影响。显然，当缺乏环境教育和环保文化（B7）时，公众对废弃物管理并不十分关心。这也反映在组织行为中，如 B5 和 B9 的数据。图 3 - 2 中箭头所示的显著关系还表明，B9 是一个效应障碍，受到 B2 和 B7 的影响。如果关键的因果障碍 B2 和 B7 得到有效解决，B9 和 B8 所反映的不可持续的组织行为是可以改变的。

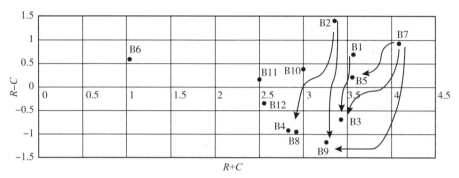

图 3 - 2　从技术提供者视角得到的结果

图 3 - 3 显示了从技术用户角度得出的结果，确定显著关系的临界值为 0.209。图 3 - 3 显示了从技术用户角度来看智能废弃物管理的四个最重要的因果障碍：B3（缺乏创新能力）、B10（缺乏集群效应）、B2（缺乏监管压力）和 B7（缺乏环境教育和环保文化）。显然，技术用户与提供商一样认为 B2 和 B7 具有重要意义。然而，用户更看重 B3（缺乏创新能力）所反映的创新挑战和 B10（缺乏集群效应）所反映的运营挑战。这是合理的，因为用户不具备创新的核心能力，在采用智能废弃物管理解决方案时必须解决缺乏集群效应的运营挑战。根据（$R + C$）的高低判断，四个最突出的障碍是 B4（技术及其应用方面的困难）、B6（成本和财务挑战）、B3（缺乏创新能力）和 B1（缺乏对智能废物管理的了解）。虽然 B6（成本和财务挑战）很突出，但由于其为负值（$R - C$），它是一个效果障碍，它高度依赖于其他三个突出障碍。这意味着 B6（成本和财务挑战）尽管

很突出，但当一个组织拥有足够的智能使能技术的创新能力、专业技能和知识时，就可以克服。因为，当一个组织拥有相关的专业知识并有效地利用技术时，实施智能废弃物管理解决方案的成本会被其带来的经济效益抵消。

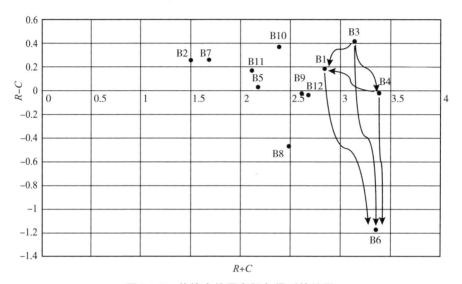

图 3 - 3   从技术使用者视角得到的结果

图 3 - 4 显示了从负责环境保护和废弃物管理的政府机构的角度得出的结果。图 3 - 4 从政府机构的角度展示了五个因果障碍的信息：B5（缺乏市场压力和需求）、B7（缺乏环境教育和环保文化）、B6（成本和财务挑战）、B2（缺乏监管压力）和 B1（缺乏对智能废物管理的了解）。需要注意的是，对于其中的三项（B1、B2、B7），政府机构与其他两类利益相关者的观点一致。然而，政府机构将 B5（缺乏市场压力和需求）评为最重要的因果障碍。尽管政府机构也承认自身的责任，但似乎将更大的责任推给了市场。从（$R + C$）值的高低来看，最突出的障碍是 B4（技术及其应用方面的困难），但由于其（$R - C$）值为负数，因此 B4 是一个效果障碍。它高度依赖于 B6

（成本和财务挑战）和 B1（缺乏对智能废物管理的了解）。这些研究结果表明，尽管在实施智能废弃物管理解决方案方面存在技术挑战，但如果有资金来源和专业知识的支持，这些挑战是可以克服的。缺乏市场压力和需求（B5）对缺乏创新能力（B3）有直接影响，这表明创新主要由市场驱动。

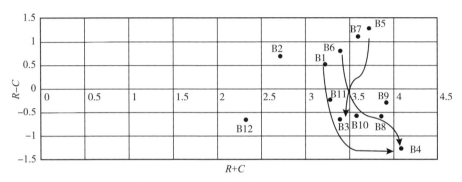

图 3 - 4　从政府机构视角得到的结果

分析结果显示，三类利益相关者的回答具有相似性，即他们都认为 B1（缺乏对智能废弃物管理的了解）、B2（缺乏监管压力）和 B7（缺乏环境教育和环保文化）是重要的因果障碍。与技术提供者相比，用户更看重 B3（缺乏创新能力）和 B4（技术及其应用方面的困难）。这并不奇怪，因为技术用户在跟上快速发展的智能使能技术方面不如技术提供者。受访政府机构对 B5（缺乏市场压力和需求）的重视程度更高。这可能是由于他们的偏见，也可能是由于政府组织自然倾向于通过将更多责任推给市场来证明自己的合理性，这对智能废弃物管理技术的使用有直接影响。

技术用户和政府机构人员都认为 B4（技术及其应用方面的困难）是最突出的障碍，这是有道理的，因为这两个利益相关者都不是智能使能技术领域的专家，所以他们在技术层面感受到了更多的挑战。与此相反，技术提供者将同样的障碍评为效果障碍，使其不那么重要。

事实上，他们根本没有将其评为突出障碍。相反，它将 B7（缺乏环境教育和环保文化）评为最突出的障碍。这表明，从技术提供商的角度来看，技术挑战并不是一个问题；相反，缺乏需求及其根本原因，即缺乏环境教育和环保文化，才是更重要的障碍。关于 B6（成本和财务挑战）也值得关注，因为它被技术用户认为是一个突出的障碍，而政府机构则认为这是一个原因性障碍。

五、分析讨论

本节提供了三种不同类型的利益相关者的见解：技术提供者、技术用户和政府。第一，缺乏来自外部利益相关方（包括监管机构和市场）的压力（B2 和 B5）是一个根本障碍，也是在推广改善废弃物管理的智能技术方面失败的原因。第二，缺乏内部动力，原因是缺乏环境教育和环保文化（B7）。第三，缺乏对智能废弃物管理的了解（B1）是一个障碍，因为市场仍处于初级阶段。第四，与实施智能废弃物管理解决方案相关的成本和财务挑战（B6）是重要因素。最后一点是，潜在和实际的技术用户认为与智能废弃物管理相关的技术应用方面的困难（B4）是一个突出的障碍，但提供商不这么认为。

B2（缺乏监管压力）、B5（缺乏市场压力和需求）和 B7（缺乏环境教育和环保文化）这些关键的因果障碍至关重要，因为它们将对系统产生长期影响。为了克服这三个障碍，中国政府必须采取积极参与的方式。国家发展改革委肩负着推动中欧合作的重任。国家发展改革委负责促进消费电子产品的发展，已于 2008 年对消费电子产品进行了立法。在过去十年中，中国在将环境教育纳入国家教育课程方面取得了一些进展。然而，文化转型往往需要几十年的时间。因此，国家发展改革委必须继续与教育部合作，进一步将消费电子纳入年轻一代的教育。此外，还必须通过多种媒体渠道，对所有成年社会成员实施终身学习计划，以引导他们以更加环保可持续的方式行事。当所有社会成员都了解到在循环经济背景下预防和尽量减少能源和材料浪费的益处后，行为改变就更有可能发生。

2018 年末，为了将全球变暖控制在 1.5℃，确保社会更加可持续和公平，世界领先的气候科学家敦促在包括废弃物管理在内的社会各个方面进行快速和前所未有的变革。因此，政府亟须制定和实施相关政策，提高材料和能源的使用效率，减少毒性和化石碳足迹。在监督和执行政策实施的同时，还需要促进系统的持续改进，以加快向公平、宜居、可持续的后化石碳社会转型。例如，教育机构可以在学术层面向学生和企业传授知识、设计课程、开发产品服务系统，为循环经济做出贡献。教育机构还应支持对新概念、新工具、新工艺和新产品的学术研究，以确保循环经济的广泛实施。除了教育机构，所有社会组织和个人成员，包括工业区的农民和工人，都可以在改善废物管理和应对气候变化方面发挥作用。

突出的障碍需要立即关注，因为它们将在短期内对系统产生最大的整体影响。总体而言，技术及其应用方面的困难（B4）阻碍了智能废弃物管理解决方案的实际和潜在用户实施这些解决方案，智能废弃物管理市场仍处于起步阶段。因此，实际和潜在用户严重缺乏对智能废弃物管理的了解（B1）。为克服这些障碍，技术提供商必须有效地向潜在客户宣传智能废弃物管理解决方案的益处和基本知识。成本和财务挑战（B6）是阻碍智能废弃物管理解决方案普及的其他因素，在短期内解决这些问题非常重要。中国政府可考虑以技术补贴或退税的形式提供财政激励/援助，以鼓励使用最新的智能使能技术来提高废弃物管理效率。

许多可持续发展文献的作者将利益相关者理论作为研究企业采用可持续发展实践的一个视角。缺乏监管压力（B2）和缺乏市场压力和需求（B5）是使用智能废弃物管理解决方案改善环境绩效的主要障碍。该研究证实了利益相关者理论与可持续发展研究的相关性。此外，基于资源的企业观点（RBV）从理论上阐述了企业如何通过利用独特的资源和能力获得持续的竞争优势。在 RBV 理论中，资源包括企业控制的所有资产、能力、组织流程、企业属性、信息、知识等，它们使企业能够构想并实施提高效率和效益的战略。研究记录了缺乏对智能废弃物管理的了解（B1）以及成本和财务挑战（B6）是如何成为智能废弃物管理的重要障碍的。这一发现与 RBV 理论的主张相吻合，表明 RBV 也可能是研究可持续能力倡议的有用理论框架。

旧的废弃物管理理念是开发更高效、更有效的废弃物管理系统。然而，这种理念不会且永远不会促进循环经济发展。应在设计产品/服务和供应链流程时确保不产生废物。所有产品/服务组合的设计方式应使产品能够升级、再利用、维修、再制造和/或完全回收，从而显著减少或消除对终端产品的需求。因此，专注于改善废弃物管理是旧愿景的延续。当然，我们仍然需要优化废弃物管理，努力实现可持续发展。真正的智能废弃物管理应该根据再生资源的技术、生物、生态、经济和道德属性，向智能资源管理发展。供应链上的多个利益相关方必须合作，从多代人的角度出发，设计产品/服务及其供应链，以实现向循环供应链管理的过渡。这也必须以一种紧迫感为背景，制定和实施有助于加速过渡到公平、可持续、宜居的政策措施。

第四节　循环经济下的废弃物运输拍卖与优化

经济的飞速发展加快了全球城市化进程，伴随而来的是城市人口不断增长，这给城市废弃物管理带来了巨大挑战，迫切需要有效的治理方案以解决废弃物管理不善引发的诸多问题。废弃物管理问题普遍影响着每一个人，当前，全球每年城市固体废弃物产生量约为 20.1亿吨，其中至少有 33% 没有以环境安全的方式进行管理。有报道显示人均每天产生约 0.74 千克的城市固体废弃物（Nanda & Berruti，2021），这些废弃物来自住宅、工业、商业机构（Kurniawan et al.，2021），图 3-5 为 2021 年世界主要国家和地区的人均废弃物产生量。

目前70%的城市固体废弃物被丢弃在垃圾填埋场或露天垃圾场，而只有13.5%的废弃物被回收利用，图3-6表示2021年全球废弃物不同处理方式占比情况。没有被安全处理的废弃物对环境、人类身体健康和经济产生了巨大影响，因此需要采取紧急行动加强废弃物管理。预计到2050年全球每年的固体废弃物总产量将达到270亿吨，这使得废弃物收集和回收成为一个严峻的问题。在2030年可持续发展议程中，联合国开发计划署（UNEP）宣布，应特别关注城市固体废弃物和其他类型废弃物的管理，以减少废弃物对城市环境的负面影响。随着我国经济和城镇化的快速发展，人民生活水平的普遍提高，相应地产生了大量的废弃物。中国目前已成为世界上最大的城市固体废弃物生产国之一。预计到2030年，我国的城市固体废弃物产量将是美国的两倍（Hoornweg & Bhada-Tata，2012）。此外，据世界银行估计，2016年全世界固体废弃物处理过程中排放了约16亿吨碳排放，占到了全球总排放5%。当前，随着废弃物量的骤增，减少废物对环境的负面影响并提高废弃物回收率对于改善环境至关重要。

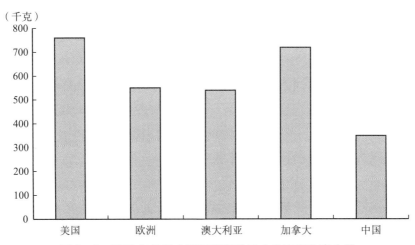

图3-5 2021年世界主要国家和地区人均废弃物产生量

资料来源：美国环境保护署，欧洲环境署，澳大利亚政府相关机构，加拿大统计局，中国国家统计局。

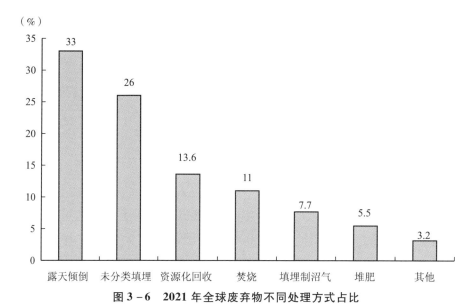

图 3－6　2021 年全球废弃物不同处理方式占比

资料来源：世界银行。

　　许多发达国家将可回收废弃物和不可回收废弃物的收集和运输都
纳入废弃物管理系统，由当局或回收企业负责收集、运输废弃物。为
了提高废弃物回收利用率，全球多个国家相继出台了废弃物管理的法
律法规。中国也在探索废弃物的源头分类试点，如北京、上海、广
州、深圳已经制定了地方性法规以强制实施废弃物源头分类。与未实
施源头分类相比，源头分类垃圾提高了废弃物的回收利用率，北京在
未实施源头分类前的回收利用率约为 10%。图 3－7 为 2015～2020
年我国不同废弃物类型比例变化情况。废弃物回收涉及多方参与者，
而废弃物回收率又受到诸多因素的影响，如经济、社会和管理措施
等。然而，由于废弃物管理包含源头分类、废弃物收集、运输、处置
等诸多环节，且是一项复杂的系统工程。因此，仍然需要大量的研究
和实践工作以实现有效废弃物管理。

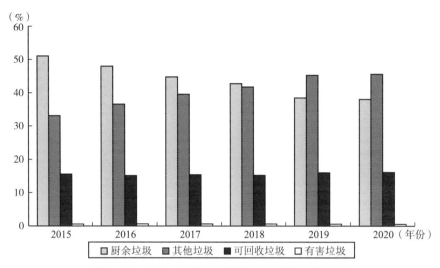

图 3 – 7 2015 ~ 2020 年不同废弃物类型变化情况

资料来源：前瞻产业研究院。

　　废弃物收集是废弃物管理的关键步骤，废弃物收集问题分为三类：商业废弃物、住宅废弃物和工业废弃物收集。商业废弃物是商店、餐馆、市场、办公室、酒店、汽车旅馆、印刷店、服务站、汽车维修店等活动产生的固体或半固体废弃物。一般来说，商业部门产生的最常见废弃物包括消费电子产品、电池、轮胎、白色家电、纸张、纸板、金属、塑料、木材、玻璃等。此外，关于废弃物收集运输问题，在商业废弃物收集中，车辆前往餐馆、写字楼、零售店、小型办公楼和其他商业场所以收集废弃物，该问题通常被建模为具有时间窗的车辆路径规划，因为商业客户常常需要物流运输商在规定的时间窗内收集废弃物（Benjamin & Beasley，2010）。然而，住宅废弃物收集涉及生活小区和私人住宅的废弃物处理，其中车辆沿着街道移动以收集住宅客户积累的废弃物。工业废弃物收集主要涉及建筑工地、市区和工厂等产生的废弃物。值得关注的是，大多学者在废弃物回收网络上投入了大量的研究工作，而很少涉及商业废弃物的收集路径研究。商业固体可回收废弃物具有重要的清运价值，然而现有的研究并不能完全解决商业固体可回收废弃物存在的不足，例如，商业废弃物分布范围广且以小批量为主，这些基本特征对商业固体可回收废弃物清运管理工作带来了挑战，需要探索更多理论和实践方法应用到商业固体可回收废弃物清运管理决策中，以实现高效的商业固体可回收废弃物清运。

另外，在碳中和背景下，全球许多国家都制定了实现碳中和的时间线，并通过多种法律法规、措施以促进环境的可持续发展（张莹、黄颖利，2022）。有效的废弃物管理方案能够为实现碳中和做出重要贡献。为促进废弃物管理的可持续发展，我国已经出台相应的法律法规，如2017年4月发布的《循环发展引领行动》、2017年10月发布的《关于推进资源循环利用基地建设的指导意见》、2018年7月出台了《固体废物污染环境防治法（修订草案）（征求意见稿)》和《关于创新和完善促进绿色发展价格机制的意见》。地方政府也结合自身实际情况出台了相应的政策及法规。此外，我国所倡导的"加强固体废弃物和城市垃圾分类处置"已上升到国家战略层面，废弃物分类回收利用的重要性和紧迫性被提上了新的高度，得到越来越多的关注。废弃物清运是废弃物管理中费用最高的一个环节，据估计，废弃物收集和运输可产生高达管理系统总成本的70%。因此，如何通过废弃物收集和柔性运输路径优化等技术手段来降低废弃物运输成本已经成为当前城市废弃物管理面临的一项重大课题。

商业废弃物运输具有以下几个特征（Shao，Xu & Huang，2020）：（1）以物流运输商为主。与生活废弃物相比，商业废弃物具有更高的回收价值。但是，由于商业废弃物通常需要高度专业化的运输车辆和处置设施，因此合格的运输商较少，这就使得商业废弃物运输通常以运输商为主。（2）零担运输。由于商业废弃物通常产生在人口密度高的商业集中区，这些地方由于土地资源短缺，不可能长时间储存商业固体可回收废弃物，而必须在规定的时间窗内运输，一辆运输车可能会多次访问同一商户，因此商业固体可回收废弃物运输呈现出高频、小批量的特点。（3）运输需求频繁。一个商家可能同时产生多种类型的商业固体可回收废弃物（如金属、废纸、轮胎和木材等），商家往往需要回收企业能够在给定时间窗内将全部品类的商业废弃物清运完，因此可能需要多种类型车辆（针对不同类型的商业废弃物）同时到达以完成废弃物清运。因此，这些特征让商业废弃物的清运变得更具有挑战性。

一、循环经济下的废弃物运输拍卖与优化研究现状

拍卖是经济学中一个重要的理论，是一种用于买进、卖出商品或服务的有效方法。简单来说，在一场拍卖中，每位参与者都可以报出自己愿意付出（得到）的价格，这就是所谓的"竞价"拍卖。拍卖是一种以竞价形式卖出物品或服务的一种交易方式（彭云龙、肖勇波，2021）。在拍卖市场，最重要的是为拍卖市场设计一种有利于买卖双方的市场交易机制。拍卖自诞生以来就被广泛使用，但其应用到经济学领域则相对较晚。维克里创新性地提出了拍卖理论（Vickrey，1961），并在拍卖理论分析方面做出了卓越的贡献，其中包括发展了著名收入等价定理的一些特殊情况。因此，维克里于1996年获得了诺贝尔奖。

通常来讲，常见的拍卖有四种模式，其中有两种是公开拍卖，分别是英式拍卖和荷式拍卖；另外两种是密封拍卖，分别是第一价格拍卖和第二价格拍卖（Krishna，2009）。由于这四种拍卖方法具有不同的特征，因此，在实践中其应用方式或规则不尽相同。公开拍卖通常要求投标人在同一地点出标，而密封投标可以是投标人通过互联网方式出价。英式拍卖通常由一个拍卖师主持，拍卖师首先给出一个底价，当在某次拍卖中有两个以上的投标人出价，且最后只剩一个投标人出价而其余投标人不出价，那么此次拍卖就结束。荷式拍卖是降价拍卖，即拍卖师首先给出一个最高价格，其次至少有两个的投标人参

与拍卖。如果参与者认为拍卖师给出的价格过高，则可以选择不叫停降价，那么当价格降到一定程度时，如果有参与者对这个价格感兴趣，那么拍卖就结束。第一价格拍卖相对简单，参与者只需要提交投标价格，拍卖师根据参与者的提交的价格确定其获胜者，价格最高的获胜并支付其出价。第二价格拍卖是参与者提交其出价，拍卖师确定价格最高的为获胜者，而其支付价格为参与者中出价第二高的价格。

拍卖理论在实践、经验和理论方面都很重要（李三希、王泰茗，2021）。首先，大量的经济交易是通过拍卖进行的。如鲜花、农产品和牲畜、艺术品和古董等通常通过拍卖出售。其次，由于拍卖具有简单和定义明确的经济环境特征，它们为经济理论提供了一个非常有价值的试验场地，特别是近年来被越来越多地利用的不完全信息博弈理论。最后，拍卖理论一直是许多基本理论工作的基础。

基于拍卖的运输服务采购问题在交通领域研究中得到了大量学者和实践人员的关注。近年来，围绕基于拍卖的运输服务采购问题主要包括两大类：第一种是基于顺序拍卖的动态运输服务采购，即买入订单（出货量）随时间随机到达，每个订单按顺序拍卖，由此产生了顺序拍卖的动态运输服务采购问题；第二种是基于组合拍卖的运输服务采购。接下来将对这两类相关文献进行回顾，以进一步了解当前基于拍卖的运输服务采购研究。

在第一类主流文献中，菲格利奥齐、马赫马萨尼和杰莱（Figliozzi, Mahmassani & Jaillet, 2007）研究在竞争和动态环境下定义的一类车辆路径问题的承运人定价决策，在竞争环境下的车辆路径问题中，承运人必须估计新服务请求动态到来时的服务增量成本，并构建了一个简单的例子来说明承运人在第一价格拍卖支付规则下的价格不一定反映运输请求的服务成本，然后提出了一种具有有限滚动范围的近似求解方法，并通过数值实验证明了提出的方法的有效性。加里多（Garrido, 2007）研究了在托运人的需求函数对运输服务价格有弹性的情况下，托运人在公开拍卖后将每批货物承包给一个承运人，托运人根据最佳投标价格选择承运人。由于承运人在为货物提供服务的过程中，经常会进行空载运输，空载给运输造成极大的浪费，因此，加里多试图将这些闲置的运力充分利用起来，以降低运输成本。为了分析实施物流现货市场对企业、本地承运人和过境承运人，以及各种系统参数的影响，一些研究建立两阶段的随机优化模型：首先在静态环境下建立拍卖模型，并根据参与拍卖的承运人数量和他们的成本分布确定预期拍卖价格；其次，开发了一个连续马尔可夫链模型，以评估系统在动态环境下的各种性能，包括随机到达和可能放弃的订单，并通过结合这两个模型，评估了各种性能指标，如预期拍卖价格、支付给承运人的价格、订单在本地和在途承运人之间的分布，以及长期在物流中心等待的承运人和订单预期数量。梅斯、范德海登和舒尔（Mes, van der Heijden & Schuur, 2009）考虑了一个由托运人和承运人组成的运输服务采购市场，托运人提供时间敏感的提货和送货工作，承运人则对这些工作进行投标，提出了两种策略，即延迟承诺和打破承诺。延迟承诺是指只要最佳出价高于某个底价，托运人就不会同意；而违背承诺则是托运人允许承运人违背承诺而受到一定的惩罚。此外，梅斯、范德海登和舒尔（2010）考虑了一个动态的整车取货和交货问题，并使用动态优化模型方法提出了一个基于机会的定价和调度模型。王雅娟等（2021）设计了基于多属性拍卖的运输服务采购机制，构建了运输服务市场采购社会福利最大化的分配模型。付秋芳等（2013）构建了基于双向运输服务拍卖定价模型，而邵嫄和索馨（2020）就运输服务市场中的承运人和托运人在不同报价下的成功概率，构建了基于双向拍卖的运输服务市场成交概率模型。宫晓婷等（2020）考虑航运服务中的多属性问题，构建了基于多属性拍卖的市场交易机制模型。

在基于组合拍卖的运输服务采购问题中，允许运营商对一个车道进行竞标。与基于顺序拍卖的运输服务采购不同，大多数组合拍卖是静态/单次的。将不同的车道组合成一个标的，使承运人能够实现有效的移动（Triki，2021）。这种在组合竞价中获得的经济效益反过来又使托运人采购成本降低，促使他们更积极地进行采购。孙和李（Sun & Li，2019）为多式联运服务采购问题设计了高效的双边拍卖交易机制。在多式联运服务采购问题中，每个托运人的运输需求可能包含不同车道上的一捆货物，而每个承运人提供的运输服务可能覆盖一个或多个车道，并提出了三种考虑交易成本的有效的双边拍卖机制。特里基和皮亚（Triki & Piya，2020）研究使用赢家确定问题来整合拍卖运输服务采购和与生产调度有关的决策，该研究构建了一个数学优化模型，并开发了两种启发式方法来求解。哈马米、雷基克和科埃略（Hammami，Rekik & Coelho，2021）研究了运输服务采购市场的投标构造问题，即在运输服务采购的组合拍卖中，每个承运人必须确定要竞标的合同集和对应的出价。为了降低运输服务成本及提高运输效率，李军和杨芳（2022）构建了基于多轮组合拍卖的双层非线性优化模型，上层以运输成本最小化为目标函数，下层则以承运人利润最大化为目标函数。

上述两类文献为运输服务采购问题作出了重要贡献。双边拍卖作为一种高效的资源分配方法，已经受到越来越多的关注。自迈克菲首次提出双边拍卖以来就被广泛使用（McAfee，1992）。黄、谢勒－沃尔夫和西卡拉（Huang，Scheller－Wolf & Sycara，2002）将电子市场视为一个多主体系统，定义了主体（买方和卖方）参与市场博弈的环境结构和规则，并设计了一种电子市场交易机制，并证明该机制在价格方面能够实现预算平衡。楚和申（Chu & Shen，2007）为电子市场交易开发了双边拍卖模型，即交易减少方法和多阶段设计相结合的方法，并比较了它们在各种交易环境中产生的性能。为了激发用户参与，李和霍（Lee & Hoh，2010）设计和评估了一种新颖的基于逆向拍卖的动态定价激励机制，该机制不仅降低了保留相同数量参与者的激励成本，而且还提高了分配效率和社会福利。法拉吉安和扎马尼法尔（Farajian & Zamanifar，2013）提出了一种市场驱动的连续双边拍卖方法，该方法使消费者能够订购各种资源，在所提出的方法中，消费者和供应商基于市场竞争、时间、机会和其他因素做出投标。实验结果表明，交易价格取决于市场供求关系，并且该方法在资源利用率方面是有效的。徐和黄（Xu & Huang，2013）提出了一种双边拍卖模型来研究动态单车道交通环境中的交通服务采购问题，他们首先为运输服务采购提出了双边拍卖，并且使用一种综合考虑可能的出价和询价的打包方法，设计了一种改进的双边拍卖来解决具有不对称需求和供应的运输服务采购。此外，他们还证明了这两种机制都能实现激励相容和渐近效率。黄和徐（Huang & Xu，2013）为双边交换运输市场设计了三种替代的多单位贸易减少机制，其中所有车道都划分为不同的市场。与基础多单位贸易减少机制相比，在买方增加的交易机制中，更多的买家/托运人获得交易；同样，在卖方增加机制中，更多的卖家/运营商在卖家增加机制中获胜。王雅娟和王先甲（2015）研究了双边市场中买家和卖家交易同质产品或服务的双边拍卖问题，并且该机制在个人理性、预算平衡、分配效率和真实出价方面具有优势。程、徐和黄（Cheng，Xu & Huang，2016）构建了多属性双边拍卖模型，其中供应商可以对一个项目的单个单元提交投标（即单一输出限制）；然后，放宽了单一输出限制，提出了一个多单元多属性双边拍卖。徐、黄和程（Xu，Huang & Cheng，2017）在针对双边交换的承运人协作问题上提出有效的市场机制，为一个单位的需求案例构建了捆绑双边拍卖，其中每个买方（运输服务购买者）提供的车道只需要被一卡车的货物覆盖一次。

为了解决可能出现的预算赤字，学者提出了基于需求方竞争填充法的双重拍卖，为了解决这种方法可能带来的社会福利扭曲问题，对拍卖机制中的拍卖分配和支付规则进行了修改（Xiao & Xu，2018）。研究人员将数量折扣引入 Vickrey – Clark – Groves（VCG）拍卖和双边拍卖模型，并将其应用于物流服务采购市场。对于只有一个客户的市场，设计了带有数量折扣的 VCG 拍卖，而对于有多个客户的市场，构建了一个社会福利最大化的模型，并提出了带有数量折扣的贸易减少的双边拍卖机制，并证明这两种拍卖机制都能保证激励相容性、个人理性、平衡预算和渐进效率（Liang, Wang, Huang & Jiang, 2020）。此外，也有学者研究了电子商务物流服务交易的真实、多属性、多单位双边拍卖机制设计问题，提出了一个多属性、多单位交易减少机制来解决分散设置中的问题。然后，设计了一个增强型多属性、多单位交易减少机制，以实现资源的公平分配（Yu, Huang, Chao & Yue, 2022）。为了解决获取代理人的信息并有效地匹配他们的供应和需求问题，学者提出了考虑异质性交易成本的改进多单位交易减少和 VCG 机制，该机制可以产生更大的社会福利，更多的交易代理，以及更大的交易量（Guo, Zhang, Cheng & Zhao, 2022）。表 3-3 列举了基于拍卖的运输服务采购主要文献。

表 3-3   基于拍卖的运输服务采购主要研究文献汇总

文献	方法	研究内容
梅斯、范德海登和舒尔（2009）	拍卖	构建基于拍卖的市场交易机制，提出了两种策略，即延迟承诺和打破承诺
李和霍（2010）	逆向拍卖	设计了基于逆向拍卖的动态定价激励机制
徐和黄（2013）	双边拍卖	为单车道环境中的运输服务采购设计了一种改进的双边拍卖方法
黄和徐（2013）	双边拍卖	为双边交换运输市场设计了三种替代的多单位贸易减少机制
孙和李（2019）	双边拍卖交易机制	在考虑交易成本情境下为多式联运服务采购设计有效的方法
哈马米、雷基克和科埃略（2021）	组合拍卖	解决运输服务采购市场的投标构造问题
王雅娟等（2021）	多属性拍卖	构建运输服务市场采购社会福利最大化的分配模型，并分析模型性能

随着时间的推移，越来越多的双边拍卖在实践中得以实施。如张钦红和骆建文（2009）构建了易变质品供应链双边拍卖模型，考虑了信息完全和信息不对称时的市场交易，给出了不同情景下参与者的出价策略，通过一个算例验证了提出方法的有效性和合理性。王雅娟和殷志平（2015）应用双边拍卖理论模型来处理排污权交易问题，参与者可以随时通过互联网出价，平台立即分配策略，并证明了该交易机制能够实现激励相容和社会福利最大化，从而实现污染治理成本最小化。孙和李（Sun & Li，2020）为中国北京环境交易所排放许可证重新分配问题设计了双边拍卖机制，构建了社会福利最大化模型，设计了三种交易机制，并证明了这些交易机制能够实现供需平衡，最后通过算例来验证提出交易机制的各种性能。此外，也有将双边拍卖应用到诸如能源交易、云计算资源分配（丁丁、罗四维和艾丽华，2012）、运输市场和停车位管理等环境。

上述文献毫无疑问丰富了运输服务采购和双边拍卖的理论和实践应用。在运输服务采购文献中，大多学者关注整车运输或零担运输。在双边拍卖相关文献中，双边拍卖能够实现个体理性、预算平衡、分配效率和激励相容性。因此，已经被广泛应用到双边交易市场中。然而，尽管双边拍卖具有广泛的应用场景，但迄今为止，还没有关于双边拍卖应用到废物运输服务采购市场的文献报道。事实上，由于商业固体可回收废物市场信息不足，导致回收商有时很难找到合适的运输商。随着互联网的渗透，使得废物运输服务在线拍卖变成现实成为了可能。

二、运输车队规模和路径相关研究

碳中和是指排放碳和碳吸收之间保持平衡（刘新建，宋中炜和吴洁，2023）。当企业、流程和产品等计算的碳排放量通过碳抵消项目进行补偿时，它们就会实现碳中和。图3-8表示碳中和概念示意图，即排放与吸收相等。此外，将二氧化碳从大气中去除，然后将其储存起来，这被称为碳封存。为了实现二氧化碳净零排放，全球所有温室气体排放都可以通过碳封存来平衡。二氧化碳等温室气体在大气中是均匀分散的，这意味着全球温室气体的浓度大致相同。就温室气体的全球浓度和温室气体效应而言，在地球上哪里产生或避免排放是无关紧要的。因此，当地无法避免的碳排放可以通过其他地方的碳抵消项目来抵消。例如，可以通过保护森林、植树造林或扩大可再生能源来实现。值得注意的是，无碳和碳中和这两个术语经常被混淆，然而，它们指的是气候行动的不同方面。无碳产品、服务或公司是指在制造、供应或运营过程中不产生任何碳排放的产品、服务或公司。事实上，目前还没有无碳产品的例子。相反，任何公司和任何产品都可以实现碳中和：首先根据其计算的碳排放量，公司可以支持经过认证的碳抵消项目，以抵消计算出来的排放量。

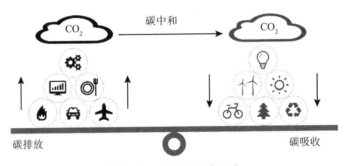

图 3 – 8　碳中和概念示意

虽然碳抵消市场是一个相对较新的市场，但越来越多的供应商在规范和自愿的原则下加入碳中和市场（Dhanda & Hartman，2011）。近年来，关于碳中和的文献呈现出爆发式的发展趋势，这可能与碳中和对全球气候变化的贡献有关。从长远来看，碳中和对改善全球环境的贡献是毋庸置疑的，但在实现碳中和的道路上，不仅要面临巨大的挑战，还要承担可能的综合风险。由于目前尚不清楚实现碳中和后会给城市带来什么样的变化，托泽尔和克伦克（Tozer & Klenk，2018）分析了未来可能实现碳中和的城市的社会和技术想象。为了确定城市温室气体减排目标对减缓气候变化的贡献，学者们对 327 个欧洲城市在当地气候计划中宣布的减排目标进行了比较分析，该样本涵盖了超过 25% 的欧盟人口，包括所有成员国及英国的各种规模的城市，结果显示，78% 的城市都制定了温室气体减排目标（Salvia, et al.，2021）。也有研究人员对选定的行业从业者进行了半结构化访谈，以确定促进或阻碍实现碳中和商业建筑发展的因素，其结果表明，缺乏对碳中和建筑的明确定义是实现这一目标的重大障碍（Jian，Read，Pullen et al.，2012）。陈和林（Chen & Lin，2021）通过实证研究确认碳交易对环境改善的贡献，认为碳交易是实现碳中和目标的有效政策工具。

然而，鲜有关于交通运输领域实现碳中和的文献。古普塔和加格（Gupta & Garg，2020）调查了交通运输部门实现碳中和目标所涉及的因素，并相信航空和货运部门的重大技术创新将有助于实现碳中和目标。学者介绍了交通运输业在不同背景下经历的一些演变和革命，涉及一些共同的碳中和与环境可持续性目标，在低碳交通基础设施、交通电气化和脱碳、智能交通系统管理这三个方面，新兴技术和政策的采用和实施推动了革命性的变革等（Li，Hao，et al.，2022）。为探讨交通运输业在减少碳排放方面的作用，苏、袁、陶等（Su，Yuan，Tao，et al.，2021）研究了新能源汽车与颗粒物（PM2.5）之间的关系，发现新能源汽车对改善空气质量有明显作用。沙菲伊、达维德 – 多蒂尔、利弗等（Shafiei，Davidsdottir，Leaver，et al.，2017）应用系统动力学模型研究交通运输部门和能源的发展路径，模拟交通运输部门实现碳中和的可能技术路线，该研究为未来能源政策的制定提供了参考。张和花冈（Zhang & Hanaoka，2022）建立了区域交通 – 能源一体化模型，分析了中国地面交通运输部门实现碳中和的长期路径和策略，并在避免—转变—改善框架下，基于众所周知的交通策略，创建了一组情景，从平衡角度设计的针对特定地区的"一揽子"政策有可能实现交通运输部门的深度脱碳。此外，一些学者也在探索各国实现碳中和的可能途径，如美国（Canter，2021）、中国（Koondhar，Tan，Alam，et al.，2021）、加拿大（Safton，2021）、瑞士（Li，Damartzis，Stadler，et al.，2020）、不丹（Yangka，Rauland & Newman，2019）、葡萄牙（Carvalho，Riquito & Ferreira，2022）等。毫无疑问，这些文献对改善全球气候作出了重要贡献。

在碳中和物流方面，帕兰德、哈维科、科特莱宁等（Palander，Haavikko，Kortelainen，et al.，2020）通过测算不同车辆容量的碳排放来确定运输公司最佳的车队规模和车辆尺寸，以实现林业的碳中和物流运输。企业也在为碳中和物流运输做出有益的尝试，如联邦快递（FedEx）的碳中和战略，其主要措施就包括降低飞机和运输车辆碳排放、采购新能源汽车、改善燃油汽车等。亚马逊（Amazon）实现碳中和的主要措施包括减少燃油汽车数量、提高新能源汽车使用比例以及提高燃油汽车燃油效率等，并承诺到2040年实现碳中和目标。

然而，虽然有利于实现碳中和的文献从建筑、交通、能源等领域进行了碳中和的研究，但这些研究忽略了企业如何通过有效的途径实现碳中和。此外，关于碳中和如何影响企业经营战略的文献很少。鉴于此，本章基于碳中和的角度研究运输商运营策略问题。因此，本研究可为运输商实现碳中和应用提供参考。

合理的运输网络规划可以减少废弃物运输过程中的碳排放，提高运输效率（张帆、马慧民，2022）。近年来，一些研究主要集中在废弃物运输网络规划及优化方面。例如，蒂尔科莱、阿巴斯和韦弗（Tirkolaee，Abbasian & Weber，2021）在考虑总运输时间和风险最小化的情况下，开发了感染性医疗废弃物运输的混合整数线性规划模型，并应用实际案例验证了模型的性能。王桂琴等（2010）基于地理信息系统构建了废弃物运输路径规划的多目标数学模型，考虑了运输距离、运输时间环境影响最小化目标。卡里米、赫基、加里比等（Karimi, Herki, Gharibi, et al., 2022）设计了一个区域废弃物管理系统，其中使用地理信息系统优化车辆路线和废弃物填埋场选择，并发现道路长度是影响废弃物运输的关键因素。有学者提出了一种废弃物收集和运输的综合地下物流系统，该系统以成本最小化和选址路线最多为目标函数进行优化，并用实际案例验证了模型的可靠性（Hu, Dong & Xu, 2022）。萨达特鲁、巴尔津普尔和亚格胡比（Saadatlu, Barzinpour & Yaghoubi, 2022）提出了一种新的可持续城市废弃物系统网络设计模型，以确定中转站位置、不同效率的废弃物转化能源设施、在源头进行废弃物分离的最佳流量分配。学者为电子废弃物收集构建了一个时间窗运输规划模型，该模型考虑了随叫随到和上门需求的综合场景（Pourhejazy, Zhang, Zhu, et al., 2021）。此外，也有研究人员分析当前建筑废弃物管理中存在的问题，如设施选址不合理、车辆路线混乱和载重不足，并开发了一种组合规划方法，将设施选址、订单排序和提高车辆装载率集成在一起（Bi, Lu, Zhao, et al., 2022）。将车辆运输中的回程和时间窗口问题整合到车辆路线规划模型中，并将模型转化为二次 0－1 规划模型进行求解（Yang, Ning, Shang, et al., 2020）。戈文达和戈利扎德（Govinda & Gholizadeh, 2021）研究了基于大数据的报废车辆逆向物流网络设计问题，以节省组织成本。甘贝拉、马乔尼和维戈（Gambella, Maggioni & Vigo, 2019）开发了两阶段优化方法以降低运输总成本，并为废弃物运输提供了合理的方案。赵、黄、李等（Zhao, Huang, Lee, et al., 2016）开发了多目标优化模型，解决了废弃物设施选址和危险废弃物运输问题，降低了成本和风险。为了降低医疗废弃物运输中可能存在的风险，塔斯里米、巴塔和权（Taslimi, Batta & Kwon, 2020）开发了一种基于启发式算法的优化方法。孙丽君等（2021）从研究的问题结构和应用领域两个维度对多车舱的车辆路径研究文献进行了综述。赵今越等（2021）构建了以成本最小化为目标函数的优化模型，并为其开发了一种新的求解算法。

与本章密切相关的主题是车辆路径规划相关研究，自丹齐格和拉姆塞尔（Dantzig & Ramser，1959）首次提出（Vehicle Routing Problem）VRP 以来，VRP 及其变体受到了广泛的学术关注。巴塔拉、埃尔多安和维戈（Battarra，Erdoğan & Vigo，2014）研究了容量约束下的 VRP，建立了聚类 VRP 的整数规划模型，并引入了两种精确求解算法。马尔科夫、瓦罗内和比耶莱（Markov，Varone & Bierlaire，2016）建立了复杂的可回收废弃物收集问题的优化模型和算法，并用实际数据验证了模型和算法的有效性。诺瓦科夫斯基（Nowakowski，2017）开发了电子废弃物回收的运输模型，但在该模型中并没有考虑碳排放。汉南、阿赫塔尔、贝古姆等（Hannan，Akhtar，Begum，et al.，2018）重点研究了废弃物收集路线的优化，提出了一种能够降低运输成本和环境影响的 VRP 优化模型。为解决多车场多行程 VRP 问题，学者建立了以总行驶时间为最小化目标的混合整数规划模型，提出了一种基于粒子群和遗传算法的混合算法（Zhen，Ma，Wang，et al.，2020）。

随着公众环保意识的增强，越来越多的文献关注低碳绿色 VRP 问题。为了研究汽车燃料消耗、碳排放与车辆路线规划之间的内在关系，学者们将燃料成本、车辆运营成本和碳排放成本纳入 VRP，构建了低碳 VRP 模型，并提出了改进的禁忌搜索算法来求解模型（Zhang，Zhao，Xue，et al.，2015）。之后，亚武兹和恰帕尔（Yavuz & Çapar，2017）研究了代用燃料汽车对物流车队运营管理的影响，建立了混合整数线性规划模型对 VRP 进行研究。结果表明，与里程最小化目标相比，碳排放和燃料成本等最小化目标更具优势，为研究绿色低碳 VRP 问题的必要性提供了依据。佩列蒂埃、贾巴里和拉波特（Pelletier，Jabali & Laporte，2019）考虑电动汽车运输模式下的 VRP，建立混合整数线性规划模型确定最优运输路径，开发基于大规模邻域搜索的两阶段启发式算法解决大规模问题。李、苏莱曼尼和佐哈尔

（Li，Soleimani & Zohal，2019）研究了多个停车场的绿色 VRP，同时兼顾收益最大化、成本、时间和碳排放最小化，并采用改进的蚁群算法对模型进行求解。牟能冶等（2022）构建了以成本最小化为目标函数的生活垃圾运输模型，在模型中同时考虑了多种车辆容量和多行程约束。

近年来，学者研究废弃物管理中的车辆路径问题已不鲜见，多数考虑节点路径和弧线路径这两类问题。事实上，近些年已有多篇关于废弃物清运的文献综述论文，如贝利恩、德博克和范阿克雷（Beliën，De Boeck & Van Ackere，2014），韩和庞塞－奎托（Han & Ponce Cueto，2015），吉亚尼、拉加纳、曼尼等（Ghiani，Laganà，Manni，et al.，2014），范英格兰、贝利恩、德博克等（Van Engeland，Beliën，De Boeck，et al.，2020）。废弃物收集问题通常具有车辆路线规划特征，重点关注废弃物分配、废弃物流和收集卡车的路线决策的优化。这种问题的核心是混合整数线性规划方法的开发和应用。为了最大限度地降低总运输成本并最大限度地提高回收收入，维达尔、克莱尼克、根德鲁等（Vidal，Crainic，Gendreau，et al.，2012）构建了两个子模型：第一个子模型是车辆从废弃物收集点到分类设施之间的车辆路径规划；第二个子模型旨在将废弃物从分离设施分配到一组回收厂或废弃物填埋中心，最后采用四种元启发式算法来确定最佳解决方案。为了有助于优化废弃物的收集和运输效率，布拉斯克斯和帕雷德斯—贝尔马（Blazquez & Paredes－Belmar，2020）通过考虑诸如总成本、总距离和总时间，以及不利的环境影响为目标函数，构建了优化模型。达斯和巴塔查里亚（Das & Bhattacharyya，2015）研究了废弃物收集和运输问题，以尽量减少包括收集、运输、处理和处置成本在内的总成本，实验结果表明，所提出的启发式方法可以帮助将总行驶距离减少 30% 以上。表 3 - 4 列举了废弃物清运管理中的车辆路径规划相关研究文献。

表 3 – 4　　　　废弃物清运管理中的车辆路径规划相关研究文献

文献	问题	方法
达斯和巴塔查里亚（2015）	废弃物运输优化问题	构建总成本最小化规划模型，考虑碳排放最小化
诺瓦科夫斯基（2017）	电子废弃物回收运输网络	构建了优化模型，但未考虑碳排放
汉南、阿赫塔尔、贝古姆等（2018）	废弃物收集线路优化	提出了一种能够降低运输成本和环境影响的 VRP 优化模型
佩列蒂埃、贾巴里和拉波特（2019）	考虑电动汽车运输模式下的 VRP	建立混合整数线性规划模型，开发基于大规模邻域搜索的两阶段启发式算法
霍克和亚尔辛卡亚（2021）	废弃物运输车辆路径优化	考虑垃圾中转站选址、车辆容量及车辆运输路线
刘和廖（2021）	废弃物收集车辆路径优化问题	构建优化模型，提出三阶段求解算法，同时考虑了碳排放最小化
卡里米、赫基、加里比等（2022）	车辆路径优化和废弃物填埋场选址	设计一个基于地理信息的垃圾管理系统

除了必须处理有关该问题描述的更多复杂性（如时间窗、车辆容量）外，许多研究仅使用单个优化模型来研究这一问题。维多维奇、拉特科维奇、比耶里奇等（Vidović, Ratković, Bjelić, et al., 2016）开发了一种新的混合整数线性规模模型，以最大限度地提高两级物流网络的利润，所提出的模型同时确定收集点的位置，此外，他们在模型中考虑了最终用户和收集点之间的距离对可回收物数量的影响、中间整合点（转运站）的位置和收集车辆的路线对模型的影响。最近，马赫穆索尔特尼、沙班达尔扎德和莫格达尼（Mahmoudsoltani, Shahbandarzadeh & Moghdani，2018）提出了一种用于废弃物管理优化的位置路由模型，该模型同时将总成本和运输风险作为目标函数纳入模型，由于该模型在大规模样本中的高度复杂性，使用了三个多目标进化算法来求解该模型。城市固体废弃物的收集、转移

和运输是市政当局最具挑战性的任务之一。合理的转运站可以提高系统性能并降低成本，霍克和亚尔辛卡亚（Höke & Yalcinkaya，2021）开发一种空间建模方法，用于研究废弃物转运站的最佳选址和经济影响，通过车辆路线问题建模，确定各种收集车辆容量、最佳转运站位置和废弃物收集路线。为了降低废弃物收集成本，实现城市可持续发展，刘和廖（2021）构建了一个以总成本最小化和碳排放最小化为目标的二级协同废弃物收集车辆路径优化模型，并开发了一种三阶段求解方法来求解该模型。沈凤武和刘犁（2014）考虑垃圾运输中的风险，构建了动态风险分配的网络优化模型，并给出求解算法和不同策略下的解决方案。马慧民和罗长见（2015）针对我国城市生活废弃物清运中的车辆调度问题，结合干扰管理的思想与遗传算法求解了带时间窗约束的非确定多项式（NP）难问题。张爽等（2019）考虑废弃物点废弃物量不确定因素，构建基于居民时间满意度的生活废弃物上门收运路线优化模型。

的确，先前的研究为本书的 CNVRP 和 MSCNVRP 模型构建奠定了坚实的文献基础。但是，从上述文献可以看出，绿色 VRP 模型虽然可以减少碳排放，但并不能同时保证实现碳中和。大多数绿色 VRP 研究都在模型中考虑了时间窗口、多个仓库和随机需求等约束条件下的成本和碳排放最小化，但很少有模型考虑以碳中和为目标或约束。此外，以往的研究大多没有考虑不同目标函数之间的关系。的确，政府可能会要求公司在一定的时间内实现其碳减排目标，然后公司会根据这些目标制订年度计划。然而，关于多阶段碳减排的文献非常有限。

三、废弃物设施选址相关研究

多准则决策（Multi-criteria decision making，MCDM）为具有定性和定量标准的评价问题提供了一种有效的方法。在 MCDM 问题中：

一是需要确定标准权重；二是需要确定备选方案排名。因此，本节将从标准权重确定方法、备选方案排名以及设施选址相关研究三个维度来进行文献回顾。

由于标准权重对备选方案的最终排名有重要影响，因此使用合适的方法来确定标准权重非常重要（Feng, Xu & Li, 2021）。一般来说，确定标准权重的方法有很多。根据计算标准权重时原始数据来源的不同，这些方法可以归纳为三类：一是主观权重法；二是客观权重法；三是组合权重法。

关于主观加权方法，有许多研究应用主观加权方法来确定评价指标的权重，例如层次分析法（Analytic Hierarchy Process，AHP）（Irfan, Elavarasan, Ahmad, et al., 2022）、网络分析法（Analytic Network Process，ANP）（Mokarram & Pourghasemi, 2022）以及决策实验与评估实验室法（Decision-making Trial and Evaluation Laboratory，DEMATEL）（Liang, Wang & Zhao, 2022）等。虽然作为主观加权方法的 AHP、ANP、DEMATEL 方法在确定标准权重方面存在某些缺陷，但这些方法仍然在确定标准权重方面具有优势。单连慧等（2022）、许琳和赵明星（2017）、万荣和阎瑞霞（2018）和梁蕾（2015）应用层次分析法来确定标准权重。为了反映各种标准之间可能的层次结构，万、徐和董（Wan, Xu & Dong, 2017）使用 ANP 来确定供应商选择中每个标准和子标准的权重。AHP 没有考虑不同决策层级或同一层级之间的相互影响，而只强调决策层级之间的单向层级关系，即下一级标准对上一级标准的影响。然而，在实践中，经常会遇到各种因素相互作用的情况。例如，在项目的不同研究阶段，每个专家的权重是不同的；同样，每个专家在项目研究的不同阶段对每个评价指标的评价也会发生变化。与 AHP 相比，ANP 考虑了各因素或相邻层次的相互影响，利用超矩阵综合分析相互作用和影响因素，并最终得到其混合标准权重。然而，当标准之间的相互关系不确定时，AHP 和 ANP 可能不适用。加布斯和丰特拉（Gabus & Fontela, 1972）提出的

DEMATEL 方法可以更好地处理因子与直接影响矩阵之间的逻辑关系。段尧清等（2022）应用 DEMATEL 方法对 12 个数据要素的属性进行了详细分析，并确定这些属性之间的关联度。张发明和王伟明（2020）集成后悔理论和 DEMATEL 开发了一种多属性语言决策方法。王伟明（2021）开发了基于三维密度算子的群体 DEMATEL 方法来计算标准权重。因此，该方法是一种有用的 MCDM 工具，已在安全管理（Yazdi，Khan，Abbassi，et al.，2020）、伦理风险影响因素（杨建武，2021）、产业化融资影响因素研究（孙伟，2020）、医院绩效管理（Jiang，Shi，Lin，et al.，2020）等多个领域得到应用。

客观加权方法包括主成分分析法（Kang，Duan & Li，2020）、熵权（Entropy Weight，EW）法（Ma，Shi，Zhang，et al.，2019）等。EW 法作为一种客观加权方法已被应用到许多研究领域。例如，为了避免主观因素，解决交叉效率的聚合问题，一些学者应用 EW 方法来确定标准权重（Song，Zhu，Peng，et al.，2019）。黄、谢勒-沃尔夫和西卡拉（Huang，Scheller-Wolf & Sycara，2018）应用 EW 方法计算各准则的权重，并通过与理想解的相似度（Technique for Order Preference by Similarity to Ideal Solution，TOPSIS）方法评估城市轨道交通系统的运营绩效。梅鑫南和王应明（2022）提出了基于 EW 方法和前景理论的交叉效率集成方法，并通过 EW 来计算标准权重。苏内什和西瓦普拉格什（Suneesh & Sivapragash，2021）应用等权法、EW 法和 AHP 来确定参数的权重。EW 方法相对简单易用，因此，EW 方法将用于确定客观标准的权重。

纵观上述文献，虽然采用 DEMATEL 和 EW 方法分别确定评价指标权重是合理的，但 DEMATEL 法并不能客观地反映指标的数据信息，因此得到的权重可能与现实情景有所不同。此外，尽管 EW 方法考虑了指标的数据信息，但忽略了决策者对指标的认知。因此，需要同时采用主观和客观方法来确定标准权重以减少风险。

首先，WASPAS 方法最早由扎瓦茨卡斯、图尔斯基斯、安图谢维琴等（Zavadskas，Turskis，Antucheviciene，et al.，2012）提出，该方法已广泛应用于制造业决策问题（Chakraborty & Zavadskas，2014）、供应商选择（Ghorabaee，Zavadskas，Amiri & Esmaeili，2016）、最优室内环境选择（Zavadskas，Kalibatas & Kalibatiene，2016）、零售商店绩效衡量（Ilbahar & Kahraman，2018）、第三方物流供应商选择（Pamucar，Chatterjee & Zavadskas，2019）、项目改进方案选择（Rudnik，Bocewicz，Kucińska – Landwójtowicz & Czabak – Górska，2020）和电站选址（Yücenur & Ipeki，2021）等。WASPAS 方法由加权和积模型组成，因此该方法具有明显的优势（Mishra，Singh & Motwani，2019b）。刘贵文等（2017）通过 AHP 方法来计算战略目标因素的权重，并通过 WASPAS 方法来确定备选方案的排序。刘培德和沈梦娇（2019）通过离差最大方法确定了海洋经济发展能力 16 个指标的权重，最后通过 WASPAS 方法来对选取的备选方案排序。为了解决具有模糊属性值的方案选择问题，图尔斯基斯、扎瓦茨卡斯、安图谢维琴等（Turskis，Zavadskas，Antucheviciene，et al.，2015）提出了模糊 WASPAS 方法来选择最佳购物中心建设场地位置。鲍西斯和尤达加尔维内（Baušys & Juodagalvienė，2017）将 WASPAS 方法扩展到单值中性智集，并将其应用到车库的位置选择。由于评价数据往往包含区间值模糊信息，米什拉与拉尼（Mishra & Rani，2018）将区间值直观模糊环境下的 WASPAS 方法进行了扩展，并将其应用于水库防洪管理策略。此外，也有将 WASPAS 方法推广到其他模糊环境的研究，如犹豫直觉模糊集（Mishra，Rani，Pardasani，et al.，2019a）、球形模糊集（Kutlu Gundogdu & Kahraman，2019）和直觉模糊集等。

其次，很少有研究考虑混合的决策信息。定性和定量标准通常包含在 MCDM 问题中。定量标准可以使用数值或区间数来表示，而定性标准很难用准确的数值来评估。因此，决策矩阵通常包含混合信息。然而，现有的 WASPAS 研究大多处理的是单一的决策信息，这可能导致与实际问题不一致。在 WASPAS 方法中，采用加权和模型与加权积模型来对备选方案分别计算得到结果后，再通过线性加权方法得到最终的备选方案排序。简言之，该方法同时具备加权和模型和加权积模型优势，能够降低决策失败风险。此外，WASPAS 方法操作简单，易于理解和应用，因此，本书采用 WASPAS 方法来对备选方案进行排序。

在许多大城市，停车一直是一个难题。研究表明，巡航停车会增加碳排放和交通拥堵（Liu & Geroliminis，2016；Van Ommeren，McIvor，Mulalic，et al.，2021），而日常中的停车是一项重要的经济活动。为了缓解大城市停车问题，文献中提出了各种方法来提高停车效率。对于选择巡航还是支付停车费的问题，舒普（Shoup，2006）提出了一个关于司机如何选择巡航还是付费的模型，它预测了几个结果：如果路边停车便宜，远离路边停车贵，燃料便宜，那么司机更可能选择巡航。刘琳等（2010）构建了环保车车场选址优化模型，并通过混合随机搜索算法来求解该模型。为减少车辆巡游造成的交通挤塞问题，学者开发了两种实时停车定价策略，为使用数值研究的停车管理系统提供了有价值的见解（Gu，Najmi，Saberi，et al.，2020）。纳吉米、波斯塔纳拉和拉希迪（Najmi，Bostanara & Rashidi，2021）将行为定价公式集成到基于智能体的仿真模型中，以分析实际停车问题。陈峻等（2000）研究了停车场选址问题，首先分析停车场选址评价指标，然后构建了多目标优化模型，并应用实例来验证了模型的有效性。王姝春等（2009）研究了与路边停车场相协调的室内停车场选址问题，构建了多目标优化模型，并应用遗传算法对模型求解。刘曼等（2017）为路边公共停车场选址构建了位置分配优化模型。

上述文献的重点是有关车辆如何选择停车位和定价的问题。然而，关于废物运输车辆停靠位置选址的文献则有限。杰洛卡尼—尼阿拉基和马尔切夫斯基（Jelokhani – Niaraki & Malczewski，2015）将地理信息系统和多标准决策分析集成到一个平台，以选择停车场的最佳位置。考虑到选择停车场地点的经济、社会和环境标准，卡扎齐－达拉尼、阿克巴里 - 埃斯拉米、贾巴里等（Kazazi Darani，Akbari Esla-mi，Jabbari，et al.，2018）应用层次分析法和 TOPSIS 对公共停车场进行选址。因为公共停车场在降低城市停车难度方面起着重要作用，法尔赞马内什、纳埃尼和阿卜杜拉（Farzanmanesh，Naeeni & Abdullah，2010）利用地理信息系统和模糊逻辑为其选择最佳位置。在确定选址准则后，阿利尼亚伊、亚拉马迪、扎林等（Aliniai，Yarahma-di，Zarin，et al.，2015）应用 MCDM 方法选择最合适的公共停车场选址。菲耶尔克、比扬扎克和兹穆达 - 特尔泽比亚托夫斯基（Fi-erek，Bieńczak & Zmuda - Trzebiatowski，2020）采用加权平均法和层次分析法对 15 个停车场候选位置进行评价，并根据这两种方法得出的排序结果来选择最佳位置。

四、循环经济下的废弃物运输拍卖与优化框架

拍卖的实质是参与者之间的竞争定价，拍卖最终的价格由竞争的方式决定。而这背后隐藏着不同的参与者之间对物品估值的信息差异，即信息不对称，这种不对称性既体现在不同竞标人之间，也体现在竞标人与卖方之间。卖方通过拍卖报价等收集更多信息，促使卖方找到最需要或者价格最高的买方，实现资源的有效配置的同时提升收益。

假设有 N 个买方参与一个商品的竞价，买方对商品的估值在 $[\underline{v}，\bar{v}]$ 上服从 $f(v)$ 的估价概率密度分布且属于公开信息，竞拍者 i 的估值为 v_i，在独立私有价值模型下有以下五个假设：（1）私有价值，即对每一个竞拍者 i，他只了解自己的估值 v_i 以及其他剩余竞拍者的估价概率密度分布 $f(v)$；（2）独立性，即所有参拍人的估值是相互独立的，每一个参拍者的估值不受其他人估值的影响；（3）风险中性，即所有的参拍者和拍卖方都是风险中性的；（4）非合作博弈，即所有的参拍人都是独立地决定自己的定价策略，不存在共谋和串谋

等行为；（5）对称性，即每个竞拍估价服从同一概率密度函数。

符合以上五个假设的模型成为独立私有价值模型，其中私有价值、独立性和对称性描述了非对称的信息环境，而风险中性和非合作博弈是对博弈双方的风险态度和参拍者的行为加以约束。在该模型假设下，维克瑞基于博弈论的分析框架提出了收益等价定理。独立私有价值模型约束较为严格，因此在放松独立性的假设后，威尔逊和米尔格雷姆等学者提出了公共价值模型。

1. 公共价值模型

公共价值模型是在独立私有价值模型基础上放松独立性的假设，认为在该模型下，各竞拍者之间的估值与商品的公共价值相关，受公共价值影响，具有统一的目标值。但是所有买主都拥有对目标值猜测的私人信息，某一买方如果了解到其他买方的信息，则会改变对标的物的估价，在独立私有价值模型中，买方不会因为对手的信息而改变。

在公共价值模型中，对所有的竞拍者而言，拍卖品有一个共同的价值 v，但是在拍卖时，他们并不知道 v 的具体大小，$v \in [\underline{v}, \overline{v}]$ 是一个随机变量，概率分布和度函数分别是 $G(v)$ 和 $g(v)$。同独立私有价值模型一致，第 i 个参拍者的估值是 v_i，属于个人独立信息，$v_i \in [a, b]$，且服从条件概率分布 $H_i(v_i|v)$。公共价值模型中竞拍者是通过拍卖品的共同价值 v 来调整自己估值的大小。虽然各个参拍者的估值在 v 的条件下是相互独立的，但是他们并不是无条件独立的，而是受拍卖品的共同价值 v 相互影响。这也是公共价值模型和独立私有价值模型之间最大的区别之处。

公共价值模型与独立私有价值模型分别是两种极端，实际拍卖往往介于独立私有价值模型和公共价值模型之间。米尔格罗姆和韦伯（Milgrom & Weber）建立了一种更一般化的模型，称之为关联价值模型。

2. 关联价值模型

关联价值模型是介于独立私有价值模型和公共价值模型之间的一种模型。竞拍者 i 的估值为 v_i，竞拍者之间的估值并非相互独立，而是取决于剩余竞拍者的私人估值和其他一些不确定的因素，即竞拍者 i 的私人信息受到其他竞拍者私人信息的影响，从而使所有的竞拍者之间的估值相互影响、相互关联，因此称之为关联价值模型。

随着研究的成熟，关联价值模型的应用越来越广泛。假设有 N 个竞拍者竞买一个不可分的物品，x_i 表示竞拍者对物品了解的信息，则 $x = (x_1, x_2, \cdots, x_N)$。令 $s = (s_1, s_2, \cdots, s_m)$ 表示物品的实际价值向量，卖家可以观察到 s 的部分信息，但是竞拍者无法了解到任何信息，因此，商品对竞拍者的实际价值不仅依赖于他自己的私人信息，还依赖于在拍卖中他不能观察到的其他人的私人信息和商品的价值信息。竞拍者对商品的估价定义为 $v_i(s, x)$，当 $m = 0$，$v_i = x_i$ 时，模型变为独立私有价值模型；当 $m = 1$，$v_i = s_i$ 时，模型则变为公共价值模型。

2020 年诺贝尔经济学奖由两位来自美国的经济学家保罗·米尔格罗姆（Paul R. Milgrom）和罗伯特·B. 威尔逊（Robert B. Wilson）获得，获奖理由为"对拍卖理论的改进和发明了新拍卖形式"。这个奖被许多研究者称为"迟到 20 年"的诺奖。事实上，拍卖理论回答了经济学中最基本的问题：谁应该以什么价格得到商品。近几十年来，拍卖理论的研究引起了学术界热切的关注。同时在日常生活中拍卖理论的应用也十分常见，并且这些应用实例又进一步激发了学者对拍卖理论的研究兴趣。在具体的研究中，拍卖理论经常被用来检验博弈论。除此之外，可以通过对简明易懂的拍卖模型的分析，轻松地理解经济学领域内在复杂的机理与性质。因此，对于资源配置和定价的研究，越来越多的研究者热衷于采用拍卖方式来处理。

最优拍卖是从卖方的角度定义的最优，指的是通过拍卖的方式使得拍卖方获得最大的预期收益。根据收益等价原理，将最优拍卖机制的设计转换为买家最优保留价格的选择问题。但相关前提条件较严格，即出价最高的竞拍者胜出交易，且投标者出价服从的分布为同一分布函数。最优拍卖机制必须满足的收益等价原则。一般来说，如果拍卖规则规定出价最低（或最高）的投标者从买方（或卖方）处获得资源，那么，多单元拍卖就是标准的拍卖（Krishna，2009）。毫无疑问，第一价格和第二价格的拍卖机制在这个意义上都是标准的。其中第一价格拍卖机制指的是所有竞拍者提交自己的报价，出价最高的竞拍者胜出支付其自身的报价；第二价格拍卖机制中依旧是出价最高的竞拍者获得资源，但支付价格为第二高的出价。

在基于拍卖机制的资源分配与定价过程中，资源提供方作为拍卖方，资源需求方作为竞拍，N 个风险中性的竞拍者，N 为正整数且具有分布函数 $F(\cdot)$ 的离散随机变量，竞拍者在竞拍前不知道他们的竞争对手是谁。拍卖方在开展拍卖时也无法观察竞拍者的数量 N。每个竞拍周期内的竞拍者数量在周期之间是独立的。每个竞拍者提供一个保留价值 $v_i(1 \leq i \leq N)$，保留价为私人信息，在区间 $[v_-, v^+]$ 上独立同分布，分布函数为 $G(\cdot)$，密度函数为 $g(\cdot)$。设定 v 表示价值的向量，假设 v 从拍卖的上一个周期到下一个周期为独立，因此在每个周期中存在一个独立的配对 (N, v)。本节考虑一个单周期的多单元（数量为 q）逆向拍卖机制，多个资源供给方和一个需求方，其中每个竞拍者最多对一个单位的资源进行投标。分配函数 I 可被表示为：

$$I_i(v_i, v_{-i}) = \begin{cases} 1, & \text{如果 } i \text{ 被分配资源} \\ 0, & \text{如果 } i \text{ 未被分配资源} \end{cases} \tag{3-9}$$

收益等价原则指的是具有风险中性和对称的投标人的期望支付（或收益）是相同的，即满期望支付满足：

$$P[I | (N, v)] = E_{N,v} \left[\sum_{i=1}^{N} J(v_i) I_i(v_i, v_{-i}) \right] \tag{3-10}$$

其中，$J(v) = v + \dfrac{1}{g(v)/G(v)}$，其中 $\dfrac{g(v)}{G(v)}$ 为分布函数 $G(v)$ 与密度函数 $g(v)$ 的逆向风险函数，$J(v)$ 则为投标人的价值函数。最优拍卖机制可以通过选择期望支付和其他相关成本最小的分配 $I^*(\cdot)$ 来实现。

定理 3-1：在第一价格拍卖机制中，对于竞拍者 i 来说一个对称均衡出价策略 $\beta^I(v_i)$ 可表示为：

$$\beta^I(v_i) = \frac{\int_{v_i}^{v'} y\tau(y)\,\mathrm{d}y}{1 - \Gamma(v_i)} \tag{3-11}$$

其中，Γ 为 $(N-1)$ 个服从第 $N-q$ 高的顺序统计量 $Y_{N-q}^{(N-1)}$ 的分布函数。N 个出价服从竞拍者中最大的顺序统计量的分布 $Y_1^{(N)}$ 的分布函数可记为 $G^n(y)$ 代表所有收取的变量都小于 $Y_1^{(N)}$ 的概率，因此 $\Gamma(v) = \sum_{N=1} \left\{ \sum_{j=0}^{q-1} \binom{N-1}{j} [1 - G(v)]^j [G(v)]^{N-1-j} \right\} f(v)$，相应密度函数 $\tau(v) = \dfrac{\partial \Gamma(v)}{\partial v}$。根据最优拍卖原理，策略 $\beta^I(v_i)$ 代表期望的支付价格，记为：

$$\beta^I(v_i) = E_{(N,v)}\left[Y_q^{(N-1)} \mid Y_q^{(N-1)} > v_i \right] \tag{3-12}$$

由于采用逆向拍卖机制，因此 $Y_q^{(N-1)}$ 表示 $N-1$ 个出价中第 q 低的顺序计量，即为第 $N-q$ 高的顺序统计量。竞拍者胜出竞标的概率可表示为：

$$\Pr\left[Y_q^{(N-1)} > v_i \mid N \right] = 1 - \sum_{j=0}^{q-1} \binom{N-1}{j} [1 - G(v)]^j [G(v)]^{N-1-j}$$

$$\tag{3-13}$$

因此，结合式（3-4）和式（3-5）根据条件期望均衡出价策略 $\beta^I(v_i)$ 可表示为：

$$\beta^I(v_i) = \frac{E_{(N,v)}\left[Y_q^{(N-1)},\ Y_q^{(N-1)} > v_i \right]}{\Pr\left[Y_q^{(N-1)} > v_i \right]}$$

$$= \frac{\int_{v_i}^{v^*} y\tau(y)\,\mathrm{d}y}{1 - \Pr[Y_q^{(N-1)} \leqslant v_i]} \qquad (3-14)$$

由于第一价格拍卖机制的出价策略并非真实价格，第二价格拍卖机制的最重要的激励相容属性即竞标者出价真实为最优策略，第二价格拍卖机制在实践中被广泛应用。如美国的国库券拍卖和美国通信频道的经营许可证拍卖都借助了第二价格拍卖机制，同时获得了很好的成绩。

定理 3-2：第二价格拍卖机制中竞拍者出价真实为最优策略。

在具有时空差异性的资源分配与定价过程中，利用第二价格拍卖机制可实现分配及最大化卖方期望收益，能够促进市场的良性竞争，最大化利用有限的资源。对于竞拍者 i 假设 $p = \max v_{j \neq i}$ 为所有报价中最高的价格。如果竞拍者 i 的出价 $v_i \geqslant p$，那么竞拍者 i 胜出拍卖赢得资源，如果 $v_i < p$，则得不到资源。假设出价策略 $\beta''(v_i) < v_i$，当 $v_i > \beta''(v_i) \geqslant p$ 时，依旧可以获得资源，其润为 $v_i - p$。如果 $p > v_i > \beta''(v_i)$，依旧不会获得资源。此外，如果 $v_i > p > \beta''(v_i)$，也不会获得资源。同理，假设 $\beta''(v_i) > v_i$，当 $p > \beta''(v_i) \geqslant v_i$ 时，依旧不会获得资源。当 $\beta''(v_i) > v_i > p$ 时胜出拍卖，其利润为 $\beta''(v_i) - p$，但由于真实价为 v_i，因此实际利润依旧为 $v_i - p$。当 $\beta''(v_i) > p > v_i$，竞拍者 i 会胜出拍卖，但此时利润 $p - v_i < 0$。因此当竞拍者的报价高于其真实价 v_i 时将承担失败的风险，低于停车位竞拍者的真实价 v_i 报价并不会增加其利润，还可能使利润降低。因此，当价值为 v_i 的竞拍者 i 的最优出价策略为真实价且期望支付为：

$$E[\beta''(v_i)] = \Pr[\text{胜出拍卖}] \times E[\text{第二高的报价} | v_i \text{是最高报价}]$$

$$= G^{N-1}(v_i) \times E[Y_1^{(N-1)} | Y_1^{(N-1)} < v_i] \qquad (3-15)$$

其中，$Y_1^{(N-1)}$ 为除竞拍者 i 以外 $N-1$ 个竞拍者中最高的价值，即为 $N-1$ 个报价的最大顺序统计量，$Y_1^{(N-1)}$ 的分布函数应为 $G^{N-1}(\cdot)$，对应的密度函数为 $g^{N-1}(\cdot) = m(\cdot)$。

第二价格拍卖机制的最优策略为出价真实，且实现最大化期望收益。这里分析一个经典的有效分配机制——VCG机制，该机制能够实现最大化社会福利。资源提供者作为拍卖方，资源需求者作为竞标方根据资源的可用时段提交一个异或（exclusive OR，XOR）标——意味着每个驾驶员在出多个标的情况下最多只有一个标胜出，每个投标包含该驾驶员需要的资源的时段组合及其对应的报价。竞拍者 i 能够提价的最高价格为 $v_i(t)$，其中时段 $t \in T$，且 $v_i(t)$ 为竞拍者 i 的私人信息。每个竞拍者都期望最大化自身的效用 $u_i(t) = v_i(t) - p_i(t)$，假设 $u_i(\cdot)$ 为拟线性，即当竞拍者不参与资源竞拍时 $u_i(\cdot) = 0$，参与时效用则与出价相关，其中 $p_i(t)$ 为根据 VCG 机制竞拍者 i 的最终支付。社会福利从拍卖方与竞拍方两方出发，可看成竞拍者的效用与拍卖方的效用总和。利用单边 VCG 拍卖机制实现资源的分配的与定价，资源供给方为拍卖方，资源需求方则为竞拍方，最大化社会福利的整数规划模式可表示为：

$$\text{IP:} \max \sum_{\varphi \in \phi} x(\varphi)[V(\varphi) - C(\varphi)] \qquad (3-16)$$

$$\text{s. t.} \sum_{\varphi \in \phi} x(\varphi) \leqslant 1 \qquad (3-17)$$

$$x(\varphi) \in \{0, 1\} \qquad (3-18)$$

其中，φ 表示一个可行的分配，目标方程为最大化社会福利，其中 $V(\cdot) = U(\cdot) + P(\cdot)$，因此式（3-8）为最大化竞拍者总效用与拍卖方总利润；式（3-9）说明同一个资源在某次分配中只能被分配一次；式（3-10）中表示 $x(\varphi)$ 是否被选中，选中为1，否则为0。

用 $\pi(I)$ 表示目标方程的值，$\pi(I \backslash i)$ 表示将竞拍者 i 从拍卖过程中移除后目标方程的值，拍卖的具体过程体现为：

第一，每个竞拍者 i 提交一个密封的价值函数 $v_i(t)$ 给拍卖方；

第二，拍卖方对任一可行分配 φ 确认成本 $C(\varphi)$；

第三，拍卖方通过求解目标方程确定赢家集合 $I(\varphi) \in I$，其中 φ

为一个实现 $\pi(I)$ 的有效分配;

第四,每个竞拍者 i 对资源在 t_i 时段的 VCG 的支付价格为 $p_i(t_i) = v_i(t_i) - [\pi(I) - \pi(I\backslash i)]$,其中竞拍者的效用为 $u_i(t_i) = \pi(I) - \pi(I\backslash i)$,拍卖方的效用为 $u_{auctioneer} = \sum_{i \in I(\varphi)} p_i(t_i) - C(\varphi)$。

定理 3 - 3:在单边 VCG 拍卖机制中,真实报价为最优出价策略。

当竞拍者 i 出真实价 $v_i(t_i)$,支付的 VCG 价格为 $p_i(t_i) = v_i(t_i) - [\pi(I) - \pi(I\backslash i)]$,其中 $\pi(I) = V(\varphi) - C(\varphi) = \sum_{i \in I(\varphi)} v_i(t_i) - C(\varphi)$。

如果竞拍者 i 出价为 $\hat{v}_i(\hat{t}_i)$,对应的支付价格为 $\hat{p}_i(\hat{t}_i) = \hat{v}_i(\hat{t}_i) - [\hat{\pi}(I) - \pi(I\backslash i)]$,其中 $\hat{\pi}(I) = V(\varphi') - C(\varphi') = \sum_{r \in I(\varphi')\backslash i} v_r(\hat{t}_r) + \hat{v}_i(\hat{t}_i) - C(\varphi')$。

假设除去 i 以外的竞拍者 $I\backslash i$ 出价真实,如果真实价 $v_i(t_i)$ 不是最优策略,则有:

$$v_i(t_i) - p_i(t_i) = u_i(t_i) < \hat{u}_i(\hat{t}_i) = v_i(\hat{t}_i) - \hat{p}_i(\hat{t}_i)$$

$$\Leftrightarrow \pi(I) - \pi(I\backslash i) < v_i(\hat{t}_i) - \{\hat{v}_i(\hat{t}_i) - [\hat{\pi}(I) - \pi(I\backslash i)]\}$$

$$\Leftrightarrow \pi(I) - \pi(I\backslash i) < v_i(\hat{t}_i) - \{\hat{v}_i(\hat{t}_i) - [\sum_{r \in I(\varphi')\backslash i} v_r(\hat{t}_r) + \hat{v}_i(\hat{t}_i) - C(\varphi') - \pi(I\backslash i)]\}$$

$$\Leftrightarrow \pi(I) - \pi(I\backslash i) < [\sum_{r \in I(\varphi')\backslash i} v_r(\hat{t}_r) + v_i(\hat{t}_i)] - C(\varphi') - \pi(I\backslash i)$$

$$\Leftrightarrow \pi(I) < [\sum_{r \in I(\varphi')\backslash i} v_r(\hat{t}_r) + v_i(\hat{t}_i)] - C(\varphi')$$

这与分配 φ 为实现 $\pi(I)$ 一个有效的分配相矛盾。说明出价真实才能实现竞拍者及拍卖方整体效用即社会福利最大化。

拍卖机制设计的主要目标有四个:分配效率(allocation efficiency)——分配策略能使社会福利最大化;激励相容(incentive compatible)——真实竞价实现了贝叶斯 - 纳什均衡,对于竞拍者出价真实才可获得最优效用;个体理性(individual rationable)——所有参与拍卖的参与者都具有非负效用;(弱)预算平衡(budget balance)——拍卖方的收益是非负的。根据上节中机制的分析与证明可以得到第一价格拍卖机制不满足激励相容，但第二价格拍卖机制实现激励相容。VCG 拍卖机制实现社会福利最大化并能够实现有效的资源分配。

此外值得注意的是，第一价格拍卖机制与第二价格拍卖机制虽然在性质上有所差异，但著名收益等价原理指出两个拍卖机制的收益是相同的。根据式（3-6）和式（3-7），收益等价定理具体体现为：两类拍卖集中竞拍者的期望支付等于 $E[\beta^{I/II}(v_i)] = \int_0^v \beta^{II}(v_i)g(y)\mathrm{d}y$，可得到 $E[\beta^{I/II}(v_i)] = \int_0^v [\int_0^y zm(z)\mathrm{d}z]g(y)\mathrm{d}y$，交换积分顺序，$E[\beta^{I/II}(v_i)] = \int_0^v (\int_z^v g(y)\mathrm{d}y)zm(z)\mathrm{d}z = \int_0^v z(1 - G(y)m(z)\mathrm{d}z)$，因此拍卖方的期望收益为人数与竞拍者期望支付的乘积 $E[R^{I/II}(v_i)] = F(\cdot)\int z[1 - G(y)m(z)\mathrm{d}z]$，根据 3.2.1 中顺序统计量的计算，可得到 $E[R^{I/II}(v_i)] = E[Y_2^{(N)}]$。因此，两种拍卖机制中卖家的期望收益都等于第二高价格的期望。

近年来，大多学者采用拍卖方法来研究运输服务采购问题。考虑到市场环境的不同，有采用单边（Vickery - Clarke - Groves，VCG）、双边拍卖和组合拍卖的研究，由于拍卖理论具有广泛的应用场景，并且其一个关键特征是不对称信息的存在。在完全信息的情况下，大多数拍卖模型都比较容易解决。然而在不对称信息市场情境中，采用拍卖理论可以诱导参与者真实出价，从而反映市场价值。因此，本章在研究商业固体可回收废弃物运输服务资源分配与定价问题时，可采用拍卖理论。因为拍卖理论的目标就是要确保社会福利最大化，实现个人理性，并且鼓励参与者真实投标，从而实现激励相容。另外，由于商业固体可回收废弃物运输需要专业的车辆和设施，因此商业固体可回收废弃物运输通常以物流运输商为主，且符合运输要求的物流运输商较少，较少的商业固体可回收废弃物运输商使得废弃物运输市场以运输商为主，容易形成市场垄断，从而可能损害回收商的利益。鉴于此，采用基于拍卖理论的市场交易机制设计方法能够真实反映其市场价值。接下来，本节将简单介绍单边 VCG 和双边拍卖的理论模型。

假设有一家大型运输服务公司（平台）有 Y 个单位的运输服务资源可以出售，而有 n 个需要运输服务需求的买家，每个买家 i 的需求为 X_i，且其投标价格为 s_i，$\varphi_i = 1$ 表示买家 i 成为获胜者；而 $\varphi_i = 0$ 表示买家 i 并没有成为获胜者，那么其赢者确定模型如下：

$$\max \sum_{i=1}^{n} s_i \varphi_i \qquad (3-19)$$

$$\text{s. t. } \sum_{i=1}^{n} X_i \varphi_i \leqslant Y, \qquad (3-20)$$

$$\varphi_i^h = \{0, 1\}, \qquad (3-21)$$

$$X_i \geqslant 0, \quad \forall i, h \qquad (3-22)$$

上述模型为 VCG 拍卖的基础赢者确定模型，在求解该模型之后可以得到获胜的买家，然后就可以通过机制设计来确保拍卖的一些基本属性，如激励相容、预算平衡和个人理性等。显然，买家 i 的投标价格 s_i 对于大型运输服务公司（卖家）来说是未知的，但是卖家可以通过历史数据来进行估计，并得到买家 i 的投标价格 s_i 的概率 $f_i(s_i)$。假设买家 i 的投标价格在区间 $[s_i^-, s_i^+]$ 上连续均匀分布。那么，可以使用累计分布函数来表示买家 i 的投标价格的概率，即 $F_i(s_i) = \int_{s_i^-}^{s_i} f_i(t)\,dt$。买家之间的出价是相互独立的，因此，买家对运输服务的投标价格 $S = (s_1, s_2, \cdots, s_n)$ 服从概率分布函数 $f(S) = \prod_i f_i(s_i)$。假设最终成交价格为 P，那么获胜买家 i 的期望效用 u_i 可以表示为 $u_i = s_i - P$，明显地，$u_i \geqslant 0$，因此 $s_i \geqslant P$，这表明获胜买家 i 的支付价格不会超过其出价。在实践中，需要通过有效的机制设计来确定交易价格 P，而 VCG 拍卖中，常用的机制有第一价格和第二价格。

在单边 VCG 拍卖中，假设有 n 个买家，且买家 i 对产品或服务的估值在区间 $[s_i^-, s_i^+]$ 上服从 $f(s_i)$ 分布，这个分布函数对所有买家都是已知的，那么独立私有价值模型有以下几点基本假设条件：（1）对于任何一个买家 i 而言，只知道其估值 s_i 和其他买家估值的分布函数 $f(s_i)$；（2）所有买家都是相互独立的，且对产品或服务的估值互相不受影响；（3）所有的参与者都是风险中立的；（4）在 VCG 拍卖中，所有的买家自主决定其出价，不会在拍卖中出现串谋等行为；（5）每个买家的估值为同一概率密度函数。这些假设条件中描述了不对称信息环境和参与者的行为等，在此假设条件下维克瑞提出了收益等价定理。

与单边 VCG 拍卖类似，在双边拍卖理论中，首先需要构建赢者确定模型以确定获胜的买家和卖家。假设在具有 m 个买家（回收商）和 n 个卖家（运输商）组成的垃圾运输服务采购市场中，买家 $i(i \in I)$ 需要购买 X_i 个单位运输服务需求，卖家 $j(j \in J)$ 有 X_j 个单位运输服务可以提供。每个买家和卖家都有对运输服务的保留价值。假设 b_i 和 c_j 分别表示买方和卖方的私有保留值。此外，令 $\hat{b}_i$ 和 $\hat{c}_j$ 分别为买家 i 和卖家 j 提交的出价。事实上，$\hat{b}_i$ 和 $\hat{c}_j$ 可能等于或不等于 b_i 和 c_j。那么在双边拍卖中的赢者确定基础模型如下：

$$\max \sum_{i=1}^{m} \sum_{j=1}^{n} (\hat{b}_i - \hat{c}_j) q_{ij}, \qquad (3-23)$$

$$\text{s. t.} \sum_{j=1}^{n} q_{ij} \leq X_i, \qquad (3-24)$$

$$\sum_{i=1}^{m} q_{ij} \leq Y_j, \qquad (3-25)$$

$$q_{ij} \geq 0. \qquad (3-26)$$

事实上，可以轻松求解上述线性模型以确定获胜的买家和卖家，然而尽管模型中并没有出现具体的成交价格，但是这并不代表成交价格对买家和卖家的预期效益无影响，因此如何确定交易价格以实现激励兼容、个人理性和预算平衡是双边拍卖中需要重点解决的问题。在双边拍卖中，假设最终交易的买家支付的价格为 p_b，而最终交易的卖家将收到平台支付的价格为 p_s；最终交易的买家 i 的效用为 $u_i = \hat{b}_i - p_b$，而最终交易的卖家 j 的效用为 $u_j = p_s - \hat{c}_j$。显而易见，平台要从买家和卖家之间的交易中获利，那么 $p_b > p_s$，在此条件下，交易获得成功；否则，交易失败。

鉴于拍卖在实践应用方面具有重要的现实意义，能够提高商业固体可回收废弃物运输市场资源配置效率，确保废弃物运输服务采购市场公平交易。当然，商业固体可回收废弃物运输有自身的特征，比如运输商数量少和运输距离影响成本的特征。本章将拍卖理论应用到商业固体可回收废弃物运输服务采购市场中，提出了双边拍卖基础模型，然后根据回收点与运输商之间距离关系，提出了 SM – MTR 机制理论；然后考虑到运输商数量少而形成的单边环境，提出了 O – VCG（oneside Vickrey – Clarke – Groves）拍卖，最后本章为商业固体可回收废弃物运输服务采购提出了单边和双边环境下的集成拍卖机制理论。

在构建了废弃物运输服务采购理论模型（即确定由谁来运输回收商的可回收废弃物）之后，需要确定运输商最优车队规模和运输路径。本节首先简单介绍车辆路径优化基础知识，然后介绍几种常见的车辆路径优化理论模型。车辆路径优化模型用于优化车辆的行驶路径和车队规模等，以使运输商的运输总时间、成本、距离等达到最优。该模型广泛应用于物流配送、城市交通管理、公共交通等领域。通常来说，车辆路径优化在模型中需要注意以下几点：（1）车辆出发位置、途经位置和终点位置；（2）根据路况、交通拥堵情况、时间等约束因素，选择最优的运输路线；（3）根据车辆的数量和运输需求，合理安排车辆的出发时间和路线；（4）根据货物的种类、数量和重量等因素，合理安排车辆的装载和卸载。在实际应用中，车辆路径优化模型还可以结合地理信息系统、交通流量监测系统、智能交通系统等技术，实现实时监测和调度，提高运输效率和降低成本。接下来介绍 VRP 问题的基本模型。

假设商业固体可回收废弃物收集点的集合为 $C = \{1, 2, \cdots, n\}$，那么所有的点的集合为 $N = \{0, 1, 2, \cdots, n, n+1\}$，假设所有车辆都是同质的，且数量为 k，容量为 Q，每个垃圾收集点 i 的运输需

求为 q_i，点 i 到点 j 的距离为 d_{ij}。假设决策变量 $x_{ij}=1$ 表示车辆从点 i 到点 j；否则，$x_{ij}=0$。决策变量 y_i 表示车辆到达点 i 时的累计装载量。因此，考虑距离最短的基础 VRP 模型如下：

$$\min D = \sum_{i=0}^{n+1} \sum_{j=0}^{n+1} x_{ij} d_{ij}, \tag{3-27}$$

$$\text{s. t.} \sum_{i \neq j, j=1}^{n+1} x_{ij} = 1, \forall i \in C \tag{3-28}$$

$$\sum_{i \neq f, i=0}^{n+1} x_{if} = \sum_{f \neq j, j=1}^{n+1} x_{fj}, \tag{3-29}$$

$$\sum_{i=1}^{n} x_{0i} \leqslant k, \tag{3-30}$$

$$q_i \leqslant y_i \leqslant Q, \quad \forall i \in N \tag{3-31}$$

$$y_i + x_{ij} q_i - y_j \leqslant Q(1 - x_{ij}), \quad \forall i, j \in N \tag{3-32}$$

$$x_{ij} = \begin{cases} 1 \\ 0 \end{cases}, \quad \forall i, j \in N \tag{3-33}$$

目标函数（3-19）表示的是运输距离最小化，在实际应用中，可以将目标函数替换成其他形式，如成本，时间等；公式（3-20）和公式（3-21）表示每个废弃物回收点都确保被服务一次；公式（3-22）表示被使用的车辆数量不超过最大的车队规模；公式（3-23）确保车辆装载量不超过其容量；公式（3-24）确保不会形成子回路。上述模型为具有同质车辆类型的 VRP 模型，然而上述模型有缺陷，很难拓展应用到其他现实场景，而且也不知道每一辆车的具体行驶路径。在上述参数符号基础上，增加车辆集合 $K = \{1, 2, \cdots, K\}$，决策变量 $x_{ijk}=1$ 表示车辆 k 从点 i 到点 j，否则，$x_{ij}=0$；决策变量 $y_{ik}=1$ 表示废弃物回收点 i 被车辆 k 服务，否则，$y_{ik}=0$。接下来介绍一种改进的基础模型：

$$\min D = \sum_{i=0}^{n+1} \sum_{j=0}^{n+1} \sum_{k=1}^{K} x_{ijk} d_{ij}, \tag{3-34}$$

$$\sum_{i=0}^{n} x_{ifk} = \sum_{j=1}^{n+1} x_{fjk} = y_{fk}, \forall k \in K, \forall f \in C, \tag{3-35}$$

$$\sum_{k=1}^{K} y_{ik} = 1, \ \forall i \in C, \tag{3-36}$$

$$\sum_{i=1}^{n} q_i y_{ik} \leqslant Q, \ \forall k \in K, \tag{3-37}$$

$$h_{ik} - h_{jk} + q_j \leqslant Q(1 - x_{ijk}), \ \forall i, j \in C, \ i \neq j, \tag{3-38}$$

$$q_i \leqslant h_{ik} \leqslant Q, \ \forall i \in C, \tag{3-39}$$

$$x_{ijk} = \begin{cases} 1 \\ 0 \end{cases}, \ \forall i, j \in N, \ k \in K, \tag{3-40}$$

$$y_{ik} = \begin{cases} 1 \\ 0 \end{cases}, \ \forall i \in N, \ k \in K. \tag{3-41}$$

式（3-27）表示每个废弃物回收点有进有出且只能被同一辆车服务一次；式（3-28）表示每一个废弃物回收点都被一辆车服务过，其余的公式与上述公式中的约束类似。上述模型可以衍生出许多变体，比如考虑时间窗、考虑需求不确定性、考虑顾客退货等现实约束。那么本章在上述基础理论模型基础上，考虑了政府对碳排放的惩罚成本和引入了碳中和约束，构建了 CNVRP 和 MSCNVRP 模型，为车辆运输问题做出了理论贡献。

由于复杂的现实因素，在确定废弃物运输路径和运输规模之后，需要对运输车辆停靠位置进行优化。常用的设施位置选址方法包括优化模型和多属性决策模型。本节先介绍传统的位置分配优化模型，然后再介绍多属性决策模型。

设施选址是一种常见的运筹学问题，它涉及如何在给定的地理区域内选择最佳的位置来建设一个设施，如工厂、仓库、医院、学校等。设施选址问题通常需要考虑多个因素，如交通便利性、土地价格、人口密度、环境影响等。运筹学方法可以帮助决策者在这些因素之间做出权衡，以达到诸如成本、距离等最优的选址方案。考虑设施选址中的覆盖问题，假设需求点的集合为 I，$i = (1, 2, \cdots, I)$，潜在的备选设施位置为集合 J，$j = (1, 2, \cdots, J)$，潜在的备选设施位

置 j 的成本为 c_j，$b_{ij}=1$ 表示潜在备选设施位置 j 能够覆盖需求点位置 i，否则，$b_{ij}=0$；决策变量 $x_j=1$ 表示选择备选设施位置 j，否则，$x_j=0$。因此，成本最小化的最大覆盖设施选址问题的基础理论模型如下：

$$\min \sum_{j=1}^{J} x_j c_j \qquad (3-42)$$

$$\sum_{j=1}^{J} b_{ij} x_j \geqslant 1, \ \forall \, i \in I, \qquad (3-43)$$

$$x_j = \begin{cases} 1 \\ 0 \end{cases}, \ \forall j \in J. \qquad (3-44)$$

目标函数（3-34）表示总成本最小化；约束（3-35）确保所有的需求点都能被覆盖。在此模型基础上，可以增加更多现实约束以满足实际建模要求。上述模型能够精准定量分析，然而不能捕捉选址中的定性标准，因为选址中通常涉及诸如经济、社会和环境因素中的定性标准，而传统优化模型很难描述定性标准，因此，传统的位置分配优化模型不适合本章的设施选址问题。

在应用多属性决策模型中，首先需要构建备选方案的评价标准体系，这对于设施选址来说至关重要，因为一个全面系统的评价标准体系能够大大降低选址失败的风险。其次不同的标准重要性不一样，因此在构建好评价标准之后，需要通过科学合理的方法来确定标准权重，而常用的确定标准权重方法包括主观和客观权重法。在确定标准权重之后，就需要对备选方案排序。

多准则决策方法和传统的位置分配数学模型相比，多准则决策方法的优势在于：（1）能够考虑到多个因素之间的影响关系，更全面地评估决策方案的优劣；（2）能够反映不同利益相关者的需求和偏好，更加公正和客观；（3）能够提供多种决策方案的选择，更加灵活。但是，多准则决策方法需要收集大量的数据和信息，对数据的质量和准确性要求较高，评估结果可能存在主观性和不确定性。此外，传统的位置分配优化方法可以通过建立数学模型，对备选决策方案进行量化分析，以便更加科学和客观，且通过对模型的优化和求解，得到最优的决策方案，提高决策的效率和准确性。但是，传统的位置分配优化方法在建立数学模型时需要对问题进行简化和抽象，可能会忽略一些重要的定性因素和影响，模型的结果可能存在误差和偏差，需要进行合理的修正和调整。

第五节　本 章 小 结

人们日益认识到，在规划和实施可持续消费方面不断发展的愿景和行动，是比普遍的线性（获取、制造、处置）经济模式更好的替代方案。它为帮助组织实现可持续发展绩效的突破提供了巨大的潜力。近年来，越来越多的智能应用逐渐在各行各业得到开发和运用，但这一前景广阔的学术研究却相对滞后。本章首先提供了智能废弃物管理的定义，有助于激发和指导进一步的研究。其次，智能使能技术在提高废弃物管理绩效方面具有巨大潜力，但在实施过程中存在许多障碍。中国是世界上最大的发展中国家，在废弃物管理方面面临着巨大的挑战。再次，本章采用了一种混合方法，先根据对经验丰富的从业人员的访谈列出障碍清单，然后通过一种名为模糊 DEMATEL 的科学优先级排序技术量化这些障碍的因果关系。这种方法比简单的定性或定量方法更可信。最后，这项研究具有重要的理论意义。它肯定了利益相关者理论和 RBV 对可持续发展研究的意义。它强调了一个重要的研究方向，即消费电子废弃物管理必须与产品和供应链设计一起解决，以实现材料的循环性、更有效地利用能源，并加快向公平、可持续、宜居的消费电子社会转变。由于文化影响着废弃物管理技术的采用方式，因此有必要扩大对不同国家和文化的障碍以及克服这些障碍的方法的研究。随着循环经济在中国的进一步实施，智能废弃物管理的障碍可能会随着时间的推移而发生变化，因此有必要在未来更新该研究。本章基于对三个具有代表性的利益相关者的障碍的定量分析，这三个利益相关者是技术提供商、技术用户（一家房地产开发和建筑公司），以及一个政府机构（负责环境保护和废弃物管理）。未来的研究必须考虑通过大规模的调查来检验相关的理论命题。

当前，"加强固体废弃物和城市垃圾分类处置"已经上升到国家战略层面，废弃物分类回收的重要性和紧迫性被提上了新的高度，已得到广泛关注。废弃物清运作为废弃物管理中重要的环节，废弃物收集和运输可产生高达系统总成本的70%。废弃物清运管理过程中存在诸多问题，这些问题阻碍了废弃物清运管理的可持续发展。因此，如何通过废弃物收集、运输服务资源分配和柔性运输路径优化等技术手段来降低废弃物运输成本已经成为当前城市废弃物管理的重大需求。本章同时提出用于刻画现实问题的具体模型，为利益相关者提供高效可持续的经济收益和管理建议。在全球倡导"废弃物回收循环利用"背景下，本章研究对废弃物清运管理工作做出的有益尝试，解决了废弃物清运管理中的具体问题，为实现高效废弃物运输服务提供了参考。

第 四 章

循环经济下废弃物收集同步拍卖研究

在研究了循环经济下废弃物供应链管理之后，本章研究废弃物收集行业的零担运输服务采购（Transport Services Procurement，TSP），托运人提出小批量的要求，单一承运人优化收集路线以实现最大利润。在提出的基于拍卖的废弃物收集同步（Auction-based Waste Collection Synchronization，A–WCS）机制中，承运人充当拍卖者，决定赢得竞标者和相应的付款，而托运人充当竞拍者。由于以承运人为中心，承运人必须整合多个零担运输请求，以提供具有成本效益的服务。此外，一个托运人（如建筑工地）可能会产生多种类型的废弃物，并且非常希望得到同步服务，这就需要专门用于不同废物类型的多个车辆接近同时到达。同步化有利于防止重复处理，并将造成的干扰降到最低。

第一节 引 言

全球每年的固体废弃物总产量约 170 亿吨，预计到 2050 年这一数字将达到 270 亿，这使废弃物收集和回收成为一个严重的问题（Glushkov，Paushkina，Shabardin，et al.，2019；Karak，Bhagat & Bhattacharyya，2012；Rabbani，Farrokhi-asl & Rafiei，2018）。然而，相关的运输成本占废弃物收集活动产生的所有运营成本的 80% 以上

（Tavares，Zsigraiova，et al.，2009）。因此，迫切需要有效的方法来提高废弃物收集物流的效率。香港的商业废弃物收集物流现状推动了该研究的发展，其具有以承运人为中心、零担运输（Less-than-truck-load，LTL）和多商品等特点。（1）以承运人为中心。相对于城市废弃物，商业废弃物显示出更大的回收价值，或者出于对环境和安全的考虑，必须进行收集。此外，这类废弃物需要高度专业的车辆和处理设施。因此，合格的运输商的数量仍然是个位数（环境保护部门，2017年），而到2018年，仅在香港同时存在的建筑工地就达1500个（Turner & Townsend，2018）。与许多其他运输服务市场不同的是，商业废弃物收集物流经常以承运人为中心进行管理。（2）LTL。由于像香港这样的大都市土地供应短缺，人们非常需要频繁地清除废弃物。极高的人口密度对危险和污染物的及时收集带来了更大的压力。因此，需求呈现高频率和低数量等特点。一辆卡车通常会到多个有LTL需求的地点，以充分发挥其能力。（3）多商品。一个商业客户可能同时产生多种类型的废弃物（例如，惰性材料、金属、玻璃和拆除废弃物都可能在一个建筑工地产生）。客户希望得到同步服务，因此需要多辆车（针对不同的废弃物类型）几乎同时到达进行废物收集，这有利于防止重复处理。同时，对公共活动造成的干扰也可以降到最低。

目前，将物流服务外包给第三方承运人已是各行各业的普遍做法。拍卖是TSP问题中最常用的方法之一（Lafkihi，Pan & Ballot，2019）。尽管过去几十年在基于拍卖的TSP方面做出了大量努力，但其中大部分都集中在整车（TL）服务的交易上，其中航运请求经常被称为车道或O-D对（Jothi Basu，2015）。然而，为了满足市场对快速交付小型货物的需求，托运人和承运人都希望能够找到一种确定零担货物合理费率的方法，以提高市场响应速度。

A-WCS问题至少在两个方面与目前所有的研究不同。一方面，基于以承运人为中心的结构，本章提出了一种针对零担货物需求的单边拍卖机制。承运人决定一些托运人的中标价，这与大多数单边拍卖的方式完全相反，在单边拍卖中，托运人充当拍卖者。在传统的 TL 拍卖中，托运人需要众多在不同车道上具有各自优势的承运人来满足其需求。然而，在 A－WCS 中，承运人整合了来自多个托运人的零担运输要求，以充分利用车辆的能力。考虑到废弃物收集物流行业以承运人为中心的模式，建议采用以承运人为拍卖方，托运人为竞拍方的单边拍卖方式。从市场机制设计的角度来看，根据每个客户的"边际贡献"来决定支付价格是比较公平和合理的。另一方面，同步性要求首次被纳入基于拍卖的零担运输 TSP 中，所有车辆必须在同一时间窗口内到达。此外，由于支付意愿与服务水平密切相关，允许客户进行多次竞标，每次竞标都有不同的同步水平（定义为时间窗口的持续时间）和竞标值。一旦投标被拍卖者选中，所有的到达都应在中标声明的时间窗口内进行。因此，拍卖者（即承运人）需要确定一个可以实现最大利润的分配，同时确保所有中标的同步性。

文献中对基于拍卖的零担运输 TSP 的忽视可能是由于以下两个原因：一个潜在的原因是零担运输的风险，如货物损坏、盗窃和其他形式的损失。然而，上述风险在废弃物运输中得到明显改善，特别是当一辆车专门用于运输单一类型的废弃物时。另一个可能的原因是，传统的招标书主要是处理几年内的长期运输需求。然而，由于需求变化更快，显然必须考虑在线拍卖来满足零担运输需求。近年来，也有企业为即时零担运输需求运行这种拍卖平台。随着供应链活动和相关技术的发展，基于拍卖的零担货物 TSP 表现出实际的必要性和可行性。

解决 A－WCS 的困难源于两个组合优化问题的结合：上层的拍卖分配和下层的车辆路径。为了解决现实中的大小问题，我们提出了一个变邻域禁忌搜索（variable neighborhood tabu search，VNTS）算法，其中变邻域搜索（variable neighborhood search，VNS）被用来在不同的分配中进行搜索，而禁忌搜索（tabu search，TS）则被嵌入指定分配下的成本效益路线的构建。本章创新性地利用拍卖分配来构建VNS 的邻域结构，并通过简单地改变前一次分配中不同数量的元素来改变搜索深度。此外，为了进一步提高 VNTS 的性能，在 TS 和 VNS 之间建立了内部联系，并设置了一个自适应的阈值机制，以确定哪些初始解有足够的希望被 TS 进一步提高。最后，TS 的终止条件包含了 VNS 在上层的当前搜索深度。

与大多数考虑以托运人为中心结构的单边拍卖不同，商业废弃物收集行业表现出以承运人为中心的模式，因此提出的机制旨在解决承运人的赢家确定问题，第一，通过将时间窗口纳入出价来考虑托运人的同步要求。单边维克里 - 克拉克 - 格罗夫斯（O - VCG）机制可以鼓励托运人进行真实的投标，并为双方获得公平的支付，因此从长远来看，可以使市场受益。第二，针对极具挑战性的 A - WCS 问题，设计了一种有效的两层 VNTS 算法。此外，还介绍了包括自适应阈值机制在内的几种细化技术。第三，进行了一系列的计算研究来验证提出的算法质量，获得了一些对从业者的管理意义，对市场规模、任务复杂性、客户分布模式和拍卖频率的变化所造成的影响有了深入的了解。

第二节　废弃物收集研究现状

在废弃物管理方面，有两种车辆路径规划（Vehicle Routing Problem，VRP）：节点路径问题和弧形路径问题。对于节点路径问题（Markov，Varone & Bierlaire，2016；Rabbani，Farrokhi-asl & Rafiei，2016），车辆从一个仓库出发，预计将访问一组客户，收集废弃物并返回废弃物处理中心或仓库。弧形路径问题（Cortinhal，Mourão & Nunes，2016；Tirkolaee，Mahdavi & Esfahani，2018）经常与家庭有关。车辆需要沿着所有的弧线（如街道）访问大量的家庭以收集废弃物。除此之外，文献中还涉及滚装滚卸车辆路由问题，基于此问题，垃圾事先被储存在容器中，车辆到达后直接用空容器替换装载的容器。然而，上述研究采用集中式方法来处理废弃物管理领域的路径问题。很少有研究从 TSP 的角度考虑废弃物管理问题，特别是使用博弈论和拍卖设计等分散式方法。因此，本章提出了基于拍卖的机制，用于商业废弃物收集行业的零担运输 TSP。

考虑到日益激烈的竞争环境，很大一部分企业已经决定将非核心业务，特别是物流活动，承包给独立的第三方。最近，学术界和产业界对 TSP 的机制越来越关注。随着互联网的普及和通信技术的发展，拍卖已经被认为是 TSP 的一个主要方法（Lafkihi, Pan & Ballot, 2019）。在拍卖中，一方（通常是需求方，称为托运人）明确运输需求（通常称为车道），而另一方的多个参与者（主要是供应方，称为承运人）相应出价。然后，一个在线机制自动决定赢家和付款。从竞价结构的角度来看，对基于拍卖的 TSP 的研究可以分为单边拍卖和双边拍卖。在前者中，承运人或托运人出价，另一方在收到出价后对分配结果作出决定。一般来说，承运人扮演着投标人的角色，通过对运输请求的组合提交投标加入竞争。托运人作为拍卖者，通过解决赢家确定问题（Winner Determination Problem，WDP）来决定获胜的出价。雷姆利和雷克（Remli & Rekik，2013）在单边组合拍卖中解决了 WDP，并考虑到了不确定的运输量。为了获得稳健的结果，他们提出了一个两阶段的稳健公式，并通过约束生成法解决。一些学者对不确定需求背景下的单边拍卖中的 WDP 进行了调查，其前提是一个更普遍的确定性模型，并采用中心极限定理的方法，在历史数据的基础上构建运输需求的不确定性集（Zhang, Yao, Friesz & Sun, 2015）。

近年来，双边拍卖越来越受到研究者的关注，它能使托运人和承运人同时出价。加里多（2007）设计了一个现货市场上灵活需求的双重拍卖方案，托运人的需求根据运输服务的价格而变化。为了充分利用其过剩的运力，特别是在回程中，承运人可能会提供较低的价格来刺激托运人的额外需求。双重拍卖机制在提高过剩运力的利用率方面是有效的。同时，托运人承担的总体成本也降低了。徐和黄（2013）提出了动态单线需求和供应背景下 TSP 的定期密封双重拍卖，其中拍卖者接受买方和卖方的出价，并定期清理市场。研究发现，在短期内，缩短拍卖长度会给拍卖者（第三方平台）带来更多的利润。然而，有一种观点认为，拍卖者应该进行相对较长的拍卖，并减少清算市场的次数，以增加承运人和托运人的效用，并在长期收入方面给平台带来好处。

对基于拍卖的 TSP 的研究也可以根据竞价项目进行分类，如单项拍卖和多项拍卖（也称为组合拍卖）。一条车道在多个运营商之间进行拍卖，为此将在竞标车道上部署一个运营商。同时交易整组车道并最终将其分配给同一中标承运人的做法也可被视为单项拍卖。单项拍卖的好处包括：从操作的角度来看，供应商的选择很容易实现，而且在需求上升的时候，供应也很稳定（Caplice & Sheffi，2003）。相比之下，首先由拉森提、史密斯和布尔芬（Rassenti，Smith & Bulfin，1982）提出的多项目拍卖允许每个承运人对车道的组合进行竞价。其次由于运输途径之间的协同作用，承运人对捆绑运输而不是单个车道有强烈的偏好。巴苏、巴伊和帕拉尼亚潘（Basu，Bai & Palaniappan，2015）解决了零担服务的承运人分配问题，其中考虑了组合出价，以有效避免不需要的空驶。数值结果显示了应用组合拍卖在降低总成本和碳足迹方面的优势。

也有研究解决了基于拍卖的承运人协作问题，即联盟内承运人之间的横向协作，通过请求交换来集体优化其物流操作。也有学者研究了卡车取送服务中的承运人协作问题，提出了一种迭代式拍卖机制，并证明，当承运人保持关键信息的私密性时，只产生很小的效率损失，然而通过请求交换可以实现显著的利润改善（Lai，Cai & Hu，2017）。甘斯特尔和哈特尔（Gansterer & Hartl，2018）研究了一些运营商之间横向合作中的捆绑生成问题。正如作者所称，捆绑物的大小很大程度上影响了组合拍卖的计算效率。由于潜在的捆绑物的大小随着交易通道的数量呈指数级增长，作者提出了一种基于遗传算法的方法来生成有希望的捆绑物，以减少捆绑物的大小。最近，甘斯特尔、哈特尔和索伦森（Gansterer，Hartl & Sörensen，2019）研究了一个基于拍卖的承运人合作问题，其中运输请求在若干承运人之间交换之前被捆绑，以进一步提高整体盈利能力。研究发现，组合拍卖机制可以避免关键信息的泄露。在不完全信息下，让拍卖者而不是承运人来设计捆绑，可以实现利润的显著增加。虽然 TL 服务吸引了最多的关注，但一些研究人员解决了 LTL 服务的承运人合作问题，其中典型的小批量取货和送货任务在一组承运人之间交换（Chen，2016；Li & Zhang，2015）。

本章解决零担运输系统中承运人方的赢家确定问题。与大多数为托运人中心结构提出的单边拍卖不同，商业废物收集行业表现出以承运人为中心的模式，因此提出的单边 O - VCG 机制使承运人能够从一组托运人中确定中标价。此外，与现有的基于拍卖的 TSP 文献相比，在基于拍卖的零担运输服务采购中考虑了同步要求，其动机是商业废物收集业的多商品需求。对定向运动问题的研究也与本章的工作表现出一定的相关性。定向运动问题在文献中也被称为有利润的车辆路由问题或选择性车辆路由问题，允许运输者决定为哪些客户提供服务以获得最大利润。在古纳万、刘和范斯坦韦根（Gunawan，Lau & Vansteenwegen，2016）最近完成的工作中可以找到对定向运动问题的全面回顾。一个重要的区别是，在本章的研究中，客户的选择是以社会福利最大化为目标的，对每个赢家的相应支付由 O - VCG 机制决定。从市场机制设计的角度来看，根据每个客户的"边际贡献"来决定支付价格是比较公平和合理的。此外，事实证明，基于拍卖的废物收集同步机制可以鼓励托运人真实投标，实现社会福利最大化。从长远来看，这对市场都是有利的。

第三节　废弃物收集同步问题描述和模型构建

本章考虑一个由单一运输商（即承运人）和若干客户（即托运人）组成的废弃物收集网络。客户的需求以零担运输为特征，因此，一辆车可以访问多个客户，以充分利用其能力。此外，同一客户可能产生多种类型的废弃物，每种废弃物都必须由特定类型的车辆运输。为了提供同步服务，不同类型的车辆需要在同一时间窗口内到达。客户通过密封投标的方式向运输商宣布需求。每份标书包括每类废弃物的需求信息、所需时间窗口和投标价格。如果每个客户接受不同的同步水平，允许他/她提交一个以上的投标，其代价是不同的付款。请注意，同一客户的所有出价中，需求都是相同的。然后，运输者作为拍卖者，以社会福利最大化为目标，决定获胜的出价。一旦一个客户被选为赢家，所有的需求都需要得到满足，所有的车辆都必须在赢家出价的同一时间窗口内到达。图 4 – 1 展示了一个 A – WCS 问题的说明性例子，其中有一个可能的拍卖结果的拍卖：客户 1 出了两次价，运输商选择了时间窗口 ［10：00，12：00］。要求三辆车在选择的时间窗口内到达。由于客户 5 没有赢得拍卖（即他/她的出价都没有被运输商选中），没有车辆被分配给客户。

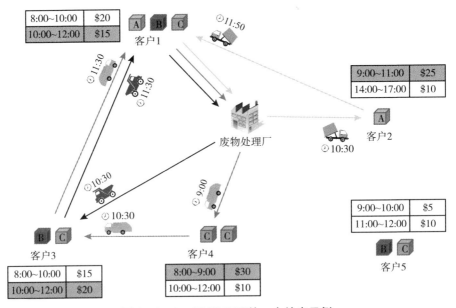

图 4 – 1　A – WCS 问题的一个拍卖示例

H 代表客户集，$v_h(t)$ 表示客户 $h \in H$ 在时间窗 t 内的价格。尽管 $v_h(t)$ 是客户 h 的私人信息，但所有客户在拍卖中都说实话。每个客户都是自我服务的，并争取最大的净效用 $u\_h(t)$，其中 $u_h(t) = v_h(t) - p_h(t)$，$p_h(t)$ 是指客户的实际支付。

设 Ψ 为可行分配的集合，ψ 为可行分配，$\psi \in \Psi$。一个可行的分配意味着，在每种废弃物类型的车辆数量有限的情况下，运输者可以满足所有的约束条件。设 $H(\psi)$ 为分配 ψ 的中标客户集合，$V(\psi)$ 为中标客户的价值之和，其中 $V(\psi) = \sum_{h \in H(\psi)} v_h(t_h)$。为了使总运输成本最小化，运输者需要确定一组路线，在满足各种约束的情况下，为顾客集合 $H(\psi)$ 服务。例如，图 4 - 1 给出了一个可行的分配方案，其中运输商为客户 1、2、3 和 4 提供服务；三条路线覆盖了有同步要求的四个客户 $H(\psi)$；所选投标的总价值 $V(\psi)$ 为 \$90（= \$15 + \$25 + \$20 + \$30）。

$C(\psi)$ 为分配 ψ 的真实成本函数。给定 $C(\psi)$，运输者做出尝试，找到一个有效的分配，使社会福利最大化 $\sum_{\psi \in \Psi} x_\psi [V(\psi) - C(\psi)]$，其中 $x_\psi \in \{0, 1\}$ 表示是否选择分配 ψ。

通过解决以下整数程序（IP - 1），可以得到有效的分配：

$$\text{IP} - 1 : \max \sum_{\psi \in \Psi} x_\psi [V(\psi) - C(\psi)] \tag{4-1}$$

s. t.

$$\sum_{\psi \in \Psi} x_\psi \leqslant 1 \tag{4-2}$$

$$x_\psi \in \{0, 1\} \tag{4-3}$$

（IP - 1）的目的是在给定 $C(\psi)$ 的情况下，使 $\psi \in \Psi$ 的社会福利达到最大。约束条件（4 - 2）确保最多可以选择一个可行的分配。表 4 - 1 给出了模型中需要用到的参数符号。

表 4-1 参数符号

参数符号	描述
下标:	
i, j, h	客户和仓库
w	废弃物类型
n	投标
v	车辆
集合:	
C	顾客集合，$\{1, 2, \cdots, \lvert C \rvert\}$
A	所有节点的集合，包括客户和仓库 $\{0, 1, 2, \cdots, \lvert C \rvert, \lvert C \rvert + 1\}$，其中 0 表示起始车厂，$\lvert C \rvert + 1$ 表示返回车厂。
W	废弃物类型集合 $\{1, 2, \cdots, \lvert W \rvert\}$
N_i	顾客投标集合 $\{1, 2, \cdots, \lvert N_i \rvert\}$，$\forall i \in C$
V^w	废弃物类型 w 车辆集合 $\{1, 2, \cdots, \lvert V^w \rvert\}$，$\forall w \in W$
参数:	
d_i^w	客户 i 对 w 型废弃物的需求量，$\forall i \in C$，$w \in W$
Q^w	运输 w 型废弃物的车辆的相同运载量，$\forall w \in W$
t_{ij}	i 到 j 的时间，$\forall i, j \in A$，$i \neq j$
τ	每个客户的操作时间相同
$[E_i^n, L_i^n]$	客户 i 在其第 n 次出价中提出的时间窗口，$\forall i \in C$，$n \in N_i$
P_i^n	客户 i 在其第 n 次的投标价格，$\forall i \in C$，$n \in N_i$
U^w	运输 w 型废弃物的车辆单位时间运输成本，$\forall w \in W$
决策变量:	
x_{ij}^{wv}	如果车辆 v 直接将废弃物 w 从 i 运输到 j，则等于 1，否则等于 0，$\forall i, j \in A$，$w \in W$，$v \in V^w$
y_i^n	如果客户 i 的第 n 次出价被选中，则等于 1，否则等于 0，$\forall i \in C$，$n \in N_i$
s_i^{wv}	废弃物类型为 w 的车辆 v 开始为客户 i 提供服务的时间，$\forall i \in A$，$w \in W$，$v \in V^w$

那么，A – WCS 问题的混合整数编程模型如下：

$$\max \sum_{i \in C} \sum_{n \in N_i} P_i^n \cdot y_i^n - \sum_{i \in A} \sum_{j \in A} \sum_{w \in W} \sum_{v \in V^*} U^w \cdot t_{ij} \cdot x_{ij}^{wv} \qquad (4-4)$$

s. t.

$$\sum_{n \in N_i} y_i^n \leqslant 1, \ \forall i \in C \qquad (4-5)$$

$$\sum_{v \in V^w} \sum_{j \in A} x_{ij}^{wv} = \sum_{n \in N_i} y_i^n, \ \forall i \in C, \ w \in W \qquad (4-6)$$

$$\sum_{j \in A} x_{0j}^{wv} = 1, \ \forall w \in W, \ v \in V^w \qquad (4-7)$$

$$\sum_{i \in A} x_{i, \ |C| +1}^{wv} = 1, \ \forall w \in W, \ v \in V^w \qquad (4-8)$$

$$\sum_{i \in A} x_{ih}^{wv} = \sum_{j \in A} x_{hj}^{wv}, \ \forall h \in C, \ w \in W, \ v \in V^w \qquad (4-9)$$

$$\sum_{i \in C} d_i^w \cdot \sum_{j \in A} x_{ij}^{wv} \leqslant Q^w, \ \forall w \in W, \ v \in V^w \qquad (4-10)$$

$$s_0^{wv} = 0, \ \forall w \in W, \ v \in V^w \qquad (4-11)$$

$$s_i^{wv} + t_{ij} + \tau - M \cdot (1 - x_{ij}^{wv}) \leqslant s_j^{wv}, \ \forall i, j \in C, \ i \neq j, \ w \in W, \ v \in V^w$$
$$(4-12)$$

$$s_0^{wv} + t_{ij} - M \cdot (1 - x_{ij}^{wv}) \leqslant s_j^{wv}, \ \forall j \in A, \ i \neq j, \ w \in W, \ v \in V^w$$
$$(4-13)$$

$$E_i^n - M \cdot (1 - y_i^n) \leqslant s_i^{wv} \leqslant L_i^n + M \cdot (1 - y_i^n), \ \forall i \in C, \ n \in N_i, \ w \in W, \ v \in V^w$$
$$(4-14)$$

$$x_{ij}^{wv} \in \{0, \ 1\}, \ \forall i, j \in A, \ w \in W, \ v \in V^w \qquad (4-15)$$

模型（4-4）中的目标是实现最大社会福利，即所选投标的总投标价值与完成所选投标的总运输成本之差。约束条件（4-5）确保一个客户最多只能选择一个投标。约束条件（4-6）确保如果为客户选择了任何投标，则必须满足客户对不同类型废弃物的所有需求。这些约束条件还保证，对于每一种类型的废弃物，都能准确地访问客户一次。约束条件（4-7）和约束条件（4-8）的应用是为了使每辆车都能在规划范围内启动并返回车厂。约束条件（4-9）确保车辆在访问一个客户后，必须从同一客户出发前往另一个目的地。如不等式（4-10）所述，在行驶过程中的任何时候都不能违反车辆容量限制。不等式（4 – 11）要求每辆车在规划期开始时就在车厂开始服务。客户出发时间与紧随其后的客户到达时间之间的关系如不等式（4 – 12）和不等式（4 – 13）所述，M 表示一个任意大的正数。不等式（6 – 14）显示了 A – WCS 模型与传统 VRP 模型的主要区别。具体而言，在 A – WCS 问题中，客户可以提交多个出价，每个出价都有一个时间窗口。运输商必须满足所选投标所附的时间窗口，即所有所需车辆必须在相同的相应时间窗口内到达（同样地，M 是一个任意大的正数）。最后，决策变量 x_{0j}^{wv} 的取值范围用式（4 – 15）表示。

第四节　A – WCS 的 O – VCG 拍卖

双边 VCG 拍卖有助于提高激励相容性和分配效率。然而，与此同时，它导致第三方拍卖者遇到超额预算的情况。根据 VCG 机制的一般定义（Clarke，1971；Groves，1973；Krishna，2009；Nisan & Ronen，2007；Vickrey，1961），对单边 VCG（O – VCG）拍卖进行了介绍。设 $Z(H)$ 为（IP – 1）的价值，$Z(H \backslash h)$ 为客户 h 在拍卖中（IP – 1）的边际价值。如果有一个以上的等效最优方案，则任意打破平局，只选择一个最优方案。

WCS 问题的 O – VCG 拍卖规则如下：

（1）每一个客户 $h \in H$ 提交一个密封的估值函数 $v_h(t)$，给运输者（拍卖者）；

（2）拍卖者公开任何 $\psi \in \Psi$ 的运输成本函数 $C(\psi)$；

（3）拍卖者解决（IP – 1），并决定赢家的集合 $H(\psi)$，其中 ψ 表示实现 $Z(H)$ 的有效分配；

（4）每个客户 $h \in H(\psi)$ 为时间窗口 t_h 支付类似 VCG 的 $p_h(t_h) = v_h(t_h) - [Z(H) - Z(H \backslash h)]$，其效用为 $u_h(t_h) = Z(H) - Z(H \backslash h)$（如

果竞标者的报告是真实的）。拍卖者的效用是 $u_{auctioneer} = \sum\limits_{h \in H(\psi)} p_h(t_h) - C(\psi)$。如果 $u_{auctioneer} > 0$，交易成功；否则，交易失败。

定理 1：在 O – VCG 拍卖中，购买方实现了激励相容性。

该证明简单地遵循了类似 VCG 机制的标准结果（Clarke，1971；Groves，1973；Krishna，2009；Nisan & Ronen，1999，2007；Parkes，Kalagnanam & Eso，2001；Vickrey，1961）。因此，本章不详细证明。定理 1 表明，在 O – VCG 拍卖中，真实出价是客户的事后纳什均衡。也就是说，如果其他人都如实出价，无论运输者是否说实话，每个客户都具有（弱）支配地位。因此，我们的 O – VCG 拍卖在买方方面是激励相容的。

定理 2：如果运输者说的是实话，那么 O – VCG 拍卖的结果满足分配效率、个人理性和预算平衡。

证明：值得注意的是，$u_h(t_h) = Z(H) - Z(H \setminus h) \geqslant 0$，如果 $u_{auctioneer} > 0$，交易将结束。因此，O – VCG 拍卖对每个客户来说都是个体理性的，对拍卖商来说是预算平衡的。根据定理 1 和运输者说真话的假设，O – VCG 拍卖确定了一个有效的分配，使 $\sum\limits_{h \in H(\psi)} p_h(t_h) - C(\psi)$ 最大化。

诚然，即使拍卖者对成本函数进行虚假报告，O – VCG 拍卖也会导致购买方的激励相容性、个人理性和（事后）预算平衡。只要运输者说实话，就能实现最大的社会福利。直观地说，高效率和简化的竞价策略应该吸引更多的客户参与到拍卖中来。这反过来又会给运输商带来持续的收入，并从长期角度提高所提出的拍卖机制的有效性。

第五节　模型求解算法介绍

解决方法旨在提供最大的社会福利，这相当于中标的总价值减去

运输成本。本章考虑了三种限制：①指定为时间窗口的同步要求；②车辆容量限制；③车队规模的限制。解决 A – WCS 问题可以看作是寻找一个合适的拍卖分配（称为上层），然后在给定的分配下找出经济有效的车辆路线（称为下层）。下层的子问题是非确定性多项式（NP-hard），因为它本质上是一个带时间窗和载重约束的车辆路径问题。更糟糕的是，子问题的数量随着客户数量和每个客户提供的投标数量的增加而急剧上升，因为有多达 $(1 + B)^{|H|}$ 的可能分配（B 是客户的数量，$|H|$ 是每个客户提供的投标数量）。

基于 A – WCS 问题的双层次特性，通过将 TS 嵌入到 VNS 结构中，开发了一种两层的 VNTS 算法，在上层采用 VNS 改变拍卖分配，在下层应用 TS 获得高效的车辆路线。

一、VNTS 的总框架

自姆拉登诺维奇和汉森（Mladenović & Hansen，1997）首次提出 VNS 以来，VNS 已被用于解决各种组合优化问题。在本研究中，采用 VNS 有两个主要原因：（1）与其他大多数遵守相同邻域结构的元启发式方法相比，VNS 可以通过系统地改变搜索邻域来有效地摆脱局部最优状态。VNS 在解决复杂的组合问题方面的优势被最近许多的研究所证明（Hof，Schneider & Goeke，2017；Sze，Salhi & Wassan，2017）。（2）VNS 方法特别适合我们的 A – WCS，因为通过拍卖分配带来不同程度的变化，可以非常自然地构建一系列的邻域结构。邻域结构将在 4.5.3 节进一步阐述。

VNTS 算法由两层组成：上层致力于改变基于 VNS 方案的拍卖分配，而下层则试图用基于 TS 的启发式方法来识别高性价比的路线。第二层得到的结果会被还原到第一层，以协助决策如何在下一次迭代中改变当前的分配。表 4 – 2 给出了 VNTS 的整体算法 1 的框架。

表 4 – 2   **VNTS 的整体算法 1 框架**

	Algorithm 1: VNTS 的整体算法框架
1	$s \leftarrow$ Construct the initial solution with a greedy heuristic
2	$s^* \leftarrow s$, $k \leftarrow 1$
3	REPEAT
4	$s' \leftarrow Shake(s, k)$
5	IF $z(s') > \lambda \cdot z(s^*)$
6	$s \leftarrow TS(s')$
7	IF $z(s) > z(s^*)$
8	$s^* \leftarrow s$
9	$k \leftarrow 1$
10	ELSE
11	$k \leftarrow k + 1$
12	ELSE
13	$k \leftarrow k + 1$
14	UNTIL $k > k_{max}$ or time limit is reached

首先，贪婪的启发式算法生成初始解，由于初始解的可行性得到了保证，它将被保留为迄今为止的最佳解。在每一次迭代中，Shake运算器在第 k 个邻域中生成一个随机的 s 的邻域解。k 的值从 1 开始，每当 VNTS 不能改善到目前为止的最佳纪录时就会增加 1，这意味着Shake 将在下一个邻域（通常是一个更大的邻域）生成一个新的邻域解决方案。一旦一个新的全局最佳解被 TS 识别出来，k 将被重置为1。由于加入了一个自适应阈值机制（见表 4 – 2 第 5 行），我们的VNTS 与经典版本略有不同。只有那些不差于截至目前最佳纪录的 λ 倍的解决方案才会被传递给本地搜索操作者（即 TS）。由于可能的分

配数量非常大，VNTS 必须跳过那些没有希望的分配以提高计算效率。阈值参数 λ 是动态调整的，这将在后面详细说明。

二、贪婪算法求初始解

本章开发了贪婪构造启发法来生成初始解决方案，同时满足各种约束。在每次迭代中，将从剩余的客户池中选择出价最高的客户，并将他/她的需求插入到现有的路线中。在插入过程中，不允许违反容量，即插入后路线的总负载不会超过车辆容量。同时，必须遵守路线上所有客户（包括新插入的客户）的时间窗口限制。如果有一个以上的插入位置，将选择增量成本最低的位置。如果在现有的路线中找不到这样的插入点，将创建一个新的路线来容纳客户。由于不同类型的垃圾是分开运输的，因此将对客户的每种垃圾类型重复进行插入。

需要关注的是，在规划期内，一辆车可以执行多条路线，所有现有的路线都需要打包成行程，以检查车队规模约束是否得到满足。在本章中，"路线"和"行程"是两个不同的概念，遵循布兰道和梅塞尔（Brandao & Mercer，1997）给出的定义：一条路线从仓库出发，访问一个或多个客户，然后返回仓库，而行程是指在规划期内由同一辆车以特定顺序执行的一组路线。为了更有效地进行路线分包，我们用一个双班运算器使每条路线的持续时间最小化。图 4-2 说明了双移运算器是如何缩减路线的总时长的，该路线从仓库开始，访问客户 $C1$、$C2$ 和 $C3$，最后返回仓库。在把所有节点的到达时间推到尽可能早的时刻后，相对于原始路线的持续时间减少了 t_1。在将每个节点的出发时间推迟到可能的最晚时间点后，持续时间进一步减少 t_2。双重转移后的路线持续时间与原始路线相比减少了 $t_2 + t_3$。

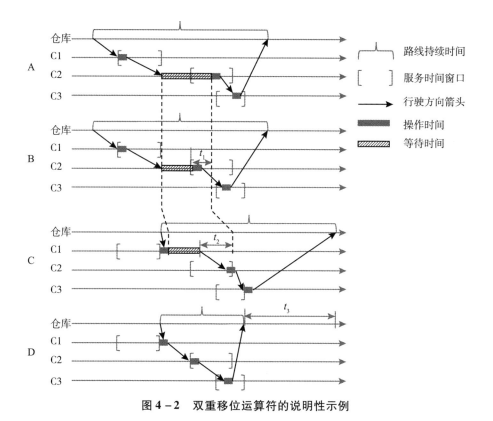

图4-2　双重移位运算符的说明性示例

三、邻域结构

一个邻域序列被定义并表示为 N_1，N_2，$\cdots$，$N_{k_{max}}$，其中 $k_{max} = \lceil \sqrt{|H|B} \rceil$。$N_k$ 表示对一个给定的分配进行若干次改变后得到的邻域。

本章用一个整数数组来表示拍卖分配。例如，在有3个投标人的情况下，数组［3，1，0］表示选择投标人1的第3个投标和投标人2的第1个投标，而投标人3被从分配中剔除。在拍卖分配数组中，如果一个投标人的投标没有被选中，则用0来标记他/她的投标。图4-3说明了为 A-WCS 定义的邻域结构。

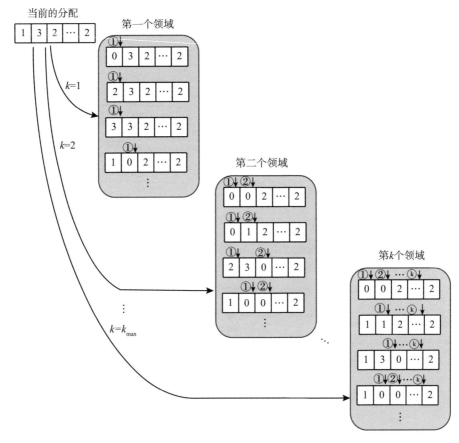

图 4 – 3　定义的 A – WCS 邻域结构图解

k 的值在整个搜索过程中是不断变化的，这代表了 VNS 的核心思想。值得注意的是，一个小的 k 引导在较近的邻域进行搜索，而一个大的 k 则有利于避免局部最优，引导搜索到解决空间的偏远区域。

四、禁忌搜索

禁忌搜索（Tabu Search，TS）的目的是对从上层获得的有希望的解决方案进行改进。本章中 TS 的实现是基于格洛弗（Glover，1989，

1990）提出的方法。在解决方案的质量和计算速度方面，TS 已经被确定为 VRP 的有效元启发式方法（Nguyen，Crainic & Toulouse，2013）。

正如表 4-3 中的算法 2 所描述的，TS 从上层传递过来的初始解 s 开始，或者由贪婪的构造启发式推导。同时，TabuList（禁忌列表）、AspirationList（愿望列表）和 Penalties（惩罚）基于 s 初始化。具体来说，禁忌列表保持了算法最近访问过的解决方案的记录，以防止循环，而愿望列表则被用来覆盖禁忌状态，如果执行相应的移动有助于获得更好的在位者。

表4-3 TS 算法

	Algorithm 2：TS
1	$s \leftarrow$ Initial solution from upper layer or greedy constructive heuristic
2	Initialize *TabuList*, *AspirationList* and *Penalties* with s
3	$s^* \leftarrow s$, $Ni_{Iter} \leftarrow 0$, $Total_{Iter} \leftarrow 0$
4	REPEAT
5	$Total_{Iter}++$, $Ni_{Iter}++$
6	Set of neighbor solutions of s：$M(s) \leftarrow \phi$
7	FOR each neighbor s' of s
8	IF s' is Non-Tabu or activates the aspiration criterion
9	$M(s) \leftarrow M(s) \cup s'$
10	$s' \leftarrow$ neighbor solution with largest objective from $M(s)$
11	IF $z(s') > z(s)$
12	$s \leftarrow s'$
13	Update *TabuList* and *Penalties*
14	IF s is feasible AND $z(s) > z(s^*)$
15	$s^* \leftarrow s$
16	Update *AspirationList*
17	$Ni_{Iter} \leftarrow 0$
18	UNTIL $Ni_{Iter} > 100\lceil \sqrt{k|H|B} \rceil$ OR $Total_{Iter} > 1000\lceil \sqrt{k|H|B} \rceil$

对于每次迭代，采用一组四种算子来获得多个邻域的解决方案：intra-route exchange、intra-route 2-opt、inter-route relocation 和 inter-route CROSS。这些改进算子在 VRP 文献中得到了广泛的应用，因为它们在搜索一个给定的解决方案的本地邻域方面表现出色。

如果一个邻域的解决方案是 non-Tabu 或被特赦，它将被添加到 $M(s)$ 中。在 $M(s)$ 中具有最大目标值的方案将被选择用于下一次迭代。解决方案 s 的目标值表示为 $z(s) = V(s) - C(s) - \alpha \cdot f(s) - \beta \cdot g(s) - \gamma \cdot t(s)$。这里 $V(s)$ 表示所选投标的总价值，$C(s)$ 表示总运输成本。此外，$f(s)$、$g(s)$ 和 $t(s)$ 分别指违反车队规模、车辆容量和时间窗口的约束。惩罚系数 α、β 和 γ 最初都设置为 1，并根据所接受方案的可行性进行动态调整。如果违反了相应的约束条件，特定的惩罚系数将乘以 1.1，否则将除以 1.1。

在开始或最后一次改进后再经过指定的迭代次数，TS 被终止。请注意，我们已经将 k 值纳入终止条件（第 18 行）。直觉是，较大的 k 通常意味着 VNTS 在连续的 k 次迭代中已经无法找到更好的解决方案，因此应该允许更长的搜索时间以帮助算法摆脱局部最优。

五、VNTS 的进一步完善

本节将介绍如何通过调整 k_{max} 和 λ 来进一步提高 VNTS 的性能，这是算法的两个关键参数。正如初步结果所表明的，大多数新的最佳解都是在较近的邻域发现的（即当 k 值相对较小时）。设置过大的 k_{max} 会导致相当长的计算时间，但几乎没有优秀的解决方案。计算实验表明，通过将 k_{max} 设置为 $\lceil \sqrt{(|H|B)} \rceil$，可以在解决方案的质量和计算时间之间取得满意的平衡。因此，在本研究中，我们让 k_{max} 等于 $\lceil \sqrt{|H|B} \rceil$ 的所有数值实验。

关于 λ，这个参数决定了我们在多大程度上相信一个解决方案是有希望的，值得用 TS 进一步改进。很明显，较小的 λ 会导致更多的解决方案被传递给 TS，而较大的 λ 则会忽略那些目前目标值不理想的解决方案。我们进行了一系列的实验来验证一组不同的 λ 值，结果显示，设置过大的 λ（如 $\lambda \geq 1.2$）通常会导致结果不佳。这是因为局部搜索被调用的频率较低，而且 VNTS 过于短视。相反，设置一个过小的 λ（如 $\lambda \leq 0.4$）也被认为是不合适的，因为算法失去了有效的指导。因此，在本章所有实验中，λ 是在 [0.6，0.8] 中随机选择的。

第六节　算例研究

本节进行了一系列的计算研究，以评估我们提出的 VNTS 算法的性能，并从实践者的角度提供管理方面的影响。首先介绍了实例的生成方式。其次，通过与 CPLEX12.8 在小规模算例上的比较验证了 VNTS 的效率，CPLEX 可以获得最优或接近最优的结果。然后，对 VNTS 和其他三种最先进的启发式方法进行了多次比较。最后，进行了一系列的敏感性分析，以研究市场规模、任务复杂性、客户分布模式和拍卖频率的变化所造成的影响。从实践者的角度，相应地得到了一些管理上的启示。所有的计算实验都是在一台 64 位的 Windows 机器上进行的，使用的是英特尔酷睿处理器 i7 - 4790，3.6GHz，12GB 的内存。

一、测试案例

为了便于彻底比较，在著名的 Solomon 的 VRP 实例的基础上创建了一套实例（Solomon，1987）。本章使用了 9 个不同的 Solomon 实例，包括 R101、R102 和 R103；其中客户的位置是随机的：C101、C102 和 C103，其中客户是有集群的：RC101、RC102 和 RC103，其中客户是随机分布和集群的混合。图 4 - 4 显示了 Solomon 实例中三种不同的客户分布模式，方块代表仓库，圆点代表客户。

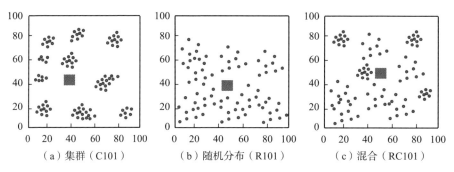

（a）集群（C101）　　　（b）随机分布（R101）　　　（c）混合（RC101）

图 4 - 4　Solomon 实例中客户的不同分布模式

Solomon 的实例有陈述的信息，包括客户和仓库的位置、每个客户的需求和时间窗口、车辆能力以及车队规模。然后，将以下特征纳入 A - WCS，以扩展 Solomon 的实例。

多种废物类型：Solomon 的实例考虑了单一商品的情况，因此将废物类型的数量分别扩大到 2 和 3。假设客户对每种废物的需求量是相同的，相当于 Solomon 实例中给出的值。

同步时间窗口：除了 Solomon 实例中给出的原始时间窗口外，还相应地创建了更宽和更窄的时间窗口，即分别将原始时间窗口的时间翻倍或减半。请注意，不同的窗口宽度表示不同的预期同步服务水平。

客户竞价：每个客户最多允许提供 3 个不同的竞价。投标价格是100 到 500 之间的随机值，相应的时间窗口是在原始时间窗口、较宽和较窄时间窗口中随机选择的。在客户的多次竞价中，需求保持不变。

车辆：每辆车专用于特定的废物类型，应用于转移每种废物的车辆数量最多为 20 辆。所有车辆都有相同的容量，即 200 台，行驶速度为 30千米/小时。每个客户的服务时间被设定为 1.5 小时，不考虑需求量。

客户数量：Solomon 实例中的客户数量为 100。因此，首先生成了涉及 100 个客户的实例。然后，通过从初始实例中分别随机选择

10、15、25 和 50 个客户的方式获得实例。

在本研究中，生成的实例以"基础 Solomon 的实例－客户数量－废物类型数量"的格式命名。例如，"C101－25－2"表示该实例是通过从 Solomon 的 C101 实例中随机选择 25 个客户并扩展到有两种不同废物类型的情况下创建的。

此外，每个实验都重复进行了 10 次，并报告了其中的最佳结果。无论采用哪种启发式算法，对于有 10 个、15 个、25 个、50 个和 100 个客户的实例，计算时间限制分别设定为 240 秒、300 秒、600 秒、900 秒和 1200 秒。

二、VNTS 和 CPLEX 对比

鉴于 CPLEX12.8 只能在合理的计算时间内获得小规模实例的（接近）最优解，VNTS 和 CPLEX 之间的比较是基于有 10 和 15 个客户的实例进行的。CPLEX 的最大计算时间被设定为 3600 秒和 5400 秒，分别针对有 10 和 15 个客户的实例。结果见表 4－4 和表 4－5，其中下划线的数字是指 CPLEX 得到的最优解，"与 CPLEX 的差距"是通过（VNTS－CPLEX）/CPLEX 计算的。

表 4－4　　　　当 $|W|=2$ 时，VNTS 和 CPLEX 的比较

实例	$|H|$	CPLEX	VNTS	VNTS 与 CPLEX 的差距
C101－10－2		<u>2969.6</u>	2969.6	0.0%
C102－10－2		3749.8	3802.0	1.4%
C103－10－2		<u>3133.5</u>	3130.6	－0.1%
R101－10－2		<u>1408.6</u>	1404.2	－0.3%
R102－10－2	10	<u>2296.9</u>	2295.6	－0.1%
R103－10－2		1760.0	1754.8	－0.3%
RC101－10－2		<u>1101.4</u>	1096.1	－0.5%
RC102－10－2		1496.6	1543.3	3.1%
RC103－10－2		<u>1648.3</u>	1648.3	0.0%

续表

实例	$|H|$	CPLEX	VNTS	VNTS 与 CPLEX 的差距
分段均值		2173.9	2182.7	0.4%
C101 - 15 - 2		2180.0	2292.0	5.1%
C102 - 15 - 2		4629.6	4672.6	0.9%
C103 - 15 - 2		4683.0	4901.5	4.7%
R101 - 15 - 2		2180.0	3185.4	46.1%
R102 - 15 - 2	15	2550.7	2966.1	16.3%
R103 - 15 - 2		3000.6	3376.7	12.5%
RC101 - 15 - 2		1220.4	1551.3	27.1%
RC102 - 15 - 2		2991.3	3027.6	1.2%
RC103 - 15 - 2		2541.8	2533.6	- 0.3%
分段均值		2886.4	3167.4	12.6%
总的均值		2530.1	2675.0	6.5%

表 4 - 5　　　　　当 $|W|$ = 3 时，VNTS 和 CPLEX 的比较

实例	$|H|$	CPLEX	VNTS	VNTS 与 CPLEX 的差距
C101 - 10 - 3		3797.1	3788.2	- 0.2%
C102 - 10 - 3		3699.8	3699.8	0.0%
C103 - 10 - 3		3564.7	3553.4	- 0.3%
R101 - 10 - 3		654.1	654.1	0.0%
R102 - 10 - 3	10	1021.8	1040.1	1.8%
R103 - 10 - 3		1438.3	1453.3	1.0%
RC101 - 10 - 3		371.7	371.7	0.0%
RC102 - 10 - 3		691.1	687.8	- 0.5%
RC103 - 10 - 3		1055.9	1054.4	- 0.1%
分段均值		1810.5	1811.4	0.2%

实例	$|H|$	CPLEX	VNTS	VNTS 与 CPLEX 的差距
C101 – 15 – 3		1334.7	1375.1	3.0%
C102 – 15 – 3		4695.9	5260.4	12.0%
C103 – 15 – 3		5023.8	5009.7	– 0.3%
R101 – 15 – 3		1334.7	2183.1	63.6%
R102 – 15 – 3	15	2235.8	2417.0	8.1%
R103 – 15 – 3		1596.5	1714.0	7.4%
RC101 – 15 – 3		537.9	646.9	20.3%
RC102 – 15 – 3		1169.1	1181.2	1.0%
RC103 – 15 – 3		1693.8	1774.3	4.8%
分段均值		2180.2	2395.7	13.3%
总的均值		1995.4	2103.6	6.8%

从表 4 – 4 和表 4 – 5 可以看出，CPLEX 只解决了 36 个实例中的 13 个，而且都是有 10 个客户的实例（15 个客户的实例中没有一个被 CPLEX 解决为最优），揭示了处理 A – WCS 问题的极端挑战。因此，VNTS 的稳定性可以通过以下事实得到验证：它获得的解决方案与 CPLEX 找到的所有最优解决方案的差距在 – 0.5% 以内。

当涉及两种废物类型时，VNTS 在 10 个客户的实例中平均比 CPLEX 多出 0.4%，而在有 15 个客户的实例中，平均改进幅度高达 12.6%。同样，当考虑到三种类型的废物时，在有 10 个客户的情况下，VNTS 和 CPLEX 的平均差距为 0.2%。对于有 15 个客户的大型实例，VNTS 和 CPLEX 之间的差距急剧增加到 13.3% 的平均值。VNTS 的有效性是基于 CPLEX 可以得出（接近）最优解决方案的实例而验证的。事实证明，VNTS 性能稳定，能够提供高质量的解决方案。

三、GSA、GTS、VNSA 和 VNTS 的比较

本节的设置有两个原因：第一，它的目的是考察双层算法相对于单层算法在解决 A－WCS 方面的优势；第二，它是为了验证与 VNS 和 SA 的组合相比，整合 VNS 和 TS 的有效性。为了达到上述目的，本节设计了另外三种基准算法，包括贪婪模拟退火（GSA）、贪婪禁忌搜索（GTS）和变邻域模拟退火（VNSA）。对于前两种算法，在前面中，描述的贪婪构造启发法被用来寻找一个合适的分配，然后分别用 SA 和 TS 生成车辆路线。显然，由于 GSA 和 GTS 在整个搜索过程中遵守相同的分配，它们是单层算法，没有在不同分配中搜索的能力。关于 VNSA，它采用了与 VNTS 相同的两层结构。唯一的区别是采用了模拟退火法（SA）来生成车辆路线。关于 SA 算法的更多细节，如表 4－6 所示。

表 4－6 A－WCS 模拟退火（SA）算法

	算法 3：SA
1	$s\leftarrow$Initial solution from upper layer or greedy constructive heuristic
2	$s^*\leftarrow s$，$T\leftarrow T_0$，$T_b\leftarrow T_0$
3	REPEAT
4	Inner_count$\leftarrow 0$
5	REPEAT
6	Inner_count $++$
7	Select an improvement operator randomly
8	Generate a feasible solution s' with the selected operator
9	IF $z(s')>z(s)$
10	$s\leftarrow s'$
11	ELSE

	算法 3：SA
12	Set $s \leftarrow s'$ with probability $p = \exp\{[z(s') - z(s)]/T\}$
13	IF $z(s) > z(s^*)$
14	$s^* \leftarrow s,\ T_b = T$
15	UNTIL $Inner\_count > Inner\_limit$
16	$T = \alpha \cdot T$
17	IF $T \leqslant T_{\min}$
18	$T_b = 2T_b,\ T = \min(T_b,\ T_{\max})$
19	UNTIL time limit is exceeded

算法 3 概述了用于解决 A – WCS 问题的 SA 步骤。在 VNSA 中，初始解 s 来自 VNS 的上层；在 GSA 中，初始解 s 来自贪婪构造启发法。内循环的迭代从第 5 行开始，从路由内交换、路由内 2 – opt、路由间重置和路由间 CROSS 中随机选择一个改进算子。第 9—12 行描述了接受新生成的邻接解的标准。如果 s' 改善了 s，则接受的概率为 1。而如果 s' 使 s 变差，则接受的概率为 $\exp\{[z(s') - z(s)]/T\}$，其中正数 T 是一个称为温度的控制参数。第 13—14 行更新了找到的最佳解决方案，并在 T_b 中记录了相应的温度。在 Inner_limit 迭代若干次后，通过乘以冷却率 α 来降低温度，以确保搜索的收敛性（第 17 行）。第 17—18 行显示，如果温度达到预设的最小值 $T_{\min}$，会将 T_b 的值加倍，并将温度提高到 $\min(T_b,\ T_{\max})$，以帮助搜索摆脱局部最优解。最高温度 $T_{\max}$ 用于避免搜索从随机抓取的解重新开始。如第 4.6.1 节所述，搜索会在达到时间限制时终止。初始温度 T_0 设置为 25，这样近 50% 的劣解将被接受，这也是许多研究的建议。$T_{\max}$ 和 $T_{\min}$ 分别设为 100 和 0.01。Inner_limit 设为 $(|H|B)^2$，其中 $|H|$ 为客户数量，B 为每个投标人的投标数量。最后，冷却率 α 设为 0.9。

对于表 4 – 7 和表 4 – 8 中的每个实例，报告了四种算法得到的结果。"Gap vs. GTS"由（VNTS－GTS）/GTS计算，"Gap vs. VNSA"由（VNTS－VNSA）/VNSA获得。第一个指标显示，采用相同的启发式方法（即TS）来搜索具有成本效益的车辆路线，在多大程度上纳入VNS作为上层搜索方案可以对最终结果作出贡献。第二个指标显示，通过采用相同的两层结构，VNS和TS的整合在多大程度上可以超越VNS和SA的组合。

表4－7　　　　　当$|W|=2$时，四种算法的对比

实例	$|H|$	GSA	GTS	VNSA	VNTS	VNTS 与 GTS 的差距	VNTS 与 VNSA 的差距
C101－25－2		7047.6	7047.6	7209.2	7433.2	5.5%	3.1%
C102－25－2		1746.8	1832.0	6468.3	6348.8	246.6%	－1.8%
C103－25－2		5914.6	6019.2	7192.7	7739.2	28.6%	7.6%
R101－25－2		7018.4	7018.4	7018.4	7074.6	0.8%	0.8%
R102－25－2	25	6562.8	6562.8	6562.8	6562.8	0.0%	0.0%
R103－25－2		4194.5	4194.5	4336.6	4449.7	6.1%	2.6%
RC101－25－2		4494.4	4494.4	4527.2	4742.9	5.5%	4.8%
RC102－25－2		3145.8	3145.8	3431.1	3561.3	13.2%	3.8%
RC103－25－2		3912.8	4134.0	3823.1	4400.8	6.5%	15.1%
分段均值		4893.1	4938.7	5618.8	5812.6	34.7%	4.0%
C101－50－2		10625.6	10625.6	12363.3	13442.6	26.5%	8.7%
C102－50－2		14850.6	14850.6	16302.6	17689.1	19.1%	8.5%
C103－50－2		5297.2	5666.0	9260.0	9860.6	74.0%	6.5%
R101－50－2		9546.9	9546.9	9870.2	10939.2	14.6%	10.8%
R102－50－2	50	4637.3	4637.3	6214.3	6505.6	40.3%	4.7%
R103－50－2		9714.4	9915.1	11085.5	11262.4	13.6%	1.6%
RC101－50－2		4786.1	4786.1	5401.9	5863.2	22.5%	8.5%
RC102－50－2		1585.1	1585.1	4243.7	4344.9	174.1%	2.4%
RC103－50－2		3994.9	4561.1	5475.1	5596.1	22.7%	2.2%

续表

实例	$\lvert H \rvert$	GSA	GTS	VNSA	VNTS	VNTS 与 GTS 的差距	VNTS 与 VNSA 的差距
分段均值		7226.5	7352.6	8913.0	9500.4	45.3%	6.0%
C101 - 100 - 2		8623.7	8623.7	11579.1	12674.8	47.0%	9.5%
C102 - 100 - 2		21005.8	21200.0	28666.1	28709.4	35.4%	0.2%
C103 - 100 - 2		7572.8	7572.8	9598.9	11684.3	54.3%	21.7%
R101 - 100 - 2		11686.5	11989.2	16148.7	16415.3	36.9%	1.7%
R102 - 100 - 2	100	8498.1	8498.1	10504.9	11020.8	29.7%	4.9%
R103 - 100 - 2		3334.8	3334.8	6249.6	6523.9	95.6%	4.4%
RC101 - 100 - 2		1745.4	1745.4	5581.3	6952.9	298.4%	24.6%
RC102 - 100 - 2		6910.8	6910.8	8881.3	9268.6	34.1%	4.4%
RC103 - 100 - 2		701.0	1066.5	4646.4	5288.5	395.9%	13.8%
分段均值		7786.6	7882.4	11317.4	12059.8	114.1%	9.4%
总的均值		6635.4	6724.6	8616.4	9124.3	64.7%	6.5%

表 4 - 8　　　　　　　当 $\lvert W \rvert$ =3 时，四种算法的对比

实例	$\lvert H \rvert$	GSA	GTS	VNSA	VNTS	VNTS 与 GTS 的差距	VNTS 与 VNSA 的差距
C101 - 25 - 3		6209.4	6435.2	7343.4	7491.4	16.4%	2.0%
C102 - 25 - 3		5935.1	5935.1	7421.3	7834.7	32.0%	5.6%
C103 - 25 - 3		1130.2	1130.2	2516.1	2444.2	116.3%	- 2.9%
R101 - 25 - 3		2315.0	2315.0	2616.7	2718.6	17.4%	3.9%
R102 - 25 - 3	25	1829.8	1829.8	2626.7	2714.3	48.3%	3.3%
R103 - 25 - 3		1038.8	1038.8	2130.8	2370.6	128.2%	11.3%
RC101 - 25 - 3		1289.4	1289.4	1747.7	1712.5	32.8%	- 2.0%
RC102 - 25 - 3		380.5	380.5	511.5	676.5	77.8%	32.3%
RC103 - 25 - 3		527.1	527.1	1610.6	1710.0	224.4%	6.2%
分段均值		2295.0	2320.1	3169.4	3297.0	77.1%	6.6%

实例	$|H|$	GSA	GTS	VNSA	VNTS	VNTS与GTS的差距	VNTS与VNSA的差距
C101 – 50 – 3		9564.8	9564.8	10067.6	10556.8	10.4%	4.9%
C102 – 50 – 3		3152.4	3180.1	5196.0	5875.4	84.8%	13.1%
C103 – 50 – 3		817.8	839.2	5075.9	5697.7	579.0%	12.2%
R101 – 50 – 3		5796.6	5796.6	6377.7	6374.4	10.0%	– 0.1%
R102 – 50 – 3	50	4376.3	4376.3	5255.2	5441.3	24.3%	3.5%
R103 – 50 – 3		2238.2	2238.2	2941.7	3148.9	40.7%	7.0%
RC101 – 50 – 3		760.4	760.4	1580.5	1595.6	109.8%	1.0%
RC102 – 50 – 3		2240.9	1985.2	2612.5	2820.7	42.1%	8.0%
RC103 – 50 – 3		3528.9	3528.9	3728.9	4587.9	30.0%	23.0%
分段均值		3608.5	3585.5	4759.5	5122.1	103.4%	8.1%
C101 – 100 – 3		14096.2	13762.6	14667.1	16140.9	17.3%	10.0%
C102 – 100 – 3		3912.3	3912.3	5140.1	6157.5	57.4%	19.8%
C103 – 100 – 3		3964.3	3964.3	7956.1	8447.3	113.1%	6.2%
R101 – 100 – 3		6033.2	6033.2	7137.2	7447.8	23.4%	4.4%
R102 – 100 – 3	100	826.9	826.9	3002.7	3177.3	284.2%	5.8%
R103 – 100 – 3		976.7	976.7	2652.5	3201.7	227.8%	20.7%
RC101 – 100 – 3		5500.5	5209.0	5681.0	6051.7	16.2%	6.5%
RC102 – 100 – 3		1775.7	1775.7	3039.2	3375.8	90.1%	11.1%
RC103 – 100 – 3		1241.0	945.2	2786.5	3008.1	218.3%	8.0%
分段均值		4258.5	4156.2	5784.7	6334.2	116.4%	10.3%
总的均值		3387.3	3353.9	4571.2	4917.8	99.0%	8.3%

表4-7和表4-8分别显示了具有2种和3种不同废弃物类型的实例的结果。第一个发现是,从表4-7中可以看出,双层算法(包括VNTS和VNSA)的表现明显优于单层算法(即GSA和GTS)。特别是当客户数量从25个增加到100个时,VNTS和GTS的平均差距

从 34.7% 扩大到 114.1%。这也可以从表 4 – 8 中看出，当客户规模从 25 增加到 100 时，VNTS 和 GTS 之间的差距从 77.1% 上升到 116.4%。这是预料之中的事情，因为单层算法只坚持由贪婪的建设性启发式选择的相同分配。然而，两层算法从在各种分配中进行搜索的能力中得到了巨大的好处。

第二个发现是，尽管都是两层算法，VNTS 在解决 A – WCS 问题时在大多数情况下都优于 VNSA，这表明相对于 VNS 和 SA 的组合，整合 VNS 和 TS 具有明显优势。特别是在 27 个实例中，VNTS 在 26 个实例中产生了比 VNSA 更理想的结果，当废物类型数量等于 2 时，平均差距为 6.5%。同样，当涉及 3 种废物类型时，VNTS 比 VNSA 平均高出 8.3%，并在 27 个实例中的 24 个实例中取得了更好的结果。除了所述的改进外，这可能是由于在给定相同分配的情况下，TS 在构建车辆路线时比 SA 表现得略好。这种优越性也可以从以下事实中得到验证：相对于 GSA，GTS 在大多数情况下取得了更好的解决方案，否则至少可以找到相同的解决方案。此外，将 VNS 特征纳入 TS 层也导致了更有效的搜索（如将 k 值纳入 TS 的终止条件）。

值得注意的是，当客户数量增加或涉及更多类型的废弃物时，VNTS 提高了其竞争力，显示了 VNTS 在处理实际情况时的能力。此外，与其他方法相比，无论客户在地理上如何分布，VNTS 的优势似乎是稳定的。

四、客户数量和废物类型的影响

我们从表 4 – 7 和表 4 – 8 中分别得到按客户规模（即 25、50 和 100）和废物类型规模（即 2 和 3）分组的平均社会福利值。结果显示在图 4 – 5 中，从中可以得到两个管理方面的启示。

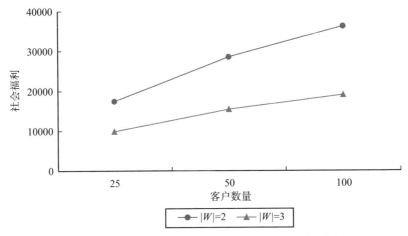

图 4 – 5　客户数量和废弃物类型对社会福利的影响

（1）当更多的客户参与进来时，社会福利会增加，这是因为拍卖者可以在更大的客户池中得出更好的分配和车辆路线。换句话说，从社会福利最大化的角度来看，吸引更多的托运人参与同一拍卖总是有利的，这可以被看作规模经济效应。

（2）当涉及更多的废弃物类型时，社会福利会减少，这并不奇怪，因为无论有多少废弃物类型，投标值都是从同一区间（从 100 到 500）随机产生的。然而，当额外的车队运行时，运输成本明显增加。此外，使更多类型的车辆同步化也更具挑战性。因此，从从业者的角度来看，建议当废弃物收集任务变得更加复杂（即涉及更多的废弃物类型）时，需要一个更高的投标值，以弥补增加的运输成本。

五、客户位置分布影响

图 4 – 6 通过对表 4 – 7 和表 4 – 8 的结果进行分组，给出了不同客户规模（即 25、50 和 100）和地理分布模式（即随机、集群和混合）的平均社会福利。可以得到以下管理方面的启示。

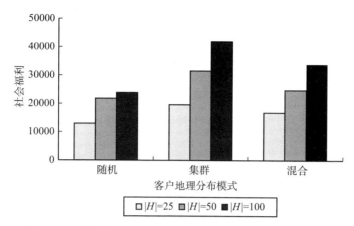

图 4 - 6　客户地理分布、不同客户规模对社会福利的影响

（1）客户聚集的程度越高，可以获得的社会福利就越高。这是因为一辆车通常可以被来自一个集群的需求完全占用，这在很大程度上减少了平均路线长度。然而，当客户是随机分散的，需求必须从更大的范围内整合，这往往会导致更长的路线长度。

（2）与其他分布模式相比，当客户集中时，规模经济效应是最显著的。也就是说，客户规模的增加可以带来最大的社会福利的增加。因此，特别建议通过费用折扣的方式吸引更多的客户进入同一拍卖会，如潜在的客户可能有助于形成一个集群。

六、拍卖频率的影响

目前，在废弃物收集行业，对及时服务的需求与同步服务一样显著增长。当拍卖频率较低时，客户必须在拍卖结果公布前等待更长的时间。较高的拍卖频率通常可以节省客户的等待时间，因此对他们有吸引力。然而，过于频繁的拍卖会可能会导致车辆路线的效率降低。因此，研究提出了两个管理问题：（1）为了获得最大的社会福利，应该多久进行一次拍卖？（2）不同的拍卖频率对参与者（即托运人和承运人）在拍卖中获得的利益有什么影响？

在本研究中，拍卖频率被定义为在规划范围内（如一天）进行的拍卖次数。本节通过将客户分为几个时期，并对每个时期独立进行拍卖来研究拍卖频率的影响。请注意，在第4.6.3节中进行的所有实验都可以被看作单期拍卖，因为所有的客户都参加了同一场拍卖，即拍卖频率为1。在这一节中，客户将根据他们的时间窗口，分别被分为2个和3个等长的时段。例如，如果在一天内要举行两次拍卖，那么时间窗口在中午之前的客户将被归入第一时段，而其他时间窗口在中午之后的客户将参加第二时段的拍卖。请注意，我们稍微修改了一下第4.5.3节中使用的实例，使同一客户的所有时间窗口都位于同一时期。这样一来，一个客户将只参加一场拍卖。

结果如图4-7和图4-8所示，在图4-7中客户是聚集在一起的，而在图4-8中客户是随机分布的（本节的所有实验都涉及3种类型的废弃物）。图中的百分比代表承运人的效用占社会福利的比例。从数字结果中可以得到两个管理方面的启示。

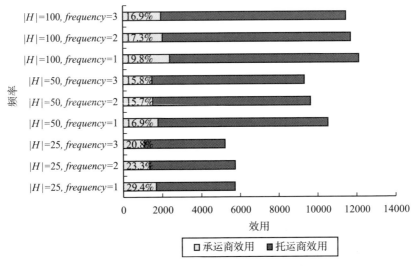

图4-7 客户聚集时拍卖频率的影响

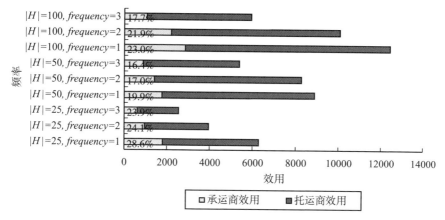

图 4-8 客户随机分布时拍卖频率影响

（1）较高的拍卖频率会导致社会福利和承运人的效用在任何时候都会减少。同时，随着拍卖频率的增加，承运人的效用在社会总福利中所占的比例也在下降。这主要是因为，当固定数量的投标被划分到多个独立的拍卖中时，解决方案的空间被大大缩小。从从业者的角度来看，拍卖者（即运营商）需要在客户满意度、自身利益（即运营商自身的效用）和平台的长期发展（即整体社会福利）之间找到一个适当的平衡。与徐和黄（2013）进行比较发现过于频繁的拍卖损害了双方（托运人和承运人）的利益及社会福利，而只有平台（第三方拍卖商）享受到了利益。作者还称，为了长期利益，拍卖商应减少拍卖频率。

（2）当客户聚集时，较高的拍卖频率的影响会得到缓解。这是因为当客户被聚在一起时，一个人有更大的可能性成为另一个人的替代品，因此，当客户被划分为较小的群体时，社会福利受到影响的可能性较小。从 O – VCG 拍卖的角度来看，如果一个参与者能在更大程度上被他人替代，他/她对拍卖的"独家贡献"就不那么大了，他/她的效用一般也会降低。换句话说，在这种情况下，运营商可以从社会福利中获取更大的份额。因此可以看到，当客户聚集时，拍卖频率越高，社会福利的减少就越不明显。此外，在集聚的情况下，承运人的效用比例比随机分布的情况下的效用比例略大。

第七节　本章小结

目前的商业废弃物收集行业通常以承运人为中心，以零担运输（LTL）和多商品为特点。一个承运人必须有效地整合来自多个托运人的小批量货物，以更好地利用车辆的能力。另外，一个客户可能会产生多种类型的废弃物，因此需要几辆车几乎在同一时间到达。为此，建议采用基于拍卖的废弃物收集同步（A－WCS）方法，承运人是拍卖者，托运人是竞拍者。客户在每次出价时声明他/她的需求、同步时间窗口和价格，并且每个客户可以进行多次出价。然后，拍卖者（即承运人）以社会福利最大化为目标决定中标价。O－VCG 拍卖实现了激励相容（在购买方）、分配效率、预算平衡和个人理性。以拍卖的方式决定更合理的支付，社会福利最大化也有助于行业的长期发展。

通过将 TS 嵌入 VNS 结构，提出了一种两层的 VNTS 算法。VNS 的上层功能是对拍卖分配的系统性变化提供搜索过程的指导，而 TS 的下层则对车辆路线进行局部搜索。基于从 Solomon 实例中扩展出来的测试案例，进行了大量的计算研究。从数值结果来看，提出的 VNTS 被证明能够为 A－WCS 问题提供稳定和高质量的解决方案。我们进行了一系列的敏感性分析，以量化由客户数量和废弃物类型、客户分布模式以及拍卖频率的变化所造成的影响。同时得到了一些管理上的建议。

至于未来的工作，可以考虑采用加速技术来进一步提高计算效率。例如，通过分析投标中的主导地位，可以将一定数量的投标从考虑中剔除。另外，也可以应用并行计算来加速搜索过程，通过将原始问题从分配层面划分为更小的问题。另一个有趣的扩展是考虑商业废弃物收集中的不确定需求。而实际上，在实际处理之前，很难准确评估需求量，可以为高估或低估的情况制定补偿和惩罚机制。此外，从运输者的角度来看，开发稳健的 A – WCS 模型以实现不确定环境下的利润最大化是很重要的。

第 五 章

循环经济下废弃物运输拍卖与机制设计

　　由于垃圾批量小和种类多样，回收商往往需要采购运输商的运输服务。另外，考虑到运输成本对回收商的经济效益有重大影响。因此，选取距离废弃物回收位置近且价格合适的运输商对于回收商来说尤为重要。运输商在废弃物运输服务开始前，需要确定其运输服务对象及价格，鉴于此，本章对废弃物运输服务资源分配与定价在双边和单边市场环境中进行了研究。首先，在双边环境下开发了废弃物运输服务资源分配的社会福利最大化模型，提出并证明了 MTR 机制的五种基本性质，即激励相容、效率损失有限、渐进效率、运输商数量与回收商期望效用成正比、投标数量与总交易量成正比。其次，针对商业固体可回收废弃物运输距离远而可能导致成本高的问题，提出了 SM–MTR 机制。再次，分别通过数值实验对 MTR 机制和 SM–MTR 机制的性能进行了研究。最后考虑单边和双边环境下的运输服务资源分配问题，提出了一种集成机制设计方法，并总结了重要的管理启示。

第一节　引　　言

　　运输服务采购是指在运输市场上确定运输和交换关系的问题。一般来说，该运输市场由托运人、承运人和第三方交换服务提供商组成。通常来讲，托运人（通常是大型制造商或零售商）提供物流工作，让他们的货物在商业伙伴之间运输；承运人（如卡车运输公司、物流商）的运输服务可以按市场上的现行价格购买，也可以按照约定的价格和服务水平协议合同购买；第三方交易服务通过技术平台（如现货市场、电子市场）提供，方便托运人和承运人之间的交易。然而，随着业务之间关系变得更加动态和灵活，运输服务采购过程中的智能化需求越来越大（张嘉敏和张嘉锐，2022）。例如，当运输服务现行价格大幅下降时（如燃料价格突然下降，新的承运人进入），托运人可能不得不违反与长期承运人的合同约定，支付一定的违约成本，以现行价格购买这些服务或重新谈判以确定新合同。此外，据相关研究估计，美国每年浪费在运输上的资金达到800亿美元，空载占了很大一部分（Nair，2013）。近年来，互联网商务已经成功渗透到货运市场。随着电子物流市场和智能物流等技术的兴起，将有可能进一步提高整个运输市场的经济性和效率。

当前，大多数研究关注物流运输服务，然而，垃圾运输服务市场作为运输服务采购市场中的一部分，却很少受到学者的广泛关注。与其他物流运输服务相比，商业废弃物运输服务市场具有自身的显著特征。例如，（1）相比餐厨废弃物和生活废弃物，商业废弃物具有更高的回收价值，由于需要专业化的运输车辆和设施，因此，合格的运输商较少，这就使得商业固体可回收垃圾运输市场通常以运输商为主。（2）每个回收商可能有多种类型的商业固体可回收废弃物，然而，这些商业固体可回收废弃物数量往往呈现出小批量的特点。因此，传统的按照合同约定的运输服务可能无法满足回收商的需求。（3）由于商业废弃物具有小批量特征，一家回收商的商业固体可回收废弃物很难装满运输车辆。因此，以往按照约定的合同价格运输商业垃圾模式造成了空载浪费。（4）尽管商业固体可回收废弃物具有重要的回收价值，但由于其运输成本较高，会阻碍商业固体可回收废弃物的回收。例如，运输车辆可能距离商业固体可回收废弃物收集点较远，那么如果按照先前约定的合同价格可能就会使运输成本增加。随着商业固体可回收废弃物市场中买方和卖方之间的关系变得更加动态和灵活，越来越需要更便捷的方式来促进交易。此外，由于废弃物运输车辆和设施的高度专业化，将商业固体可回收废弃物运输服务外包给第三方承运人是当前的普遍现象。鉴于此，迫切需要开发一种有效的市场交易机制来确保商业固体可回收废弃物运输服务资源分配。

拍卖已经成为运输服务采购中最常用的方法之一（赖明辉等，2018）。尽管在过去的几十年里，人们在基于拍卖的运输服务采购上做了很多努力，但这些努力大多数都集中在满载服务的交易上。然而，为了提高市场的反应速度，满足更快交付较小出货量的需求，托运人和承运人都需要一种方法来确定零担运输的合理价格。文献中忽略基于拍卖的零担运输服务采购可能在于零担运输的风险，如货物损坏、盗窃和其他形式的损失。然而，这些风险在商业固体可回收垃圾运输中得到显著减轻，特别是当一辆车专门处理单一类型的商业固体可回收垃圾时。然而，随着需求的变化越来越快，考虑在线拍卖的零担运输需求变得更加重要。近年来，也有企业为零担运输需求提供拍卖平台（如 https：//www.huolala.cn/）。随着物流运输活动和配套技术的发展，基于拍卖的零担运输服务采购具有现实的必要性和可行性。

基于互联网的在线拍卖可以实现买卖双方的互动，避免了信息交流的不便。此外，在线拍卖不仅可以降低买卖双方的交易成本和信息成本，还可以实现交易时间和地点的便利性（徐琪和张慧贤，2019）。到目前为止，还没有文献关注商业固体可回收废弃物运输服务采购的在线拍卖。本节总结了现有废弃物运输服务研究的局限性：首先，以往的研究大多是从供应链的角度降低废弃物运输成本，并没有考虑运输服务资源分配和定价；其次，现有研究很少考虑废弃物运输服务市场中的激励兼容性。事实上，现有文献几乎没有考虑承运人和托运人对废弃物运输服务的估值。也就是说，以往的研究不能有效反映废弃物运输服务市场的真实价值。

鉴于目前市场交易机制无法真实反映废弃物运输服务的真实市场

价值，本章试图探索一种实现商业固体可回收废弃物运输资源分配和定价的有效方法。因此，本章的目的是提出一种双边拍卖机制来解决废弃物运输服务资源分配问题。具体而言，本章旨在回答以下研究问题：（1）如何设计和实施双边拍卖方法以制定最佳的运输服务资源分配策略？（2）如何根据废弃物运输服务市场中买卖双方的供求关系确定最佳交易价格？（3）供需数量、参与拍卖的人数、估值范围等因素如何影响垃圾运输服务采购市场？

为了有效地回答上述提出的研究问题，本章开发了废弃物运输服务的 MTR 市场交易机制。根据废弃物运输服务市场的供需关系，考虑了供给平衡、供不应求和供过于求三种市场情景，并制定了相应的拍卖分配规则。此外，本章还证明了 MTR 机制可以实现个人理性、预算平衡、激励兼容和渐近效率。数值研究也有力地证明了本章提出的拍卖机制适用于解决废弃物运输服务采购问题。虽然已有文献对废弃物运输服务采购进行了研究，但迄今为止，尚无关于商业固体可回收废弃物运输服务市场机制设计的文献资料。拍卖机制的应用在很多领域都有广泛的报道，但并不包括垃废弃物输服务资源分配的应用。因此，本章致力于通过引入双边拍卖机制理论来填补这一空白，促进废弃物运输服务市场的发展。

第二节　废弃物运输服务采购模型构建

本节将清晰展示废弃物运输服务资源分配模型的构建过程，从问题描述、参数符号和基本模型三个方面进行详细阐述。

一、废弃物运输服务采购问题描述

一个在线拍卖平台由多个运输商和多个回收商组成。每个运输商至少可以提供一个单位的运输服务，而回收商需要至少一个单位的运输服务以收集运输商业固体可回收废弃物。为了便于分析，本章将回收商简称为买家，而运输商简称为卖家。参与者（即买卖双方）都需要通过第三方在线拍卖平台进行交易。卖家需要通过平台提供运输服务的详细信息（如车辆类型、服务时间段、司机信息等），以便买家根据其信息作出决策并给出投标价格，如图 5 - 1 所示。I 表示买家的集合，J 表示卖家的集合。在本章中，买卖双方都被称为"代理人"。在本章提出的拍卖模型中，"出价"一词将用于表示代理人的声明。

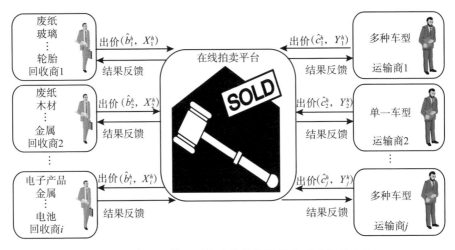

图 5 - 1　商业固体可回收废弃物运输服务采购双边市场

在具有 m 个买家和 n 个卖家组成的废弃物运输服务采购市场中，每个买家 $i(i \in I)$ 对于商业固体可回收废弃物种类 h 需要购买 X_i^h 个单位运输服务需求，每个卖家 $j(j \in J)$ 对商业固体可回收废弃物种类 h 有 Y_j^h 个单位运输服务可以提供。本章假设 X_i^h 和 Y_j^h 都是常识，这可以在很多文献中找到，如库马尔、巴兰瓦尔和维迪亚尔蒂（Kumar, Baranwal & Vidyarthi，2022）。注意，X_i^h 和 Y_j^h 不可以进行拆分交易。每个代理人都有自己的保留价。事实上，这种保留价是买卖双方的私人知识。设 b_i^h 和 c_j^h 分别为买家和卖家对商业固体可回收废弃物种类 h 的保留价。此外，令 $\hat{b}_i^h$ 和 $\hat{c}_j^h$ 分别为买家 i 和卖家 j 对单位商业固体可回废弃物种类 h 提交的密封投标价格。值得注意的是，$\hat{b}_i^h$ 和 $\hat{c}_j^h$ 可能等于或不等于买家/卖家的估值。

事实上，每个买家或卖家都努力最大化自己的效用，因为在模型中假设每个代理人都是自私自利的（Sayman & Akçay，2020），也同时假设所有代理人都具有准线性效用，在此假设前提下，代理人的效用是其保留价与实际支付金额之差。如果代理人不进行任何交易，那么效用为零。拍卖平台的收入为买家的总付款与卖家的总收入之差，社会总福利为所有代理人效用与拍卖平台的收入之和。在提出的双边拍卖模型中，要求卖家和买家在拍卖期间各自提交密封报价，并根据所有参与者的密封报价生成所有代理人都能够接受的最优输出结果。

二、模型参数符号

通过上述的问题描述之后，表 5 – 1 给出了本章模型需要用到的参数符号及相关描述。

表 5 – 1　　　　　　　　本章模型的参数符号及相关描述

参数符号	相关描述
I	回收商集合（$i \in I$）
J	运输商集合（$j \in J$）
H	商业固体可回收废弃物种类集合（$h \in H$）
X_i^h	回收商 i 对于商业固体可回收废弃物种类 h 的运输服务需求量
Y_j^h	运输商 j 对于商业固体可回收废弃物种类 h 的运输服务供给量
b_i^h	回收商 i 对于商业固体可回收废弃物种类 h 的保留价
c_j^h	运输商 j 对于商业固体可回收废弃物种类 h 的保留价
$\hat{b}_i^h$	回收商 i 对于商业固体可回收废弃物种类 h 的密封投标价格

参数符号	相关描述
$\hat{c}_j^h$	运输商 j 对于商业固体可回收废弃物种类 h 的密封投标价格
q_{ij}^h	回收商 i 从运输商 j 购买的商业固体可回收废弃物种类 h 的运输服务数量
μ_i^h	回收商 i 对于商业固体可回收废弃物种类 h 的效用
μ_j^h	运输商 j 对于商业固体可回收废弃物种类 h 的效用

三、废弃物运输服务采购基本模型

本章构建的线性基本模型如下：

$$U(I, J) = \max \sum_{i=1}^{I} \sum_{j=1}^{J} \sum_{h=1}^{H} (b_i^h - c_j^h) q_{ij}^h, \quad (5-1)$$

$$\text{s. t.} \sum_{j=1}^{J} q_{ij}^h \leqslant X_i^h, \ i \in I, \ h \in H, \quad (5-2)$$

$$\sum_{i=1}^{I} q_{ij}^h \leqslant Y_j^h, \ j \in J, \ h \in H, \quad (5-3)$$

$$q_{ij}^h \geqslant 0, \ \forall i, j, h. \quad (5-4)$$

目标函数（5-1）表示最大社会福利，约束条件（5-2）表示回收商 i 购买商业固体可回收废弃物种类 h 的运输服务数量不能超过需求量，约束条件（5-3）表示运输商 j 出售商业固体可回收废弃物种类 h 的运输服务数量不能超过供给量；约束条件（5-4）表示回收商 i 购买商业固体可回收废弃物种类 h 的运输服务数量为非负。

显然，模型中并没有显示交易价格，但这并不意味着交易价格对社会总福利没有影响。事实上，交易价格会影响每个回收商和运输商的效用。这里用一个简单例子来说明交易价格如何影响代理人的效用。表5-2列出了一个交易价格影响代理人效用的例子。在表5-2中，假设商业固体可回收废弃物种类 $h=1$，即运输商和回收商只有一种类型的商业固体可回收废弃物可交易。显然，密封投标为（2，1）、（3，1）和（5，1）的运输商与密封报价为（12，1）、（10，1）和（8，1）

进行交易。当交易价格为 7 时，运输商（卖家）的效用为 5、4 和 2，回收商（买家）的效用为 5、3 和 1，社会总福利为 20。当交易价格为 6 时，运输商（卖家）的效用分别为 4、3 和 1，而回收商（买家）的效用分别为 6、4 和 2，社会福利总额仍为 20。显而易见，当交易价格降低时，运输商（卖家）的效用降低，而回收商（买家）的效用增加。

表 5－2　　　　　　　交易价格影响代理人效用的例子

运输商 $(\hat{c}_j^h, Y_j^h)$	回收商 $(\hat{b}_i^h, X_i^h)$	是否参与交易	交易价格为 7		交易价格为 6	
			运输商 j 的效用	回收商 i 的效用	运输商 j 的效用	回收商 i 的效用
(2, 1)	(12, 1)	是	5	5	4	6
(3, 1)	(10, 1)	是	4	3	3	4
(5, 1)	(8, 1)	是	2	1	1	2
(7, 1)	(6, 1)	否	—	—	—	—
(10, 1)	(4, 1)	否	—	—	—	—

虽然上述例子中的交易价格不会改变社会总福利，但由于参与者的自私性，他们总是试图最大化自己的效用，因此这种机制很难保证参与者的真实竞价，一些代理人可能会虚报自己的保留价，以从双边市场交易中获得更多的效用。就上述模型而言，如果所有参数信息都是公开的，那么通过求解线性模型可以获得最大的社会福利。然而，由于运输商（卖家）和回收商（买家）对运输服务都有自己的保留价，因此，在上述模型的基础上，需要设计一种交易机制以解决上述可能出现的问题，并进一步激励所有代理人上报真实的保留价。

第三节　交易机制设计

本节将介绍废弃物运输服务资源采购的 MTR 机制，并分析该机制的重要性质（如个体理性、激励相容、预算平衡和分配效率），并以一个简单例子来应用提出的机制。最后，考虑商业固体可回收废弃物运输的成本，本章提出了 SM – MTR 机制。

一、MTR 机制

回收商 i 对于商业固体可回收废弃物种类 h 的密封投标价格 $\hat{b}_i^h$ 按照降序来进行排列，运输商 j 对于商业固体可回收废弃物种类 h 的密封投标价格 $\hat{c}_j^h$ 按照升序来进行排列：

$$\hat{c}_1^h \leqslant \hat{c}_2^h \leqslant \cdots \leqslant \hat{c}_n^h$$
$$\hat{b}_1^h \geqslant \hat{b}_2^h \geqslant \cdots \geqslant \hat{b}_m^h \qquad (5-5)$$

对于商业固体可回收废弃物种类 h，假设有 K 个回收商和 L 个运输商赢得拍卖。在获得回收商和运输商对于商业固体可回收废弃物种类 h 的密封投标价格后，可以确定临界数量，即 $Q^{h*} = \min\left\{\sum_{i=1}^{K} X_i^h, \sum_{j=1}^{L} Y_j^h\right\}$，然后在 Q^{h*} 进行市场出清。在本章提出的 MTR 机制中，社会福利最大化时商业固体可回收废弃物种类 h 的总交易量为 $Q^{h'} = \min\left\{\sum_{i=1}^{K-1} X_i^h, \sum_{j=1}^{L-1} Y_j^h\right\}$。根据运输商和回收商的供需关系，对于商业固体可回收废弃物种类 h，有以下三种情景：

情景（Ⅰ）：$\sum_{i=1}^{K} X_i^h = \sum_{j=1}^{L} Y_j^h$；

情景（Ⅱ）：$\sum_{j=1}^{L-1} Y_j^h < \sum_{i=1}^{K} X_i^h < \sum_{j=1}^{L} Y_j^h, \ \hat{b}_K^h \geqslant \hat{c}_L^h > \hat{b}_{K+1}^h$；

情景（Ⅲ）：$\sum_{i=1}^{K-1} X_i^h < \sum_{j=1}^{L} Y_j^h < \sum_{i=1}^{K} X_i^h, \ \hat{c}_{L+1}^h > \hat{b}_K^h \geqslant \hat{c}_L^h$。

$$\sum_{j=1}^{L-1} Y_j^h \leqslant \sum_{i=1}^{K-1} X_i^h \qquad (5-6)$$

$$\sum_{j=1}^{L-1} Y_j^h \geqslant \sum_{i=1}^{K-1} X_i^h \qquad (5-7)$$

如果满足不等式（5-6），那么提出的 MTR 拍卖机制应按照如下规则 A 进行。

规则 A：

步骤 1：对于商业固体可回收废弃物种类 h，下标 $j < L$ 的所有运输商以投标价格 $\hat{c}_L^h$ 出售 Y_j^h 个运输服务数量；

步骤 2：对于商业固体可回收废弃物种类 h，下标为 $i < K$ 的所有回收商以投标价格 $\hat{b}_K^h$ 购买商业固体可回收废弃物运输服务。拍卖平台按照回收商（$i < K$）的需求降序排列；

步骤 3：如果回收商有相同的需求，那么就使用扰动技术来处理。对于商业固体可回收废弃物种类 h，令 $r_{i'}^h$ 表示回收商 i' 的排名，则所有回收商（$i < K$）的升序排名为：$r_{1'}^h < r_{2'}^h < \cdots, < r_{(K-1)'}^h$，请注意，这里的 i' 不一定等于 i；

步骤 4：对于商业固体可回收废弃物种类 h，成功交易的每个回收商 i' 将得到的废弃物量为 $\bar{q}_{i'}^h = [X_{i'}^h \sum_{j=1}^{L-1} Y_j^h / \sum_{i'=1'}^{(K-1)'} X_{i'}^h]$，其中，$\bar{q}_{i'}^h \leqslant X_{i'}^h$，$\sum_{i'=1'}^{(K-1)'} X_{i'}^h = \sum_{i=1}^{K-1} X_i^h$。那么运输商剩余供应量 $RS^h = \sum_{j=1}^{L-1} Y_j^h - \sum_{i=1}^{K-1} \bar{q}_{i'}^h$。接下来，根据回收商的需求和排名再次分配 RS^h。令 $q_{i'}^h$ 表示回收商 i' 最终获得的交易数量，$q_{i'}^h$ 由以下等式确定：

$$q_{i'}^h = \begin{cases} \min\{X_{i'}^h, \bar{q}_{i'}^h + [RS^h - \sum_{a'=(i+1)'}^{(K-1)'} (q_{a'}^h - \bar{q}_{a'}^h)]\} & , 1 \leqslant i' \leqslant (K-2)' \\ \min\{X_{(K-1)'}^h, \bar{q}_{(K-1)'}^h + RS^h\} & , i' = (K-1)' \end{cases}$$

其中，$q_{i'}^h$ 是整数，且满足 $\bar{q}_{i'}^h \leqslant q_{i'}^h \leqslant X_{i'}^h$。

如果满足不等式（5-7），那么提出的 MTR 拍卖机制将按照如下规则 B 进行。

规则 B：

步骤 1：对于商业固体可回收废弃物种类 h，下标 $i < K$ 的所有回

收商以投标价格 $\hat{b}_K^h$ 购买 X_i^h 个运输服务数量；

步骤 2：对于商业固体可回收废弃物种类 h，下标为 $j < L$ 的所有运输商以投标价格 $\hat{c}_K^h$ 购买商业固体可回收废弃物运输服务。拍卖平台按照运输商（$j < L$）的供给降序排列；

步骤 3：如果运输商有相同的需求，那么就使用扰动技术来处理。对于商业固体可回收废弃物种类 h，令 $r_{j'}^h$ 表示运输商 j' 的排名，则所有运输商（$j < L$）的升序排名为：$r_{1'}^h < r_{2'}^h < \cdots, < r_{(L-1)'}^h$，请注意，这里的 j' 不一定等于 j；

步骤 4：对于商业固体可回收废弃物种类 h，成功交易的每个运输商 j' 将得到的运输服务量为 $\bar{q}_{j'}^h = \left[Y_{j'}^h \sum_{i=1}^{K-1} X_i^h \bigg/ \sum_{j'=1'}^{(L-1)'} Y_{j'}^h \right]$，其中，$\bar{q}_{j'}^h \leqslant Y_{j'}^h$，$\sum_{j'=1'}^{(L-1)'} Y_{j'}^h = \sum_{j=1}^{L-1} Y_j^h$。那么运输商剩余供应量 $RD^h = \sum_{i=1}^{K-1} X_i^h - \sum_{j=1}^{L-1} \bar{q}_{j'}^h$。接下来，根据运输商的需求和排名再次分配 RD^h。令 $q_{j'}^h$ 表示运输商 j' 最终获得的交易数量，$q_{j'}^h$ 由下列等式确定：

$$q_{i'}^h = \begin{cases} \min\left\{ Y_{j'}^h, \; \bar{q}_{j'}^h + \left[RD^h - \sum_{b'=(j+1)'}^{(L-1)'} (q_{b'}^h - \bar{q}_{b'}^h) \right] \right\}, & 1 \leqslant j' \leqslant (L-2)' \\ \min\left\{ Y_{(L-1)'}^h, \; \bar{q}_{(L-1)'}^h + RD^h \right\}, & j' = (L-1)' \end{cases}$$

其中，$q_{j'}^h$ 是整数，且满足 $\bar{q}_{j'}^h \leqslant q_{j'}^h \leqslant Y_{j'}^h$。

然后可以通过以下公式计算拍卖平台获得的总贸易顺差（TTS）：

$$TTS = (\hat{b}_K^h - \hat{c}_L^h) Q^{h'}$$

此外，回收商 i 和运输商 j 对于商业固体可回收废弃物种类 h 的效用 μ_i^h 和 μ_j^h 分别用如下方程进行计算：

$$\mu_i^h = (\hat{b}_i^h - b_K^h) \times \min\{X_i^h, \; q_i^h\}, \quad i = 1, 2, \cdots, K-1$$

$$\mu_j^h = (\hat{c}_L^h - c_j^h) \times \min\{Y_j^h, \; q_j^h\}, \quad j = 1, 2, \cdots, L-1$$

通过以上机制设计分析，本章总结出 MTR 机制的流程如图 5 - 2 所示。

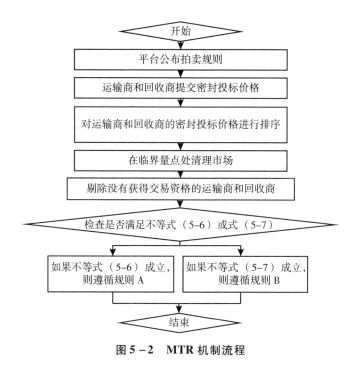

图 5 – 2   MTR 机制流程

二、一个例子

为了进一步理解提出的 MTR 机制，这里用一个简单的例子来加以说明，相关数据和结果如表 5 – 3 所示。假设商业固体可回收废弃物种类 $h = 2$。当 $h = 1$ 时，可知 $K = L = 5$，$\hat{b}_K^h = 11$ 和 $\hat{c}_L^h = 9$，运输商的运输服务数量供给小于回收商的运输服务数量需求，即 $\sum_{j=1}^{4} Y_j^1 = 11 \leqslant \sum_{i=1}^{4} X_i^1 = 14$，因此，应采用规则 A 来计算回收商的分配量。最终赢得拍卖资格的回收商获得的基础交易量分别为 $\bar{q}_{3'}^1 = [3 \times 11/14] = 2$，$\bar{q}_{2'}^1 = 3$，$\bar{q}_{4'}^1 = 1$ 和 $\bar{q}_{1'}^1 = 3$。剩余未分配的运输服务数量 $RS^1 = \sum_{j=1}^{4} Y_j^1 - \sum_{i=1}^{K-1} \bar{q}_{i'}^1 = 11 - 9 = 2$，根据规则 A 可知，回收商 4 将获得剩余量再分配

的优先资格权利，于是 $q_{1'}^1 = \min\{X_{1'}^1, \ \bar{q}_{1'}^1 + RS^1\} = \min\{5, \ 3+2\} =$

5。因此，当 $h = 1$ 时，回收商 1、2、3 和 4 最终获得商业固体可回收废弃物种类 1 的运输服务数量分配结果分别为 2、3、1 和 5，平台

的收益为 $\sum_{j=1}^{4} Y_j^1 \times (\hat{b}_5^1 - \hat{c}_5^1) = 11 \times (11 - 9) = 22$，运输商的效用为

$\sum_{j=1}^{4} \mu_j^1 = 10 + 4 + 9 + 10 = 33$，而回收商的效用为 $\sum_{i=1}^{4} \mu_i^h = 10 + 9 +$

$2 + 5 = 26$，总的社会福利为 $22 + 33 + 26 = 81$。

表 5 – 3　　　　　　　　　　一个说明性示例

h	运输商 $(\hat{c}_j^h, Y_j^h; r_j^h)$	回收商 $(\hat{b}_i^h, X_i^h; r_{i'}^h)$	基础分配量	剩余量再分配	$q_{i'}^h / q_j^h$	μ_j^h	μ_i^h
	$(4, 2)$	$(16, 3; r_{3'}^1)$	$\bar{q}_{3'}^1 = 2$	–	2	10	10
	$(5, 1)$	$(14, 4; r_{2'}^1)$	$\bar{q}_{2'}^1 = 3$	–	3	4	9
	$(6, 3)$	$(13, 2; r_{4'}^1)$	$\bar{q}_{4'}^1 = 1$	–	1	9	2
$h=1$	$(7, 5)$	$(12, 5; r_{1'}^1)$	$\bar{q}_{1'}^1 = 3$	$\min\{5, \ 3+2\} = 5$	5	10	5
	$(9, 2)$	$(11, 1)$	–	–	–	–	–
	$(12, 4)$	$(8, 3)$	–	–	–	–	–
	$(7, 3; r_{1'}^2)$	$(20, 2)$	$\bar{q}_{1'}^1 = 2$	$\min\{3, \ 2+1\} = 3$	3	15	14
	$(8, 2; r_{2'}^2)$	$(18, 1)$	$\bar{q}_{2'}^1 = 1$	–	1	4	5
$h=2$	$(10, 1; r_{3'}^2)$	$(16, 2)$	$\bar{q}_{3'}^1 = 1$	–	1	2	6
	$(12, 4)$	$(13, 2)$	–	–	–	–	–
	$(14, 2)$	$(11, 1)$	–	–	–	–	–
	$(15, 6)$	$(10, 3)$	–	–	–	–	–

当 $h = 2$ 时，可知 $K = L = 4$，$\hat{b}_K^h = 13$ 和 $\hat{c}_L^h = 12$，运输商的运输服

务数量供给大于回收商的运输服务数量需求，即 $\sum_{j=1}^{3} Y_j^2 = 6 \geqslant \sum_{i=1}^{3} X_i^2 =$

5，因此，规则 B 将用来计算运输商的分配量。赢得拍卖的运输商获

得的基础交易量分别为 $\bar{q}_{1'}^2 = [3 \times 5/6] = 2$，$\bar{q}_{2'}^2 = 1$ 和 $\bar{q}_{1'}^2 = 1$。剩余

未分配的运输服务数量 $RD^2 = \sum_{i=1}^{3} X_i^2 - \sum_{j=1}^{L-1} \bar{q}_{j'}^2 = 5 - 4 = 1$，根据上述

规则 B 可知，运输商 1 将获得剩余量再分配的优先资格，于是 $q_{1'}^2 =$

$\min\{Y_{j'}^2, \bar{q}_{1'}^2 + RD^2\} = \min\{3, 3+1\} = 3$。为此，当 $h = 2$ 时，运输商

1、2 和 3 最终获得商业固体可回收废弃物种类 2 的运输服务数量分

配结果分别为 3、1 和 1，平台的收益为 $\sum_{j=1}^{3} Y_j^2 \times (\hat{b}_4^2 - \hat{c}_4^2) = 5 \times$

$(13 - 12) = 5$，运输商的效用为 $\sum_{j=1}^{3} \mu_j^2 = 15 + 4 + 2 = 21$，而回收商的

效用为 $\sum_{i=1}^{3} \mu_i^2 = 14 + 5 + 6 = 25$，总的社会福利为 $5 + 21 + 25 = 51$。因

此，如果商业固体可回收废弃物种类只有两种时，那么最终拍卖分配

结果如表 5 - 3 所示，平台总的收益为 27，总的社会福利为 132。

三、MTR 机制性质

性质一：MTR 机制相对于保留值、预算平衡和个体理性是激励相容的。

证明：当不等式（5 - 6）成立时，假设运输商 j 对商业固体可回收废弃物种类 h 的保留价为 c_j^h，提交的密封投标价格为 $\hat{c}_j^h$，而其余运输商都是真实出价。从运输商 j 对商业固体可回收废弃物种类 h 的效用函数不难看出，运输商 j 对商业固体可回收废弃物种类 h 的效用值与密封投标价格 $\hat{c}_j^h$、保留价 c_j^h 和成交数量有关。事实上，在不等式（5 - 7）成立的前提下，获得交易的运输商 j 将出售 Y_j^h 个商业固体可回收废弃物种类为 h 的运输服务数量。接下来，本章将讨论保留值 c_j^h、密封投标价格 $\hat{c}_j^h$ 和交易价格 c_L^h 三者之间的大小关系，以进一步证明如实投标是运输商的最佳策略。

（1）如果 $c_L^h > c_j^h > \hat{c}_j^h$，那么运输商 j 对商业固体可回收废弃物种

类 h 的效用为 $\mu_j^h = (c_L^h - c_j^h) \times Y_j^h$，显然，此时运输商 j 对商业固体可回收废弃物种类 h 的效用值与真实的投标价格相等。显而易见，运输商以低于保留值 c_j^h 的价格来投标并没有提高其效用值。因此，此种投标策略并没有价值。

（2）如果 $\hat{c}_j^h > c_j^h$，那么运输商 j 可能会失去交易资格，即当 $\hat{c}_j^h > c_L^h > c_j^h$ 时，这对运输商来说是一种损失。即使 $c_L^h > \hat{c}_j^h > c_j^h$ 时，运输商的效用与真实投标的效用相等。因此，运输商并不会冒着失去交易资格的风险采用该策略。

（3）如果 $c_j^h \geqslant c_L^h > \hat{c}_j^h$ 或 $c_j^h > \hat{c}_j^h > c_L^h$，那么运输商 j 对商业固体可回收废弃物种类 h 的效用为 $\mu_j^h = (c_L^h - c_j^h) \times Y_j^h < 0$。即如果运输商为了获得交易资格而以低于保留价的价格进行密封投标，那么运输商即使获得交易，其效用值也将为负数。因此，运输商不会采用该策略。

（4）如果 $\hat{c}_j^h > c_j^h \geqslant c_L^h$，那么运输商的效用将为零，因此运输商 j 不会赢得拍卖。

因此，对于运输商 j，上述 4 种情景并不会改善运输商的效用。相反，在某些情境下，上述的一些投标策略可能对运输商不利。因此，运输商 j 只有如实投标才能获得最大效用。

接下来分析回收商的投标策略。假设回收商 i 对商业固体可回收废弃物种类 h 的保留价为 b_i^h，提交的密封投标价格为 $\hat{b}_i^h$，而其余回收商都真实出价。这里分以下几种情景进行讨论分析：

（1）如果 $\hat{b}_i^h > b_i^h > b_K^h$ 或 $b_i^h > \hat{b}_i^h > b_K^h$，那么回收商 i 对商业固体可回收废弃物种类 h 的效用为 $\mu_i^h = (b_i^h - b_K^h) \times \min\{X_i^h, q_i^h\}$，显然，这并没有增加回收商 i 的效用，为此，该出价策略没有意义。

（2）如果 $\hat{b}_i^h > b_K^h \geqslant b_i^h$，那么回收商 i 对商业固体可回收废弃物种类 h 的效用为 $\mu_i^h = (b_i^h - b_K^h) \times \min\{X_i^h, q_i^h\} \leqslant 0$。事实上，即使回收商 i 最终赢得拍卖，其效用也为负数。

（3）如果 $b_K^h > \hat{b}_i^h > b_i^h$ 或 $b_K^h > b_i^h > \hat{b}_i^h$，那么回收商 i 在此次拍卖中将不会成为赢者，因为他的密封投标价格低于成交价格。

（4）如果 $b_i^h > b_K^h > \hat{b}_i^h$，那么回收商 i 的效用为零。事实上，如果回收商 i 真实出价，那么他完全可以在拍卖中获胜。然而，由于其误报密封投标价格，使其失去了成为赢者的可能性。

因此，对于回收商 i 而言，上述 4 种情景并不会改善其效用。相反，在某些场景下，这些投标策略可能对回收商不利。因此，回收商 i 只有如实投标才能获得最大效用。

总而言之，如果不等式（5-6）成立，那么回收商和运输商的最佳策略都是真实投标，即 $b_i^h = \hat{b}_i^h$，$c_j^h = \hat{c}_j^h$。同理，如果满足不等式（5-7），类似的证明过程如上所示，本节不再对其证明过程进行详细阐述。

性质二：MTR 机制的效率损失有限，但当最终交易中参与者的数量趋于无穷大时，市场无效率比率趋于零。

证明：在 MTR 机制中，对于商业固体可回收废弃物种类 h 而言，假设在拍卖中有 K 个回收商和 L 个运输商最终成为赢者，那么总的效率损失 $\eta(K, L, h)$ 可以用如下方程表示：

$$\eta(K, L, h) = (b_K^h - c_L^h)(Q^{h*} - Q^{h'}) + \psi^h$$

其中，$(b_K^h - c_L^h) \times (Q^{h*} - Q^{h'})$ 表示应用 MTR 机制时平台的效率损失，因为只有 $K-1$ 个回收商和 $L-1$ 个运输商才能完成最终的交易。ψ^h 表示对于商业固体可回收废弃物种类 h，运输商或者回收商的效率损失。如果不等式（5-6）成立，那么 $\psi^h \leqslant (b_1^h - b_K^h) \times Y_L^h$。如果满足不等式（5-7），那么 $\psi^h \leqslant (c_L^h - c_1^h) \times X_K^h$。对于商业固体可回收废弃物种类 h 而言，其社会福利 $U(K, L, h)$ 可以用如下方程表示：

$$U(K, L, h) = (b_K^h - c_L^h)Q^{h*} + \sum_{i=1}^{K}(b_i^h - b_K^h)X_i^h + \sum_{j=1}^{L}(c_L^h - c_j^h)Y_j^h$$

其中，$(b_K^h - c_L^h)Q^{h*}$ 表示拍卖平台的收益，$\sum_{i=1}^{K}(b_i^h - b_i^h)X_i^h$ 和 $\sum_{j=1}^{L}(c_L^h - c_j^h)Y_j^h$ 分别表示回收商和运输商对拍卖系统效率的贡献。因此，提出的 MTR 拍卖机制的市场无效率比率 $\rho(K, L, h)$ 可表示为：

$$\rho(K, L, h) = \frac{E[\eta(K, L, h)]}{E[U(K, L, h)]}$$

其中，$E[\cdot]$ 表示期望算子。对于任何一种商业固体可回收废弃物种类 h，假设 X_i^h 符合随机变量 X^h 的独立随机样本分布，而 Y_j^h 符合随机变量 Y^h 的独立随机样本分布。且满足 $0 < E[X^h]$，$E[Y^h] < \infty$。假设运输商 j 和回收商 i 对商业固体可回收废弃物种类 h 的投标价格在相同的区间 $[\in^{h-}, \in^{h+}]$ 内，且满足 $0 < \in^{h-} < \in^{h+} < \infty$。文献（Huang & Xu，2013）已经证明了等式 $E[b_i - b_k] = \frac{k-i}{m+1}(\in^+ - \in^-)$，$1 \leqslant i < k \leqslant m$ 和 $E[c_l - c_j] = \frac{l-j}{n+1}(\in^+ - \in^-)$，$1 \leqslant j < l \leqslant n$ 成立。同理，可以证明对于任何一种商业固体可回收废弃物种类 h，有 $E[b_i^h - b_K^h] = \frac{k-i}{m+1}(\in^{h+} - \in^{h-})$，$1 \leqslant i < k \leqslant m$，和 $E[c_L^h - c_j^h] = \frac{l-j}{n+1}(\in^{h+} - \in^{h-})$，$1 \leqslant j < l \leqslant n$ 成立。因此：

$$\rho(K, L, h)$$

$$= \frac{E[\eta(K, L, h)]}{E[U(K, L, h)]}$$

$$= \frac{E[(b_K^h - c_L^h)Y_L^h + \psi^h]}{E\left[\sum_{j=1}^{L}(b_K^h - c_L^h)Y_j^h + \sum_{i=1}^{K}(b_i^h - b_K^h)X_i^h + \sum_{j=1}^{L}(c_L^h - c_j^h)Y_j^h\right]}$$

$$\leqslant \frac{E[(b_K^h - c_L^h)Y_L^h + (b_1^h - b_K^h)Y_L^h]}{E\left[\sum_{j=1}^{L}(b_K^h - c_L^h)Y_j^h + \sum_{i=1}^{K}(b_i^h - b_K^h)X_i^h + \sum_{j=1}^{L}(c_L^h - c_j^h)Y_j^h\right]}$$

$$\leqslant \frac{E[b_K^h - c_L^h]E[Y^h] + \frac{K-1}{m+1}(\in^{h+} - \in^{h-})E[Y^h]}{E[L(b_K^h - c_L^h)]E[Y^h] + \left(\frac{K(K-1)}{2(m+1)}E[X^h] + \frac{L(L-1)}{2(n+1)}E[Y^h]\right)(\in^{h+} - \in^{h-})}$$

$$\leqslant \max\left\{\frac{E[b_K^h - c_L^h]E[Y^h]}{E[L(b_K^h - c_L^h)]E[Y^h]}, \frac{\frac{K-1}{m+1}(\in^{h+} - \in^{h-})E[Y^h]}{\frac{K(K-1)}{2(m+1)}(\in^{h+} - \in^{h-})E[X^h]}\right\}$$

$$\leqslant \max\left\{\frac{1}{L}, \frac{2E[Y^h]}{KE[X^h]}\right\}$$

事实上，每种商业固体可回收废弃物种类的 K 和 L 数值可能是不同的。上面不等式表明对于任何一种商业固体可回收废弃物种类，如果成为赢者的 K 和 L 足够大，那么市场无效率比率 $\rho(K, L, h)$ 趋近于零。

性质三：提出的机制是渐进效率的。

事实上，从性质三可以看出，当商业固体可回收废弃物运输服务市场规模足够大时，市场无效率比率 $\rho(K, L, h)$ 趋于零，这表示通过 MTR 机制实现的社会福利与模型求解获得的最大社会福利比率趋近于 1。因此提出的 MTR 机制是渐进效率的。特别是当成功交易的 K 和 L 的数量趋于无穷大时，总交易量和社会福利最大值也趋于无穷大。由此可以得出结论，当 K 和 L 趋于无穷大时，本章提出的 MTR 机制所实现的社会福利必然无穷大。

性质四：对于任何一种商业固体可回收废弃物种类 h 而言，当提交密封投标价格回收商数量 m 不变，而提交密封投标价格的运输商数量 n 增加时，最终参与交易的回收商期望效用 $\sum_{i=1}^{K-1} \mu_i^h$ 将增加。

如果不等式 $\sum_{j=1}^{L-1} Y_j^h \leqslant \sum_{i=1}^{K-1} X_i^h$ 成立，那么有 $E[q_i^h] = E\left[\dfrac{X_i^h \sum_{j=1}^{L-1} Y_j^h}{\sum_{i=1}^{K-1} X_i^h}\right] =$

$\dfrac{(L-1)E[Y^h]}{K-1}$。而此时回收商总的商业固体可回收废弃物种类为 h 效用为：

$$E\left[\sum_{i=1}^{K-1} \mu_i^h\right] = E\left[\sum_{i=1}^{K-1} q_i^h(b_i^h - b_K^h)\right] = \frac{(L-1)E[Y^h]}{K-1}E\left[\sum_{i=1}^{K-1}(b_i^h - b_K^h)\right]$$

$$= \frac{K(L-1)E[Y^h]}{2(m+1)}(\in^{h+} - \in^{h-})$$

如果不等式 $\sum_{j=1}^{L-1} Y_j^h \geqslant \sum_{i=1}^{K-1} X_i^h$ 成立，那么此时回收商总的商业固体

可回收垃圾种类为 h 效用为：

$$E\left[\sum_{i=1}^{K-1}\mu_i^h\right] = E\left[\sum_{i=1}^{K-1}X_i^h(b_i^h - b_K^h)\right] = \frac{K(K-1)E[X^h]}{2(m+1)}(\in^{h+} - \in^{h-})$$

当回收商数量 m 不变时，上述两个等式中的分母不变，然而随着运输商数量 n 增加时，获得最终交易的 K 和 L 将增加，从而使上面两个等式中的分子变大，因此回收商的期望效用将明显增加。

性质四表明，在双边市场环境下，只增加参与拍卖的一方数量，将增加参与拍卖人数不变一方的效用。这是因为当回收商数量不变，而运输商数量增加时，将导致运输商参与者的市场竞争更加激烈，回收商将从运输商的激烈市场竞争环境中获得更多的利益。这种性质在现实环境中也是很常见的，例如，早期的共享出行市场，在用户市场规模一定的前提下，随着更多的共享出行公司的加入，消费者将获得更多的效用。

性质五：对于任何一种商业固体可回收废弃物种类 h 而言，当提交密封投标价格回收商数量 m 不变，而提交密封投标价格运输商数量 n 增加时，总的期望交易量 $E[Q^{h'}]$ 将增加。

如前所述，当不等式 $\sum_{j=1}^{L-1}Y_j^h \leqslant \sum_{i=1}^{K-1}X_i^h$ 成立时，商业固体可回收废弃物种类 h 的总交易量为 $Q^{h'} = \sum_{j=1}^{L-1}Y_j^h$。因此总的期望交易量 $E[Q^{h'}] = E\left[\sum_{j=1}^{L-1}Y_j^h\right] = (L-1)E[Y^h]$。如果不等式 $\sum_{j=1}^{L-1}Y_j^h \geqslant \sum_{i=1}^{K-1}X_i^h$ 成立，那么总的交易量为 $Q^{h'} = \sum_{i=1}^{K-1}X_i^h$。因此总的期望交易量为 $E[Q^{h'}] = E\left[\sum_{i=1}^{K-1}X_i^h\right] = (K-1)E[X^h]$。显然，如果参与商业固体可回收废弃物种类 h 投标的运输商数量 n 增加，那么最终赢得交易的运输商和回收商数量 K 和 L 将增加。由此性质五得到证明。类似地，可以证明，当运输商数量 n 不变，回收商数量 m 增加时，总交易量也将增加。由此可以得到一般的结论，只要增加参与投标的数量，那么总的交易量将增加。

四、SM - MTR 机制及性质

由于运输商车场位置和回收商的废弃物回收位置的地理分布不同，如果最终交易的运输商车场位置和回收商的废弃物回收位置距离太远，这显然会增加废弃物的运输成本。例如，如果位于农村地区的回收商与位于城市地区的运输商成功交易，那么可能导致运输商没有利润，这显然并不利于商业固体可回收废弃物运输服务市场的长远发展。因此，本章在 MTR 机制的基础上，设计了 SM - MTR 机制，以解决上述由于交易双方距离遥远而可能限制废弃物运输服务市场发展的问题。该平台将根据运输商的车场位置和回收商的废弃物回收位置进行随机分类，并在同一分类区域内匹配运输商和回收商。SM - MTR 机制流程如图 5 - 3 所示。

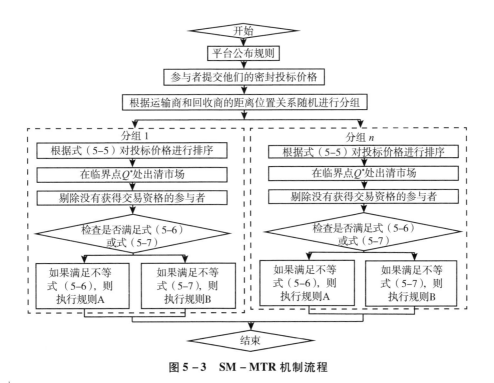

图 5 - 3　SM - MTR 机制流程

事实上，SM – MTR 机制是符合现实场景的。例如，在实践中，回收商通常不会选择距离废弃物回收点很远的车辆来运输垃圾，因为车辆从远距离过来运输将导致物流成本上升。与 MTR 机制相比，SM – MTR 机制有如下性质。

性质一：SM – MTR 机制中实现的总交易量小于 MTR 机制的总交易量。

在 MTR 机制中，假设对于商业固体可回收废弃物种类为 h 的拍卖中有 K 个回收商和 L 个运输商成为赢者，且 K 和 L 的期望数量分别满足 $E(K) = \beta m$ 和 $E(L) = \gamma n$，其中 m 和 n 分别表示回收商和运输商参与投标的数量，而参数 β 和 γ 可以通过历史数据进行估计，且满足 $0 \leqslant \beta \leqslant 1$，$0 \leqslant \gamma \leqslant 1$。在 MTR 机制中，如果不等式 $\sum_{j=1}^{L-1} Y_j^h \leqslant \sum_{i=1}^{K-1} X_i^h$ 成立，那么商业固体可回收废弃物种类 h 的总交易量为 $E[Q^{h'}(MTR)] = E[\sum_{j=1}^{L-1} Y_j^h] = (L-1)E[Y^h]$。因此，在 SM – MTR 机制中，假设回收商和运输商被随机分配为 $z(z \geqslant 2)$ 组，那么商业固体可回收废弃物种类为 h 的总的期望交易量为：

$$
\begin{aligned}
E[Q^h(SM-MTR)] &= E[Q_1^{h'}(MTR)] + E[Q_2^{h'}(MTR)] + \cdots + E[Q_z^{h'}(MTR)] \\
&= (L_1-1)E[Y_1^h] + (L_2-1)E[Y_2^h] + \cdots + (L_z-1)E[Y_z^h] \\
&= (\gamma n_1 - 1)E[Y_1^h] + (\gamma n_2 - 1)E[Y_2^h] + \cdots + (\gamma n_z - 1)E[Y_z^h] \\
&= \gamma(n_1 + n_2 + \cdots + n_z - z)E[Y^h] \\
&= (\gamma n - z)E[Y^h] < (\gamma n - 1)E[Y^h]
\end{aligned}
$$

其中，n_z 表示 z 组中参与密封投标商业固体可回收废弃物种类为 h 的运输商数量，显然 $n_1 + n_2 + \cdots + n_z = n$ 成立。对于种类为 h 的商业固体可回收废弃物而言，SM – MTR 机制中实现的总交易量要小于 MTR 机制中实现的总交易量。同理，类似的证明也适合不等式 $\sum_{j=1}^{L-1} Y_j^h \geqslant \sum_{i=1}^{K-1} X_i^h$ 成立时的场景，这里不再阐述证明过程。

性质二：SM – MTR 机制的效率损失大于 MTR 机制。即 SM –

MTR 机制的市场无效率比率大于 MTR 机制。

在 SM – MTR 机制中，对于种类为 h 的商业固体可回收废弃物，假设在第 z 组中有 K^z 个回收商和 L^z 个运输商获胜，那么总的效率损失 $\eta^h(SM-MTR)$ 可以表达为如下方程：

$$\eta^h(SM-MTR) = \eta_1^h(SM-MTR) + \eta_2^h(SM-MTR) + \cdots + \eta_z^h(SM-MTR)$$

其中，$\eta_z^h(SM-MTR) = (b_{K^z}^h - c_{L^z}^h)Y_{L^z}^h + \psi^z$，$(b_{K^z}^h - c_{L^z}^h)Y_{L^z}^h$ 表示拍卖平台在第 z 组中的种类为 h 的商业固体可回收废弃物的效率损失；ψ^z 表示回收商或运输商在第 z 组中的种类为 h 的商业固体可回收废弃物的效率损失。如果满足不等式 $\sum_{j=1}^{L-1} Y_j^h \leqslant \sum_{i=1}^{K-1} X_i^h$，那么 $\psi^z \leqslant (b_{1^z}^h - b_{K^z}^h)Y_{L^z}^h$；此外，如果满足不等式 $\sum_{j=1}^{L-1} Y_j^h \geqslant \sum_{i=1}^{K-1} X_i^h$，那么 $\psi^z \leqslant (c_{L^z}^h - c_{1^z}^h)X_{K^z}^h$。因此，第 z 组中的种类为 h 的商业固体可回收废弃物的社会总福利 $U^h(SM-MTR)$ 可用如下方程表示：

$$U^h(SM-MTR) = U_1^h(SM-MTR) + U_2^h(SM-MTR) + \cdots + U_z^h(SM-MTR)$$

其中，$U_z^h(SM-MTR) = (b_{K^z}^h - c_{L^z}^h)Q^{z*} + \sum_{i^z=1}^{K^z}(b_{i^z}^h - b_{K^z}^h)X_{i^z}^h + \sum_{j^z=1}^{L^z}(c_{L^z}^h - c_{j^z}^h)Y_{j^z}^h$。在 SM – MTR 机制中，种类为 h 的商业固体可回收废弃物的市场效率损失比率 $\rho^h(SM-MTR)$ 为：

$$\rho^h(SM-MTR) = \frac{E[\eta^h(SM-MTR)]}{E[U^h(SM-MTR)]}$$

如果不等式 $\sum_{j=1}^{L-1} Y_j^h \geqslant \sum_{i=1}^{K-1} X_i^h$ 成立，那么上述方程可以写为：

$$\rho^h(SM-MTR) = \frac{E[\eta^h(SM-MTR)]}{E[U^h(SM-MTR)]}$$

$$= \frac{E[\eta_1^h(SM-MTR) + \eta_2^h(SM-MTR) + \cdots + \eta_z^h(SM-MTR)]}{E[U_1^h(SM-MTR) + U_2^h(SM-MTR) + \cdots + U_z^h(SM-MTR)]}$$

$$\leqslant \max\left\{\frac{E[b_{K^z}^h - c_{L^z}^h]E[Y^h]}{E[L^1(b_{K^z}^h - c_{L^z}^h)]E[Y^h]}, \frac{\dfrac{K^1-1}{m^1+1}E[Y^h]}{\dfrac{K^1(K^1-1)}{2(m^1+1)}E[X^h]}, \cdots,\right.$$

$$\left.\begin{array}{c} \dfrac{K^z-1}{m^z+1}E\big[\,Y^h\,\big] \\[4mm] \dfrac{K^z(K^z-1)}{2(m^z+1)}E\big[\,X^h\,\big] \end{array}\right\}$$

$$\leq \max\left\{\ \frac{1}{L^1},\ \frac{1}{L^2},\ \cdots,\ \frac{1}{L^z},\ \frac{1}{K^1}\frac{2E\big[\,X^h\,\big]}{E\big[\,Y^h\,\big]},\ \frac{1}{K^2}\frac{2E\big[\,X^h\,\big]}{E\big[\,Y^h\,\big]},\ \cdots,\right.$$

$$\left. \frac{1}{K^z}\frac{2E\big[\,X^h\,\big]}{E\big[\,Y^h\,\big]}\right\}$$

显然，对于种类为 h 的商业固体可回收废弃物，可以得到 K^z 和 L^z 分别小于 K 和 L。因此，可以得到 $\max\left\{\ \dfrac{1}{L^1},\ \dfrac{1}{L^2},\ \cdots,\ \dfrac{1}{L^z},\right.$

$\dfrac{1}{K^1}\dfrac{2E\big[\,X^h\,\big]}{E\big[\,Y^h\,\big]},\ \dfrac{1}{K^2}\dfrac{2E\big[\,X^h\,\big]}{E\big[\,Y^h\,\big]},\ \cdots,\ \dfrac{1}{K^z}\dfrac{2E\big[\,X^h\,\big]}{E\big[\,Y^h\,\big]}\left.\right\}\geq \max\left\{\ \dfrac{1}{L},\ \dfrac{2E\big[\,Y^h\,\big]}{KE\big[\,X^h\,\big]}\right\}$，

性质七得到证明。

第四节　数值研究

虽然上述理论结果表明，提出的 MTR 机制和 SM – MTR 机制可以有效解决垃圾运输服务资源分配和定价问题，但该类问题的更多特征还需要进一步通过数值实验来研究。因此，本节将通过数值研究方式进一步验证提出的 MTR 机制和 SM – MTR 机制的有效性，并讨论 MTR 机制性能和 SM – MTR 机制性能。此外，本节也讨论了单边环境和双边环境下的集成拍卖机制，并通过研究发现提出了管理启示。

一、数据收集

在本数值实验中，考虑一个商业固体可回收废弃物运输服务采购

拍卖平台，其中有 m 个回收商和 n 个运输商通过该平台进行竞价，拍卖平台通过 MTR 机制或 SM - MTR 机制进行资源分配。一旦拍卖开始后，运输商和回收商根据平台公布的拍卖规则提交各自的密封报价，拍卖平台根据 MTR 机制或 SM - MTR 机制对商业固体可回收废弃物运输服务采购市场进行出清，最终公布成为赢者的回收商和运输商。

为了方便数值实验且不失一般性，假设参与竞价的回收商和运输商数量不超过 100，$b_i^1(i=1,2,\cdots,m)$ 服从区间 $[8,16]$ 内的均匀分布，$c_j^1(j=1,2,\cdots,n)$ 服从区间 $[6,14]$ 内的均匀分布。X_i^1 $(i=1,2,\cdots,m)$ 和 $Y_j^1(j=1,2,\cdots,n)$ 分别服从区间 $[1,6]$ 和区间 $[1,5]$ 内的均匀分布。值得注意的是，本章假设运输服务资源以 1 的倍数为计量单位，因此，$X_i^1(i=1,2,\cdots,m)$ 和 $Y_j^1(j=1,2,\cdots,n)$ 只能取正整数。此外，由于商业固体可回收废弃物种类 (h) 数量对于分析提出的机制性能并没有显著影响，因此为了便于分析和讨论，本节只考虑 $h=1$ 的场景。事实上，$h>1$ 的场景不影响本节给出的数值实验的结果和关键发现。本节使用 (m,n) 来表示一组具有 m 个回收商和 n 个运输商的组合。

二、MTR 机制性能

表 5 - 4 分别给出了考虑 $(20,20)$、$(40,40)$、$(60,60)$、$(80,80)$ 和 $(100,100)$ 时的数值实验结果。由表 5 - 4 可知，最大社会福利、平台收益、运输商效用、回收商效用、总交易额、分配效率随回收商和运输商数量的增加而单调增加。数值实验清楚地表明了分配效率随着参与者数量的增加而增加，进一步验证了 MTR 机制性质二，即拍卖市场最终交易中参与者数量趋于无穷大时，市场无效率比率趋于零。

表5-4   回收商和运输商数量变化对分配结果的影响

(m, n)	最大社会福利	平台收益	运输商效用	回收商效用	总的交易量	分配效率（%）
(20, 20)	152.24	4.67	70.11	74.31	29.7	97.93
(40, 40)	317.97	8.12	145.48	158.04	66.5	98.01
(60, 60)	469.55	10.07	217.03	238.55	94.6	99.17
(80, 80)	633.83	12.78	299.19	317.23	126.4	99.27
(100, 100)	801.68	14.54	378.33	403.84	168.4	99.38

表5-5表示当回收商数量固定为60时，改变运输商数量对结果的影响。从表5-5中可以看出，并不是所有的结果都随着运输商数量的增加而增加。最大社会福利随着运输商数量的增加而单调增加。而当运输商数量从20增加到60时，平台收益从11.83下降到10.07；当运输商数量从60增加到100时，平台收益从10.07增加到11.33。由此可见，平台收益并不总是随着运输商数量的增加而增加，而是先减少后增加。平台收益下降的原因是回收商最终交易价格 b_K^h 接近运输商最终交易价格 c_L^h，最终导致平台收益逐渐下降；然而，平台收益达到最低点后增加的原因可能是，当运输商数量足够大时，运输商和回收商之间的价差并没有大幅减少，但总交易额不断增加，最终导致平台收益增加。此外，根据数值实验还观察到，随着运输商数量的增加，运输商效用先从141.27增加到222.41，然后下降到219.45。这是因为当运输商的数量从20增加到60时，最终成功交易的运输商数量也会增加，导致运输商效用的增加。但是，当参与双边拍卖的运输商数量增加到100个时，$c_L^h - c_j^h$ 的值越来越小，即参与交易的运输商以更低的价格售出运输服务资源。因此，尽管整体交易量增加了，运输商的效用却降低了。

表 5 – 5　　　　　　　　运输商数量变化对分配结果的影响

(m, n)	最大社会福利	平台收益	运输商效用	回收商效用	总的交易量	分配效率（%）
$(60, 20)$	236.17	11.83	141.27	79.03	44.8	98.29
$(60, 40)$	392.08	11.07	194.25	180.21	70.4	98.33
$(60, 60)$	469.55	10.07	217.03	238.55	94.6	99.17
$(60, 80)$	559.16	10.49	222.41	321.67	111.7	99.18
$(60, 100)$	628.28	11.33	219.45	392.66	119.5	99.23

为了分析回收商数量变化对结果的影响，本节保持运输商数量不变，而回收商数量逐渐增加，具体研究结果如表 5 – 6 所示。可以发现，回收商的效用并不是单调递增，而是先增加，然后随着运输商数量的增加而减少。如前文所述，回收商的效用为 $\mu_i^h = (b_i^h - b_K^h) \times \min\{X_i^h, q_i^h\}$。当回收商数量增加到 60 时，回收商最终交易价格 b_K^h 逐渐降低，但此时的交易量在增加，因此总效用在增加；然而，当回收商数量增加到 100 时，虽然总交易量增加，但由于参与拍卖的回收商数量的增加，最终导致交易价格变低，即交易价格的变化大于交易量的变化，从而致使回收商的效用下降。此外，根据结果还发现，回收商数量的变化比运输商数量的变化对双边拍卖的影响更大。例如，表 5 – 5 中总交易量从 44.8 增加到 119.5，而表 5 – 6 中总交易量从 50.9 增加到 128.1；表 5 – 5 中的最大社会福利由 236.17 增加到 628.28，表 5 – 6 中的最大社会福利由 268.32 增加到 636.57。造成这一结果的原因可能与 X_i^h 和 Y_j^h 有关。X_i^1（$i = 1, 2, \cdots, m$）和 Y_j^1（$j = 1, 2, \cdots, n$）分别服从区间 $[1, 6]$ 和区间 $[1, 5]$ 内的均匀分布。由此可知，X_i^1 的期望值大于 Y_j^1 的期望值。

表 5 − 6 回收商数量变化对分配结果的影响

(m, n)	最大社会福利	平台收益	运输商效用	回收商效用	总的交易量	分配效率（%）
(20, 60)	268.32	12.63	89.76	162.84	50.9	98.85
(40, 60)	399.98	10.95	161.49	224.10	77.3	99.14
(60, 60)	469.55	10.07	217.03	238.55	94.6	99.17
(80, 60)	568.45	10.28	318.95	235.45	116.6	99.22
(100, 60)	636.57	11.48	388.35	231.84	128.1	99.23

为进一步分析回收商和运输商的估值范围变化对商业固体可回收废弃物运输服务资源分配结果的影响，本节首先假设运输商和回收商参与投标的数量分别为60。回收商的估值范围分别为 [4，16]、[5，15]、[6，14]、[7，13] 和 [8，12]，而运输商的估值范围分别为 [6，18]、[7，17]、[8，16]、[9，15] 和 [10，14]。表 5 − 7 给出了回收商和运输商的估值范围变化对结果的影响。从表 5 − 7 中不难看出，当双方的估值区间变大时，社会福利、平台收益、效用都逐渐增大。这是因为当双方的估价范围变大时，$b_K^h - c_L^h$、$b_i^h - b_K^h$ 和 $c_L^h - c_j^h$ 值也会变大，因此，社会福利随着双方的估值范围的增大而增大。此外，当交易双方的估值范围越小，总交易量越大，因为当交易双方的数量固定时，缩小估值范围可以让更多的参与者获得交易。

表 5 − 7 回收商和运输商的估值对分配结果的影响

回收商/运输商估值范围	最大社会福利	平台收益	运输商效用	回收商效用	总的交易量	分配效率（%）
[4, 16]/[6, 18]	645.93	16.46	303.11	313.86	78.6	98.22
[5, 15]/[7, 17]	559.46	14.94	262.34	276.71	87.2	99.02
[6, 14]/[8, 16]	469.55	10.07	217.03	238.55	94.6	99.17
[7, 13]/[9, 15]	379.16	8.05	176.35	191.69	109.2	99.19
[8, 12]/[10, 14]	297.12	6.79	138.49	149.43	123.5	99.19

三、SM – MTR 机制性能

在本章中，令 SM – MTR 机制中的 $z = 2$。假设位于郊区的运输商和回收商分配到一组，称为 A 组；而位于城区的运输商和回收商分配到一组，称为 B 组。位于郊区的买卖双方（A 组）首先利用 MTR 机制出清市场，然后位于城区的买卖双方（B 组）利用 MTR 机制出清市场。值得注意的是，位于郊区的运输商和回收商不能跨地区匹配。例如，在 A 组拍卖中，没有获胜的运输商和回收商将不会进入 B 组进行第二次拍卖。在对 SM – MTR 机制进行的数值实验中，本章将（20，20）随机分为（10，10）和（10，10），然后根据 MTR 机制出清市场。同样，（40，40），（60，60），（80，80）和（100，100）也被分别随机分成两组。表 5 – 8 显示了 MTR 和 SM – MTR 机制的比较结果。

表 5 – 8　　　　　　MTR 机制和 SM – MTR 机制的结果比较

机制	(m, n)	最大社会福利	平台收益	运输商/回收商效用	总的交易量	分配效率
MTR	(20, 20)	152. 24	4. 67	70. 11/74. 31	29. 7	97. 93%
SM – MTR	(10, 10)，(10, 10)	148. 25	4. 39	60. 13/79. 48	24. 3	97. 13%
MTR	(40, 40)	317. 97	8. 12	145. 48/158. 04	66. 5	98. 01%
SM – MTR	(20, 20)，(20, 20)	315. 61	8. 46	139. 76/163. 85	59. 7	97. 95%
MTR	(60, 60)	469. 55	10. 07	217. 03/238. 55	94. 6	99. 17%
SM – MTR	(30, 30)，(30, 30)	458. 36	11. 23	211. 82/230. 04	88. 1	98. 85%
MTR	(80, 80)	633. 83	12. 78	299. 19/317. 23	126. 4	99. 27%
SM – MTR	(40, 40)，(40, 40)	619. 24	13. 61	286. 58/312. 98	119. 4	99. 02%
MTR	(100, 100)	801. 68	14. 54	378. 33/403. 84	168. 4	99. 38%
SM – MTR	(50, 50)，(50, 50)	792. 56	16. 45	368. 98/399. 62	154. 4	99. 04%

从数值实验结果可以得出以下几个关键发现：第一，在分配效率方面，MTR 机制比 SM – MTR 机制更具有优势，这可能是因为 SM –

MTR 机制中进行了多次 MTR 拍卖，减少了买卖双方的市场规模，从而降低了分配效率，这一数值实验结果与 MTR 机制性质二是一致的。由于考虑到运输成本问题，提出的 SM – MTR 机制更接近现实场景。第二，在平台收益方面，在大多数情况下（如当市场规模足够大时），SM – MTR 机制可以给平台带来更多的收益，这可能是由于 SM – MTR 机制减少了买卖双方最终交易的数量，导致买卖双方各自的交易价格 $b_K^h - c_L^h$ 的差异更大，从而增加了平台的收益。第三，在大多数情况下，MTR 机制比 SM – MTR 机制获得了更多的社会福利，这可能是因为与 SM – MTR 机制相比，MTR 机制中参与拍卖的运输商和回收商更多，市场竞争越激烈，实现的社会福利越大。

第五节　分析讨论

本节分析讨论一种适合单边环境和双边环境的垃圾运输服务资源拍卖的集成机制设计，并讨论了提出方法的理论和管理启示。

本章提出的商业固体可回收废弃物运输服务资源分配和定价机制（MTR 机制和 SM – MTR 机制）在双边环境下是有效的，然而，如果运输商数量很少（如只有两个合格的运输商），而回收商数量很大时，则上述的 SM – MTR 机制可能就不适用。这种场景在现实中也是很常见的，例如，电动汽车电池属于危险品，因此，合格的废旧电动汽车电池运输商很少。此外，当适合运输某种商业固体可回收废弃物的运输商只有两个，一个位于城区，而另一个位于郊区，根据回收商和运输商的位置关系，将其分为两组。由于每个组只有一个运输商和多个回收商，采用 SM – MTR 机制显然不适合。因为在现实环境中，回收商往往更多，正如本章引言中所述，商业固体可回收废弃物以承运商为主，拥有合格资质的运输商则相对较少，本章只讨论运输商少而回收商多的情景。基于此，本节将介绍商业固体可回收废弃物运输服务资源分配和定价的 O – VCG 拍卖。考虑具有一个拍卖师、一个运输商和多个回收商组成的运输服务资源市场，其中回收商 i 想以投标价格为 $\hat{s}_i^h$ 购买商业固体可回收废弃物种类为 h 的 X_i^h 个单位运输服务资源，而运输商针对商业固体可回收废弃物种类为 h 提供 Y^h 个单位运输服务资源。因此，在单边环境下的废弃物运输服务资源采购市场中，运输商的收益最大化可用如下模型来表示：

$$\max \sum_{i=1}^{l} \sum_{h=1}^{H} \hat{s}_i^h \varphi_i^h \qquad (5-8)$$

$$\text{s. t.} \sum_{i=1}^{m} X_i^h \varphi_i^h \leqslant Y^h, \ h \in H \qquad (5-9)$$

$$\varphi_i^h = \{0, 1\}, \ \forall i, h \qquad (5-10)$$

$$X_i^h \geqslant 0, \ \forall i, h \qquad (5-11)$$

其中，$\varphi_i^h = 1$ 表示回收商 i 获得了商业固体可回收废弃物种类为 h 的交易资格，目标函数（5-8）表示总的出价最大化时的一组有效分配，约束条件（5-9）表示回收商购买的运输服务能力不能超过运输商提供的最大运输服务能力。

在提出的 O-VCG 拍卖中，采用第二价格拍卖，以确保所有参与投标的回收商能够真实出价。令 β^h 表示函数 $\sum_{i=1}^{l} \hat{s}_i^h \varphi_i^h$ 的最大值，令 β_{-i}^h 表示函数 $\sum_{i=1}^{l} \hat{s}_i^h \varphi_i^h$ 剔除回收商 i 之后的最大值。于是，如果回收商 i 获得了商业固体可回收废弃物种类为 h 的交易资格，那么回收商 i 将支付给运输商的价格 p_i^h 为：

$$p_i^h = \beta_{-i}^h - (\beta^h - \hat{s}_i^h \varphi_i^h) \qquad (5-12)$$

事实上，式（5-12）表示的是第二价格拍卖，意味着获得商业固体可回收废弃物种类 h 的回收商 i 支付的最高价格。$\beta_{-i}^h - \beta^h$ 表示回收商 i 支付给运输商的资金，代表其通过参与拍卖活动对整个系统的贡献。显然，如果回收商 i 不参与商业固体可回收废弃物种类 h 的拍卖（即 $\varphi_i^h = 0$），那么 $p_i^h = 0$。因此，运输商获得的总收益 TR 表达式如下：

$$TR = \sum_{i=1}^{m} \sum_{h=1}^{H} p_i^h = \sum_{i=1}^{m} \sum_{h=1}^{H} \left[\beta_{-i}^h - (\beta^h - \hat{b}_i^h z_i^h) \right]$$

$$= \sum_{h=1}^{H} \sum_{i=1}^{m} \left[\beta_{-i}^h - (n-1)\beta^h \right] \qquad (5-13)$$

令 RV 为运输商对提供的所有运输服务资源的保留价格。一般地，该保留价格是运输商的预期价值，即运输商不通过拍卖机制能够获得的最大期望收益。如果 $RV < TR$，那么拍卖就是有效的；否则，拍卖是失败的。这里没有考虑参与者的投标成本，因此，拍卖师的收益为零。

基于上述分析，本节提出的 O – VCG 机制流程（如图 5 – 4 所示）如下：

（1）收集回收商的需求数据 X_i^h 和运输商的供给信息 Y^h；

（2）收集回收商 i 对商业固体可回收废弃物种类 h 的密封投标价格 $\hat{s}_i^h$；

（3）根据式（5 – 12）计算回收商 i 需要支付商业固体可回收垃圾种类 h 的运输服务价格 p_i^h；

（4）根据式（5 – 13）计算回收商总的收益 TR；

（5）确定交易是否成功，如果 $RV < TR$，那么此次交易成功，否则交易失败。

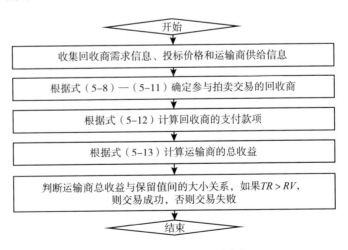

图 5 – 4 O – VCG 机制流程

本章提出的 MTR 机制和 SM – MTR 机制适合双边环境，而 O – VCG 机制适合单边环境，为了满足这两种不同市场环境的应用场景，本章提出了一种集成拍卖机制，称为"随机单边和双边拍卖"（stochastic one-sided and double，SOSD），该机制能够实现个体理性、预算平衡、激励兼容和分配效率。SOSD 机制集成了 O – VCG 机制和 MTR 机制的性能，因此，它比 O – VCG 机制或 MTR 机制更适用于垃圾运输服务资源分配场景。SOSD 机制规则如下：①当仅有一个运输商和多个回收商时，采用 O – VCG 机制；②如果有多个回收商和多个运输商，使用 MTR 机制或 SM – MTR 机制，值得注意的是，拍卖平台必须事先确定 MTR 机制或 SM – MTR 机制中的一种。因为在 O – VCG 机制、MTR 机制和 SM – MTR 机制中，参与者如实出价是最好的策略，所以平台会根据参与者的数量来决定使用哪一种机制。SOSD 机制流程如图 5 – 5 所示。

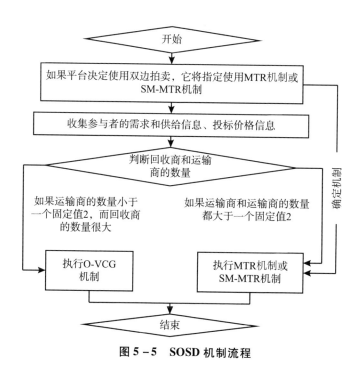

图 5 – 5　SOSD 机制流程

本章应用拍卖理论知识研究了废弃物运输服务资源分配和定价问题，主要的理论启示如下：

第一，本章提出的 MTR 机制和 SM – MTR 机制可以根据废弃物运输服务采购市场环境为买卖双方制定灵活的价格，O – VCG 机制也可以实现分配效率，从而促进垃圾运输服务采购市场的健康发展。虽然 MTR 机制在实现社会福利最大化方面可能比 SM – MTR 机制更有优势，但 SM – MTR 机制考虑了回收商和运输商的距离位置，可以降低运输成本，有利于废弃物运输服务采购市场可持续发展。此外，当市场规模足够大时，SM – MTR 机制可以给平台带来更多的收益。三种机制都可以实现有效的市场配置，这意味着所提出的机制可以有效地实现社会福利最大化，从而激励更多的运输商和回收商参与废弃物运输服务采购市场交易。

第二，与供需平衡相比，该机制在供给短缺和供过于求的情况下，提高了平台的效益及部分买卖双方的效用。因此，对于废弃物运输服务采购双边交易市场来说，如果供需不平衡，平台收益和部分参与者的收益都会增加。然而，供需失衡将损害绝大多数参与废弃物运输服务采购市场交易者的利益，从而限制买卖双方的进一步参与，阻碍垃圾运输服务采购市场的发展。

第三，本章提出的机制为垃圾运输服务采购市场提供了强有力的理论支撑，为废弃物运输服务资源分配和定价问题提供了新的解决方案。在某种意义上，本章提出的机制至少在激励相容和分配效率方面是有效的。从长远来看，本章提出的机制能够对废弃物运输服务采购市场作出贡献。在线废弃物运输服务采购平台可以获得更高的效益，参与者只需如实出价，即可实现效用最大化。总的来说，本章提出的机制能够吸引更多的回收商和运输商进入垃圾运输服务采购平台。

第四，买卖双方的估值区间对结果有显著影响。如果买卖双方的估值相似，即估值区间重叠越小，则交易越有利。当估价区间重叠较大时，则意味着 $b_K^h - c_L^h$、$b_i^h - b_K^h$ 和 $c_L^h - c_j^h$ 的值较大，从而使社会福利和平台效益增大，参与者的效用也随之增加，但总交易额减少。这种情况不利于废弃物运输服务采购市场的发展。为此，回收商和运输商可以根据废弃物运输服务实时市场环境给出合理的估值，这可能激励更多的参与者参与拍卖。

第五，值得注意的是，在提出的 SOSD 机制中，平台需要根据参与人数来合理选择一种拍卖机制。虽然在 O – VCG 机制中不需要使用运输商的保留价格，但在 SOSD 机制中，参与者的最优策略是如实出价。因此，参与者如实提交保留价的事实对选择哪种机制没有显著影响。更重要的是，SOSD 机制涵盖单边和双边环境下的垃圾运输服务采购市场交易，可以保证机制的有效性。

最后，拍卖平台需要注意的是，如果运输商数量小于 4 时，那么不适合使用 SM – MTR 机制，因为 SM – MTR 机制要求至少需要 2 个运输商参与投标，在随机分配为两组的情景下，也至少要求需要 4 个运输商才能够采用 SM – MTR 机制。

第六节　本 章 小 结

为了推动废弃物运输服务采购市场的发展，本研究以商业固体可回收废弃物运输服务采购为研究对象，探讨废弃物运输服务采购市场机制的设计，并提出解决废弃物运输服务采购问题的 MTR 机制和 SM – MTR 机制。首先提出了 MTR 机制，该机制考虑了一个具有 m 个回收商和 n 个运输商组成的废弃物运输服务采购市场。数值研究结果表明，MTR 机制能够实现有效的资源配置。随着参与者数量的增加，参与者的效用、社会福利、分配效率、平台收益和交易量都单调递增。然而，并不是所有的结果都随着回收商或运输商数量的增加而增加。此外，考虑到买卖双方之间的距离关系，本章提出了 SM – MTR 机制，使区域内的买卖双方能够进行交易。与 MTR 机制相比，SM – MTR 机制在大多数情况下能够给平台带来更多的好处。本章针对仅有一个运输商和多个回收商的废弃物运输服务采购市场，开发了O－VCG机制。针对废弃物运输服务采购市场可能存在的单边和双边环境，本章提出了一种集成拍卖机制，即SOSD机制，可以根据回收商和运输商的数量选择合适的交易机制。由于SOSD机制的灵活性，它也可以在经过适当的调整之后用于解决其他类似的问题。

鉴于目前废弃物运输服务采购的价格机制不能真实反映其市场价值，本章建立了基于拍卖的废弃物运输服务采购市场交易机制，为废弃物运输服务采购的研究提供了理论和实践上的借鉴。因此，本章提出的拍卖机制对于废弃物运输服务采购问题的重要性体现在以下两个方面。

第一，与以往的研究方法相比，本章提出的MTR机制、SM－MTR机制和O－VCG机制可以进一步激活废弃物运输服务采购市场，从而促进买卖双方达成交易。此外，由于信息不对称的存在，回收商可能会以高于市场的价格购买废弃物运输服务，这不利于废弃物运输服务业的可持续发展。鉴于此，本章通过提出激励兼容的市场机制设计来解决上述问题，即SOSD机制。

第二，在实际应用层面，本章提出的SOSD机制可以为废弃物运输服务采购市场的资源配置和定价机制提供一种可行的替代解决方案。无论是单边环境下的O－VCG机制，还是双边环境下的MTR机制和SM－MTR机制，真实竞价都是买卖双方的最优策略，有利于体现废弃物运输服务采购的真实市场价值。此外，一些关键的发现，如卖家和买家数量的变化、买家和卖家的估值范围对拍卖的影响，可以为相关利益相关者提供有价值的见解。

虽然数值实验验证了所提出的MTR机制和SM－MTR机制的有效性，但仍有一些局限性需要在未来的研究中解决。首先，在提出的SM－MTR机制中，没有在模型中使用距离约束，而是定性地考虑了运输商和回收商之间的距离关系。如果在模型中考虑距离约束，那么可能会导致分配的结果不同。因此，在未来的研究中，可以考虑将买卖双方之间的距离约束加入提出的模型中，使模型更加符合现实场景。其次，没有考虑交易成本，这实际上也可能导致不同的分配结果。因此，在未来的研究中，在提出的模型中考虑交易成本或其他类型的成本将是一个有趣的研究课题。

　　本章研究商业固体可回收废弃物运输服务资源分配和定价问题，确定了由谁来运输回收商的垃圾。然而，由于商业固体可回收废弃物具有批量小、类型多等特征，运输商如何安排运输车辆来运输废弃物成为本书研究的另外一个重要话题，第六章将重点介绍运输商在碳中和背景下如何实现最优车队规模和运输路径。

第 六 章

循环经济下废弃物运输车队规模
及路径研究

　　本章研究碳中和约束下的废弃物运输车队最优规模和路径，即在运输过程中，运输商如何确定运输车队规模和运输路径以实现碳中和目标。一方面，为了发展循环经济，运输商也在积极实现运输碳中和；另一方面，运输商可能同时承运多家回收商的废弃物，因此，如何在碳中和约束下实现废弃物运输车队最优规模和路径成为运输商研究的关键问题。本章将为运输商在碳中和约束下构建垃圾最优车队规模和路径模型。具体来说，将从碳中和的角度研究实现运输商的两类车辆路径规划问题：一类是碳中和车辆路径规划问题（carbon-neutral vehicle routing problem，CNVRP）；另一类是多阶段碳中和车辆路径规划问题（multi-stage carbon-neutral vehicle routing problem，MSCNVRP）。分别考虑 CNVRP 模型和 MSCNVRP 模型的三个目标函数：总成本最小化、车队规模最小化和碳排放最小化。首先对所建立的非线性 CNVRP 模型和 MSCNVRP 模型进行线性化处理，并通过数值算例验证模型的有效性和可靠性。实验结果表明，考虑总成本最小化目标函数可以为废弃物运输中的车队规模、碳中和及路径选择提供更好的解决方案。此外，在碳汇价格不确定性方面，MSCNVRP 模型比CNVRP 模型更有优势。对于目标函数是总成本最小化的模型，碳汇价格的变化和实现碳中和可用资金对车队规模和车辆路线没有影响，但对目标函数是最小化车队规模和碳排放的模型更敏感。研究结果还显示，拥有多种类型车辆的公司在运输成本方面具有优势。另外，本章提出的模型有助于实现运输商的碳中和目标，这些模型可以为其他企业在碳中和运输优化方面提供灵活的解决方案。

第一节　引　言

近年来，随着人们对全球气候变化的关注度不断上升，"碳中和"概念也越来越被公众接受（Wu，Tian & Guo，2022）。根据联合国政府间气候变化专门委员会的定义（IPCC，2018），碳中和也被称为"净零二氧化碳排放"，是指在一定时间内全球人为二氧化碳排放量和二氧化碳清除量处于平衡状态。实现碳中和是缓解全球变暖的必要步骤。目前，许多国家都通过法律法规或政策明确了碳中和目标。因此，实现碳中和已成为全球应对气候变化的关键战略。

为应对气候变化，作为世界最大的碳排放国家之一，中国将加大国家自主减排的贡献力度，采取更有力的政策措施，争取到2030年二氧化碳排放达到峰值，争取到2060年实现碳中和。随着中国政府提出实现碳中和的时间表，各相关经济部门正在加紧制订实现碳中和的行动计划，如扩大可再生能源开发、能源行业碳捕集与封存技术、增加自然碳汇等。作为温室气体的主要来源之一，交通运输部门对实现碳中和具有重大影响。因此，制定交通运输部门相关的碳中和政策和措施十分重要（Zhang & Hanaoka，2021）。目前，交通运输部门仍然依赖化石燃料，减少交通运输部门的碳排放将为碳中和做出重要贡献。

废弃物运输是废弃物管理系统的重要组成部分（Shooshtarian，Maqsood，Caldera et al.，2022；Yadav & Karmakar，2020）。不合理的垃圾运输车队规模和路线会增加运输过程中的碳排放和成本。由于废弃物运输的特点是批量小和类型多样（如木材、玻璃、电子产品等），且每个废弃物收集点的可回收废弃物数量通常小于卡车容量及运输以承运商为主（第三方物流）。本章的动机来自一家运输废弃物的运输商，该公司正在制定实现碳中和的措施。假设一家拥有数千运输车辆的大型运输商，这些车辆主要依靠石油作为燃料。因此，减少运输商的碳排放对于中国实现碳中和目标至关重要。为了响应政府的碳中和政策，运输商的运营经理必须改变现有的运营策略（如燃油车和电动车的数量、不同类型的车辆运输路径等）为碳中和作出贡献。公司目前面临的主要挑战是如何以最优的经济成本在运营中实现碳中和，碳中和对企业车辆采购和车辆运输路径有什么影响。本章旨在回答以下研究问题：（1）运输商如何在成本最优的前提下实现碳中和？（2）在碳中和的背景下，运输商如何规划车辆路径问题（vehicle routing problem，VRP）？（3）运输商实现碳中和的路径是什么（如一次性实现碳中和或分阶段计划实现碳中和）？（4）模型中的参数如何影响研究结果？

随着碳中和时间表的不断推进，需要更实际有效的管理方法来应对实现碳中和的挑战。据文献分析可知，目前鲜有文献报道运输商实现碳中和的有效方法。研究运输商的碳排放对实现运输行业的碳中和确实很重要。以往的研究主要集中在节能和碳排放等方面，而忽略了企业如何实现碳中和运输及碳中和对企业最优决策的影响。因此，本研究首先通过建立 CNVRP 模型来填补这一研究的空白。其次，考虑到运输商实现碳中和可能是一个多阶段的过程，但到目前为止，还没有文献研究运输商实现碳中和的动态过程。因此，本章也开发了一个多阶段优化模型。最后，目前尚无文献为运输商实现碳中和提供管理启示。鉴于此，本研究为运输商提供相关的管理启示，为其实现碳中和提供参考。

为解决上述研究问题，本章建立了运输商商业固体可回收废弃物运输经营规划的两个模型。首先，本章开发了一个 CNVRP 模型来实现碳中和，该模型可以为运输商购买新能源汽车和燃油车提供决策，以及需要购买的碳汇数量。此外，本研究分别以最小化成本、最小化车辆数量和最小化碳排放为目标函数构建了不同的优化模型。其次，考虑到实现碳中和可能需要多个周期，构建了 MSCNVRP 模型，该模型可以为运输商提供以下决策信息：（1）何时选择何种类型的车辆？（2）何时进行碳汇交易及交易量？（3）每个阶段每辆车的运输路线是什么？因此，本章的目标是建立这两种优化模型，为运输商实现碳中和提供决策支持。通过对 CNVRP 模型和 MSCNVRP 模型的对比分析，运输商可以根据企业的实际情况选择合适的优化模型。

第二节　废弃物碳中和运输路径问题描述

交通运输部门的碳排放占比较大，减少交通运输碳排放对改善生态环境至关重要。此外，物流服务商也为改善环境作出了重要贡献（Nilsson，Sternberg & Klaas – Wissing，2017）。运输商实现废弃物碳中和运输是 VRP 中的一个新概念。到目前为止，很少有物流运输公司实现碳中和。目前，企业需要做出更多努力来实现碳中和。然而，一个问题自然产生了：运输商如何在垃圾运输中实现碳中和？为此，本研究考虑了由多个客户（商业固体可回收废弃物收集点）、一个仓库和一个运输商组成的物流网络。运输商车队从仓库到客户处收集废弃物。一般来说，运输商有不同容量的燃油车和电动汽车，不同类型和容量的车辆路径成本和碳排放是不同的。此外，假设电动汽车的碳排放几乎可以忽略不计（假设电动汽车电池电量全部来源于新能源）。

运输商每天都会收到每个客户的废弃物数量信息，并根据客户的垃圾量安排合理的运输路线。运输商可以选择不同容量的电动汽车和燃油汽车的数量，每个客户使用什么类型和容量的车辆运输也是本研究的决策变量之一。在实践中，运输商还可能面临以下决策问题：由于碳中和的实现与时间有关，运输商可以选择在某个时间节点或多个周期内实现碳中和。为了简化问题，用图 6 - 1 来加以说明。在

图 6-1 中，假设运输商有一个可回收垃圾中转站，为 n 个客户提供废弃物运输服务。可供选择的车辆类型有电动汽车和燃油汽车。由于车辆容量和类型的不同，车辆的选择成本也不同，值得注意的是，这里的选择成本主要包含驾驶员的工资、每次使用车辆的折旧、车辆租赁费用等成本。如图 6-1 (a) 所示，运输商在完成各项运输任务后即可实现碳中和。例如，在实践中，运输商提前收集每个客户的需求，然后根据每个客户的需求安排车辆服务，并决定是否需要购买碳汇及购买多少碳汇来实现碳中和。从图 6-1 (b) 可以看出，运输商可以在 T 阶段内实现碳中和，事实上，这也符合现实场景。例如，如果运输商已经收集了未来 30 天内客户日常废弃物运输服务需求，那么运输商将根据客户每天的需求来安排合理的运输路线。此外，由于碳汇价格可能会随着市场波动而变化，因此可以考虑在 T 阶段内实现碳中和。综上所述，无论在上述哪种情况下，运输商在实现碳中和战略目标过程中都需要回答以下问题：选择哪种类型的车辆？每辆车的运输路线是什么？需要购买的碳汇数量？

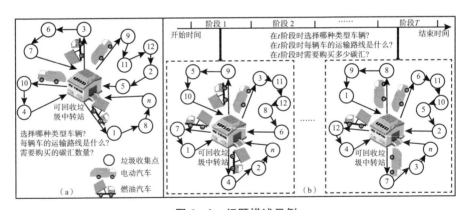

图 6-1　问题描述示例

第三节　废弃物运输路径规划模型构建

本节将对运输商在碳中和约束下的最优车队规模和路径进行建

模，首先对模型假设条件进行说明，接下来分别介绍 CNVRP 模型和 MSCNVRP 模型的建模过程。

一、假设条件

为了使模型更加合理，在 CNVRP 和 MSCNVRP 模型中，需要作以下假设：

（1）只有一个废弃物中转站（车辆中心），废弃物回收点和中转站的位置已知；

（2）每个废弃物回收点的需求不超过车辆容量；

（3）车辆从中转站出发为客户服务后才能返回中转站；

（4）忽略外部因素（如天气、交通状况等）对运输车辆和路线的影响；

（5）不考虑车辆负荷对碳排放和路线成本的影响；

（6）电动汽车行驶过程中没有碳排放，因此，电动汽车的碳排放为零。

二、CNVRP 模型

在 CNVRP 模型中，本节首先构建了一个以成本最小化为目标函数的非线性模型。此外，还将目标函数扩展为车辆数量最小化和碳排放最小化，比较不同目标函数模型的优缺点。接下来，将从符号说明、具体模型和模型扩展三个方面说明 CNVRP 模型的构建过程。

1. 符号说明

CNVRP 模型所需的数学符号及描述如表 6 - 1 所示。

表 6 – 1　　　　　　　　　　CNVRP 模型数学符号及描述

集合	描述
K	车辆集合，$k \in K = \{1, 2, \cdots, K\}$
N	回收点集合，$N = \{1, 2, \cdots, n\}$
N_0	顶点集合，$N_0 = \{0, 1, 2, \cdots, n\}$，0 表示可回收废弃物中转站

确定性参数	描述
c_{ijk}	车辆 k 从点 i 到 j 的单位运输成本
d_{ij}	点 i 到 j 之间的距离
s_k	车辆 k 的选择成本
e_{ijk}	车辆 k 从点 i 到 j 的单位距离碳排放
v_k	车辆 k 的容量
q_i	点 i 的运输服务需求
α	购买单位碳汇价格
π	可用于实现碳中和的资金
M	未实现碳中和的政府单位惩罚成本

决策变量	描述
y_{ik}	0 – 1 变量，如果车辆 k 服务点 i，那么 $y_{ik} = 1$；否则，$y_{ik} = 0$
x_{ijk}	0 – 1 变量，如果车辆 k 从点 i 到 j，那么 $x_{ijk} = 1$；否则，$x_{ijk} = 0$
z_k	0 – 1 变量，如果车辆 k 被选择，那么 $z_k = 1$；否则，$z_k = 0$
β	购买碳汇的数量
θ	运输商最终的碳排放量

2. 具体模型

从成本的角度来看，运输商主要关注的是如何以最优成本实现碳中和。目标函数由四个部分组成。第一是车辆的路径成本 $\sum\limits_{i \in N_0} \sum\limits_{j \in N_0} \sum\limits_{k \in K} c_{ijk} d_{ij} z_k x_{ijk}$；第二是车辆的选择成本 $\sum\limits_{k \in K} s_k z_k$；第三是购买碳汇的成本 $\alpha\beta$；第四是政府的惩罚成本 $M\theta$。因此，CNVRP 具体模型如下：

模型 A1：$\min \sum\limits_{i \in N_0} \sum\limits_{j \in N_0} \sum\limits_{k \in K} c_{ijk} d_{ij} z_k x_{ijk} + \sum\limits_{k \in K} s_k z_k + \alpha\beta + M\theta$　　（6 - 1）

$$\text{s. t. } \sum_{k \in K} y_{ik} = 1, \quad \forall i \in N \qquad\qquad (6 - 2)$$

$$\sum_{i \in N_0} x_{ihk} = \sum_{j \in N_0} x_{hjk} = y_{hk}, \quad \forall k \in K, \ \forall h \in N \qquad (6 - 3)$$

$$\sum_{i \in N} q_i y_{ik} \leq v_k, \quad \forall k \in K \qquad\qquad (6 - 4)$$

$$q_j \leq v_k(1 - x_{ijk}) + u_{jk} - u_{ik}, \quad \forall i, j \in N, \ i \neq j, \ \forall k \in K \quad (6 - 5)$$

$$q_i \leq u_{ik} \leq v_k, \quad \forall i \in N, \ \forall k \in K \qquad\qquad (6 - 6)$$

$$\sum_{k \in K} s_k z_k + \alpha\beta + M\theta \leq \pi \qquad\qquad (6 - 7)$$

$$\sum_{i \in N_0} \sum_{j \in N_0} \sum_{k \in K} e_{ijk} d_{ij} z_k x_{ijk} - \beta = \theta \qquad\qquad (6 - 8)$$

$$y_{ik}, \ x_{ijk}, \ z_k \in \{0, 1\} \qquad\qquad (6 - 9)$$

$$\beta, \ \theta \geq 0 \qquad\qquad (6 - 10)$$

其中，约束条件（6-2）确保垃圾回收点 i 都有车辆服务；约束条件（6-3）确保废弃物回收点 i 都被同一辆车服务一次；约束条件（6-4）表示不能超过车辆的容量；约束条件（6-5）和约束条件（6-6）表示不能在执行路径上形成子回路；约束条件（6-7）确保车辆选择成本、碳汇购买成本和政府单位惩罚成本不超过可用资金；约束条件（6-8）表示运输商公司最终的碳排放量必须在可接受的范围内，当 $\theta = 0$ 时，即实现碳中和。

上述模型为非线性模型，明显不利于求解。这里将上述非线性模型转化为线性模型，令 $g_{ijk} = z_k x_{ijk}$，且 g_{ijk} 满足下列条件：

$$g_{ijk} \leq z_k, \quad \forall i, j \in N_0, \ \forall k \in K \qquad\qquad (6 - 11)$$

$$g_{ijk} \leq x_{ijk}, \quad \forall i, j \in N_0, \ \forall k \in K \qquad\qquad (6 - 12)$$

$$g_{ijk} \geq z_k + x_{ijk} - 1, \quad \forall i, j \in N_0, \ \forall k \in K \qquad\qquad (6 - 13)$$

为了直观和简洁，可以将不等式（6-11）、式（6-12）和式（6-13）转换为下列形式：

$$z_k + x_{ijk} - 1 \leq g_{ijk} \leq \min\{z_k, \ x_{ijk}\}, \quad \forall i, j \in N_0, \ \forall k \in K \quad (6 - 14)$$

因此，以成本最小化为目标函数的 CNVRP 线性模型如下：

$$\text{模型 A1：} \min \sum_{i \in N_0} \sum_{j \in N_0} \sum_{k \in K} c_{ijk} d_{ij} g_{ijk} + \sum_{k \in K} s_k z_k + \alpha\beta + M\theta \quad (6-15)$$

$$\text{s. t.} \sum_{k \in K} y_{ik} = 1, \ \forall i \in N \quad (6-16)$$

$$\sum_{i \in N_0} x_{ihk} = \sum_{j \in N_0} x_{hjk} = y_{hk}, \ \forall k \in K, \ \forall h \in N \quad (6-17)$$

$$\sum_{i \in N} q_i y_{ik} \leqslant v_k, \ \forall k \in K \quad (6-18)$$

$$q_j \leqslant v_k(1 - x_{ijk}) + u_{jk} - u_{ik}, \ \forall i, j \in N, \ i \neq j, \ \forall k \in K \quad (6-19)$$

$$q_i \leqslant u_{ik} \leqslant v_k, \ \forall i \in N, \ \forall k \in K \quad (6-20)$$

$$\sum_{k \in K} s_k z_k + \alpha\beta + M\theta \leqslant \pi \quad (6-21)$$

$$\sum_{i \in N_0} \sum_{j \in N_0} \sum_{k \in K} e_{ijk} d_{ij} g_{ijk} - \beta = \theta \quad (6-22)$$

$$z_k + x_{ijk} - 1 \leqslant g_{ijk} \leqslant \min\{z_k, x_{ijk}\}, \ \forall i, j \in N_0, \ \forall k \in K \quad (6-23)$$

$$y_{ik}, \ x_{ijk}, \ g_{ijk}, \ z_k \in \{0, 1\} \quad (6-24)$$

$$\beta, \ \theta \geqslant 0 \quad (6-25)$$

3. 模型扩展

为了进一步分析不同目标函数对运输商实现碳中和的影响，本章考虑将企业使用的车辆数量最小化作为目标函数。事实上，运输商可供选择的车辆数量毕竟有限。因此，以车辆数量最小化作为目标函数也符合现实场景。以车辆数量最小化为目标函数的 CNVRP 线性模型如下：

$$\text{模型 A2：} \min \sum_{k \in K} y_{0k}$$

$$\text{s. t.} \ (6-16) - (6-25) \quad (6-26)$$

此外，运输商也可以调动各项资源，以减少碳排放。事实上，如果 $\theta = 0$，就意味着运输商实现了碳中和。因此，以最终碳排放最小化为目标函数的 CNVRP 线性模型如下：

$$\text{模型 A3：} \min \theta$$

$$\text{s. t.} \ (6-16) - (6-25) \quad (6-27)$$

三、MSCNVRP 模型

在实践中，企业可能需要在多个周期内实现碳中和，因此，年度或月度运营计划可能会有所不同。鉴于此，本节建立了以成本最小化为目标函数的线性 MSCNVRP 模型。此外，与 CNVRP 模型类似，本节也构建了以车辆数量最小化和碳排放最小化为目标函数的优化模型。

1. 符号说明

MSCNVRP 模型所需的数学符号及描述如表 6－2 所示。

表 6－2　　　　　MSCNVRP 模型所需的数字符号及描述

集合	描述
K	车辆集合，$k \in K = \{1, 2, \cdots, K\}$
N	回收点集合，$N = \{1, 2, \cdots, n\}$
N_0	顶点集合，$N_0 = \{0, 1, 2, \cdots, n\}$，0 表示可回收废弃物中转站
T	阶段集合，$t \in T = \{1, 2, \cdots, T\}$

确定性参数	描述
c_{ijkt}	车辆 k 在 t 阶段从点 i 到 j 的单位运输成本
d_{ij}	点 i 到 j 之间的距离
s_{kt}	车辆 k 在 t 阶段的选择成本
e_{ijkt}	车辆 k 在 t 阶段从点 i 到 j 的单位距离碳排放
v_k	车辆 k 的容量
q_{it}	点 i 在 t 阶段的运输服务需求
α_t	在 t 阶段时购买单位碳汇价格
P_t	在 t 阶段时累计碳排放量
π	可用于实现碳中和的资金
M	未实现碳中和的政府单位惩罚成本

决策变量	描述
y_{ikt}	$0-1$ 变量，如果车辆 k 在 t 阶段时服务点 i，那么 $y_{ikt}=1$；否则，$y_{ikt}=0$
x_{ijkt}	$0-1$ 变量，如果车辆 k 在 t 阶段时从点 i 到 j，那么 $x_{ijkt}=1$；否则，$x_{ijkt}=0$
z_{kt}	$0-1$ 变量，如果车辆 k 在 t 阶段时被选择，那么 $z_{kt}=1$；否则，$z_{kt}=0$
β_t	在 t 阶段时购买碳汇的数量
θ	运输商最终的碳排放量

2. 具体模型

在 MSCNVRP 模型中，总成本由四部分构成，分别是车辆路径成本，记为 $\sum\limits_{i \in N_0} \sum\limits_{j \in N_0} \sum\limits_{k \in K} \sum\limits_{t \in T} c_{ijkt} d_{ij} z_{kt} x_{ijkt}$；车辆选择成本 $\sum\limits_{k \in K} \sum\limits_{t \in T} s_{kt} z_{kt}$；购买碳汇的成本 $\sum\limits_{t \in T} \alpha_t \beta_t$；政府单位惩罚成本 $M\theta$。因此，MSCNVRP 具体模型如下：

模型 B1：
$$\min \sum\limits_{i \in N_0} \sum\limits_{j \in N_0} \sum\limits_{k \in K} \sum\limits_{t \in T} c_{ijkt} d_{ij} z_{kt} x_{ijkt} + \sum\limits_{k \in K} \sum\limits_{t \in T} s_{kt} z_{kt} + \sum\limits_{t \in T} \alpha_t \beta_t + M\theta \tag{6-28}$$

$$\text{s. t.} \quad \sum\limits_{k \in K} y_{ikt} = 1, \quad \forall i \in N \tag{6-29}$$

$$\sum\limits_{i \in N_0} x_{ihkt} = \sum\limits_{j \in N_0} x_{hjkt} = y_{hkt}, \quad \forall k \in K, \ \forall h \in N \tag{6-30}$$

$$\sum\limits_{i \in N} q_{it} y_{ikt} \leqslant v_k, \quad \forall k \in K \tag{6-31}$$

$$q_{jt} \leqslant v_k(1 - x_{ijkt}) + u_{jkt} - u_{ikt}, \quad \forall i, j \in N, \ i \neq j, \ \forall k \in K \tag{6-32}$$

$$q_{it} \leqslant u_{ikt} \leqslant v_k, \quad \forall i \in N, \ \forall k \in K \tag{6-33}$$

$$\sum\limits_{k \in K} \sum\limits_{t \in T} s_{kt} z_{kt} + \sum\limits_{t \in T} \alpha_t \beta_t + M\theta \leqslant \pi \tag{6-34}$$

$$P_t = P_{t-1} + \sum\limits_{i \in N_0} \sum\limits_{j \in N_0} \sum\limits_{k \in K} e_{ijkt} d_{ij} z_{kt} x_{ijkt} - \beta_t \tag{6-35}$$

$$y_{ikt}, \ x_{ijkt}, \ z_{kt} \in \{0, 1\} \tag{6-36}$$

$$\alpha_t, \ \beta_t \geqslant 0 \tag{6-37}$$

约束条件（6－29）表示确保废弃物回收点 i 在每个阶段都有车辆服务；约束条件（6－30）确保废弃物回收点 i 在阶段 t 时都被同一辆车服务一次；约束条件（6－31）表示不能超过车辆的容量；约束条件（6－32）和（6－33）表示不能在执行路径上形成子回路；约束条件（6－34）确保车辆选择成本、碳汇购买成本和政府单位惩罚成本不超过可用资金；约束条件（6－35）表示状态变量，即 t 阶段内的累计碳排放量，初始状态变量 $P_0 = 0$，末状态变量 $P_t = \theta$。

与 CNVRP 模型类似，将上述非线性模型转化为线性模型。因此，以成本最小化为目标函数的 MSCNVRP 线性模型如下：

模型 B1：
$$\min \sum_{i \in N_0} \sum_{j \in N_0} \sum_{k \in K} \sum_{t \in T} c_{ijkt} d_{ij} g_{ijkt} + \sum_{k \in K} \sum_{t \in T} s_{kt} z_{kt} + \sum_{t \in T} \alpha_t \beta_t + M\theta$$

$$(6-38)$$

$$\text{s. t.} \quad \sum_{k \in K} y_{ikt} = 1, \quad \forall i \in N \qquad (6-39)$$

$$\sum_{i \in N_0} x_{ihkt} = \sum_{j \in N_0} x_{hjkt} = y_{hkt}, \quad \forall k \in K, \; \forall h \in N \qquad (6-40)$$

$$\sum_{i \in N} q_{it} y_{ikt} \leq v_k, \quad \forall k \in K \qquad (6-41)$$

$$q_{jt} \leq v_k (1 - x_{ijkt}) + u_{jkt} - u_{ikt}, \quad \forall i, j \in N, \; i \neq j, \; \forall k \in K$$

$$(6-42)$$

$$q_{it} \leq u_{ikt} \leq v_k, \quad \forall i \in N, \; \forall k \in K \qquad (6-43)$$

$$\sum_{k \in K} \sum_{t \in T} s_{kt} z_{kt} + \sum_{t \in T} \alpha_t \beta_t + M\theta \leq \pi \qquad (6-44)$$

$$P_t = P_{t-1} + \sum_{i \in N_0} \sum_{j \in N_0} \sum_{k \in K} e_{ijkt} d_{ij} g_{ijkt} - \beta_t \qquad (6-45)$$

$$z_{kt} + x_{ijkt} - 1 \leq g_{ijkt} \leq \min\{z_{kt}, \; x_{ijkt}\} \qquad (6-46)$$

$$y_{ikt}, \; g_{ijkt}, \; x_{ijkt}, \; z_{kt} \in \{0, \; 1\} \qquad (6-47)$$

$$\alpha_t, \; \beta_t \geq 0 \qquad (6-48)$$

3. 模型扩展

以车辆数量最小化为目标函数的 MSCNVRP 线性模型如下：

$$模型\ B2: \min \sum_{k \in K} \sum_{t \in T} y_{0kt}$$

$$\text{s. t.} \ (6-39)-(6-48) \tag{6-49}$$

以最终碳排放最小化为目标函数的 MSCNVRP 线性模型如下：

$$模型\ B3: \min \theta$$

$$\text{s. t.} \ (6-39)-(6-48) \tag{6-50}$$

第四节　数 值 研 究

在本节中，通过数值算例来验证所提出模型的有效性和可靠性。此外，本节还对模型中的参数进行灵敏度分析，以检验其灵活性。

一、参数设置

实现碳中和对改善全球气候至关重要。本章以运输商的废弃物运输为例，探讨废弃物运输如何以最优成本实现碳中和。假设只有一个废弃物中转站的运输商为 6 个客户提供废弃物运输服务，该中转站有 4 辆不同容量的车辆，包括 2 辆电动汽车和 2 辆燃油汽车。由于车辆的容量和类型不同，因此车辆的选择成本 s_k 也不同。假设电动汽车电池电量是由清洁能源提供的。由此可见，运输商碳排放的主要来源是燃油车。此外，运输商可以通过购买碳汇来抵消碳排放，从而实现碳中和。在规定期限内未能实现碳中和的企业会面临 M 政府单位惩罚成本。因此，运输商需要选择合适的车辆、运输路线、购买碳汇数量，以最优的成本实现碳中和。

假设单位碳排放购买成本 α 取 5，政府单位惩罚成本 M 取 10，可用于实现碳中和的资金 π 取 360。车辆成本选择、车辆容量、车辆单位运输成本 c_{ijk} 和碳排放 e_{ijk} 数据见表 6-3。每个废弃物收集点的需求数据见表 6-4。本节选取 Solomon 数据集 C101 中编号为 0-7 的坐标数据，相互距离见表 6 - 5。

表 6 - 3　　　　　模型 A1、A2 和 A3 中参数取值

参数	$k = 1$	$k = 2$	$k = 3$	$k = 4$
s_k	100	120	60	70
v_k	15	20	15	20
c_{ijk}	$[2.31, 2.36]$	$[2.39, 2.44]$	$[3.25, 3.33]$	$[3.59, 3.67]$
e_{ijk}	0	0	$[0.15, 0.18]$	$[0.19, 0.22]$

表 6 - 4　　　　模型 A1、A2 和 A3 中垃圾回收点需求数据

参数	$i = 1$	$i = 2$	$i = 3$	$i = 4$	$i = 5$	$i = 6$
q_i	8	7	5	12	6	2

表 6 - 5　　　　　　　　　相互距离

d_{ij}	垃圾中转站	$i = 1$	$i = 2$	$i = 3$	$i = 4$	$i = 5$	$i = 6$
垃圾中转站	0	18.68	20.62	16.12	18.11	15.13	19.00
$i = 1$	18.68	0	2.00	3.61	3.00	4.24	5.10
$i = 2$	20.62	2.00	0	5.00	3.61	5.83	5.10
$i = 3$	16.12	3.61	5.00	0	2.00	1.00	3.61
$i = 4$	18.11	3.00	3.61	2.00	0	3.00	2.24
$i = 5$	15.13	4.24	5.83	1.00	3.00	0	4.47
$i = 6$	19.00	5.10	5.10	3.61	2.24	4.47	0

在模型 B1、B2 和 B3 中，假设 $t = 3$，$M = 10$，$\pi = 1080$。此外，由于碳汇价格可能随着市场环境的变化而波动，因此，α_t 取值是变化的，假设每个阶段的 α_t 取值分别为 $\alpha_1 = 5$、$\alpha_2 = 4$ 和 $\alpha_3 = 7$，表 6 - 6 显示模型 B1、B2 和 B3 中每个废弃物回收点的运输需求数据，而表 6 - 7 给出了模型中需要的其他参数取值。

表 6 - 6 模型 B1、B2 和 B3 中垃圾回收点需求数据

参数	阶段 T	$i=1$	$i=2$	$i=3$	$i=4$	$i=5$	$i=6$
	$t=1$	7	6	6	9	8	2
q_{it}	$t=2$	8	6	7	11	10	7
	$t=3$	9	7	8	6	7	2

表 6 - 7 模型 B1、B2 和 B3 中参数取值

模型	阶段 T	$k=1$	$k=2$	$k=3$	$k=4$
	$t=1$	100	120	60	70
	$t=2$	102	121	61	72
B1	$t=3$	95	116	57	71
		15	20	15	20
	$t=1$	[2.31, 2.36]	[2.39, 2.44]	[3.25, 3.33]	[3.59, 3.67]
B2	$t=2$	[2.31, 2.36]	[2.39, 2.44]	[3.25, 3.33]	[3.59, 3.67]
	$t=3$	[2.31, 2.36]	[2.39, 2.44]	[3.25, 3.33]	[3.59, 3.67]
	$t=1$	0	0	[0.15, 0.18]	[0.19, 0.22]
B3	$t=2$	0	0	[0.15, 0.18]	[0.19, 0.22]
	$t=3$	0	0	[0.15, 0.18]	[0.19, 0.22]

　　为了验证所提出模型的有效性，本节使用小规模算例来得到模型的精确解。此外，由于所提出的模型是线性的，使用 Matlab2018a 调用 CPLEX 来求解模型，所有实验都在 ASUS VivoBook S14、Intel Core i5 和 4gb RAM（Windows 10 企业版）上进行。

二、计算结果

　　表 6 - 8 给出了不同模型的数值结果。在表 6 - 8 中，V 表示车辆（如 V2 表示车辆 2），$\theta = 0$ 表示实现碳中和。数值结果表明，除 A2 模型以外，碳中和是可以实现的，但总成本不同。在 CNVRP 和 MSC-

NVRP 模型中，实现碳中和的最优策略是设定总成本最小化的目标函数。虽然其他目标函数如车辆数量最小化、碳排放最小化等也可以实现碳中和，但其总成本较大。在 MSCNVRP 模型 B1 中，由于各阶段的碳汇价格 α_t 可能不同，因此决策者的最佳购买策略是在三个阶段中碳汇价格最低时进行购买。但在实际操作中，决策者无法提前知道各阶段 α_t 值。因此，决策者可能需要根据 α_t 的变化趋势来做出决策。此外，考虑到运输商可能由于仓库限制而无法停放更多的车辆，考虑车辆数量最小化目标函数是最优策略。一般来说，决策者可以根据实际应用场景选择不同的目标函数来实现碳中和。

表 6 - 8 不同模型的计算结果

模型	T	总成本	β	车辆路径	θ
A1	—	477.58	8.14	V2：0—3—2—1—0；V4：0—5—6—4—0	0
A2	—	533.77	0	V2：0—6—3—2—5—0；V4：0—1—4—0	8.05
A3	—	594.94	6.56	V1：0—4—0；V2：0—1—2—0；V3：0—5—6—3—0	0
B1	$t=1$	1530.22	0	V2：0—3—2—1—0；V4：0—6—4—5—0	0
	$t=2$		30.38	V2：0—6—4—0；V3：0—2—1—0；V4：0—5—3—0	
	$t=3$		0	V2：0—1—6—3—0；V4：0—2—4—5—0	
B2	$t=1$	1628.77	0	V2：0—3—2—1—0；V4：0—4—6—5—0	0
	$t=2$		0	V1：0—2—1—0；V2：0—3—5—0；V4：0—6—4—0	
	$t=3$		25.08	V2：0—6—1—3—0；V4：0—2—4—5—0	
B3	$t=1$	2104.04	38.77	V1：0—1—0；V3：0—6—3—2—0；V4：0—4—5—0	0
	$t=2$		0	V1：0—5—0；V2：0—4—0；V3：0—2—3—0；V4：0—6—1—0	
	$t=3$		0	V1：0—2—6—0；V2：0—1—3—0；V4：0—4—5—0	

三、α 变化的敏感性分析

当 α 分别为 5、7.5、10、12.5、15 时，CNVRP 模型的结果如图 6 - 2 和表 6 - 9 所示。当碳汇价格 α 小于或等于政府单位惩罚成本 M 时，模型 A1 总能实现碳中和 ［见图 6 - 2 (a) 和 (b)］。即政府制定碳中和策略时，选择合适的政府单位惩罚成本 M 有利于碳中和的实现。此外，模型 A1 中的车辆路线和车队规模不随 α 的变化而发生变化（见表 6 - 9）。对于模型 A2 而言，当且仅当 α = M 时才能实现零排放 ［见图 6 - 2 (a) 和 (b)］。对于模型 A3，无论 α 如何变化，都能实现碳中和 ［见图 6 - 2 (b)］。这是因为模型 A3 以碳排放最小化为目标函数。然而，模型 A3 虽然可以实现碳中和，但其总成本明显高于模型 A1。换句话说，模型 A3 不一定是运输商实现碳中和的最佳策略。值得注意的是，当 α = 15 时，模型 A3 的总成本显著降低，这可能是因为随着 α 取值的不断变大，不满足约束条件 (6 - 7) 的概率增加，模型能够获得更好的路线和车队规模，因此总成本反而会降低。

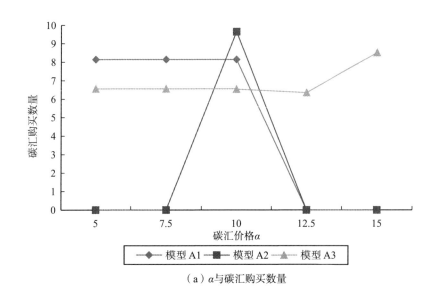

（a）α 与碳汇购买数量

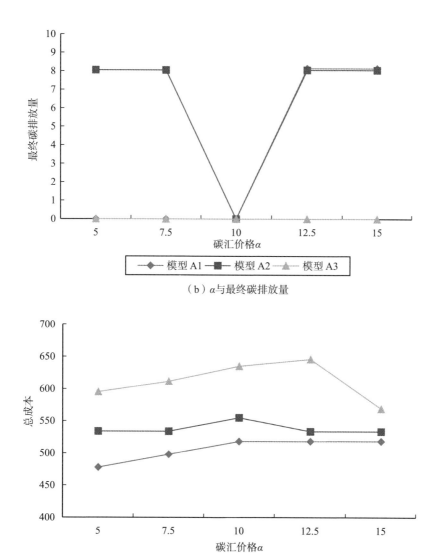

（b）α与最终碳排放量

（c）α与总成本

图 6 - 2　碳汇价格 α 变化对碳汇购买数量、最终碳排放量和总成本的影响

表 6 - 9 α 变化的敏感性分析

模型	α	总成本	β	车辆路径	θ
A1	5	477.58	8.14		0
	7.5	497.93	8.14		0
	10	518.28	8.14	V2：0—3—2—1—0；V4：0—5—6—4—0	0
	12.5	518.28	0		8.14
	15	518.28	0		8.14
A2	5	533.77	0	V2：0—6—3—2—5—0；V4：0—1—4—0	8.05
	7.5	533.77	0		8.05
	10	555.01	9.65	V2：0—1—4—0；V4：0—3—5—6—2—0	0
	12.5	533.77	0	V2：0—6—3—2—5—0；V4：0—1—4—0	8.05
	15	533.77	0		8.05
A3	5	594.94	6.56	V1：0—4—0；V2：0—1—2—0；V3：0—5—6—3—0	0
	7.5	611.34	6.56		0
	10	635.1	6.54	V1：0—4—0；V2：0—5—6—2—0；V3：0—3—1—0	0
	12.5	645.925	6.35	V1：0—5—1—0；V2：0—2—3—0；V3：0—6—4—0	0
	15	569.07	8.52	V2：0—5—6—4—0；V4：0—3—1—2—0	0

表 6 - 10 给出了 α_t 变化对 MSCNVRP 模型结果的影响。其中，[7，8，9] 分别表示 $\alpha_1 = 7$、$\alpha_2 = 8$ 和 $\alpha_3 = 9$。在模型 B1 中，最优车队规模和路径不随 α_t 的变化而变化。只要 α_t 在任意阶段小于等于 M，模型 B1 就可以实现碳中和。在模型 B2 中，改变参数 α_t 并不能每次保证都可以实现碳中和。例如，当 $\alpha_1 = 11$、$\alpha_2 = 12$ 和 $\alpha_3 = 13$ 时，也能保证零碳排放；当 $\alpha_1 = 12$、$\alpha_2 = 13$ 和 $\alpha_3 = 14$ 时，无法实现碳中和垃圾运输。在模型 B3 中，在满足约束条件（6 - 34）的前提下，无论参数 α_t 如何变化，总能保证零排放，但其总成本高于模型 B1 和模型 B2。

表 6 - 10　　　　　　　　　　　α_t 变化的敏感性分析

模型	α_t	总成本	β_t	P_t	θ
	[7, 8, 9]	1607.02	[23.27, 0, 0]	[-14.77, -8.5, 0]	0
	[8, 9, 10]	1630.29	[23.27, 0, 0]	[-14.77, -8.5, 0]	0
B1	[9, 10, 11]	1653.56	[23.27, 0, 0]	[-14.77, -8.5, 0]	0
	[10, 11, 12]	1676.83	[23.27, 0, 0]	[-14.77, -8.5, 0]	0
	[11, 12, 13]	1676.83	[0, 0, 0]	[8.5, 14.77, 23.27]	23.77
	[7, 8, 9]	1731.75	[0, 0, 32.87]	[8.6, 23.85, 0]	0
	[8, 9, 10]	1734.74	[0, 0, 26.13]	[8.8, 16.89, 0]	0
B2	[9, 10, 11]	1740.29	[0, 0, 24.72]	[8.6, 16.22, 0]	0
	[10, 11, 12]	1740.29	[0, 24.72, 0]	[8.6, -8.5, 0]	0
	[11, 12, 13]	1797.49	[32.87, 0, 0]	[-24.27, -9.02, 0]	0
	[12, 13, 14]	1764.62	[0, 0, 0]	[8.6, 23.85, 32.87]	32.87
	[7, 8, 9]	1911.29	[22.07, 0, 0]	[-12.67, -6.4, 0]	0
	[8, 9, 10]	2034.54	[28.25, 0, 8.7]	[-20.39, -5.95, 0]	0
B3	[9, 10, 11]	1985.7	[28.12, 0, 0]	[-20.26, -6.72, 0]	0
	[10, 11, 12]	1940.46	[32.75, 0, 0]	[-23.95, -9.1, 0]	0
	[11, 12, 13]	1838.02	[22.02, 0, 0]	[-13.52, -5.9, 0]	0

四、π 变化的敏感性分析

π 的敏感性分析结果如图 6 - 3 所示。从图 6 - 3 可以看出，π 变化对模型 A1、A2 和 A3 的结果影响不同。例如图 6 - 3 (a)，当 $\pi =$ 220 时，模型 A1、A2 和 A3 并没有可行解，因为当 π 太小时，显然约束条件 (6 - 7) 不能满足。在满足约束条件 (6 - 7) 的前提下，无论 π 如何变化，都不会影响模型 A1 的总成本、车队规模和车辆路径。换句话说，即使没有约束条件 (6 - 7)，模型 A1 也可以得到相同的结果。产生此结果的原因很可能是模型 A1 中的目标函数中已经包含约束条件 (6 - 7)。如图 6 - 3 (b) 所示，在模型 A2 中，随着 π 的变化，总成本发生变化，车辆路径也发生变化，但车队总规模保持不变。此外，对于模型 A2，在某些情况下，如 $\pi=255$、$\pi=290$ 和 $\pi=325$ 时，可以实现碳中和。当模型 A2 不考虑约束条件（6-7）时，得到的结果与考虑约束条件（6-7）和 $\pi=325$ 时相同，即在不考虑约束条件（6-7）时，模型 A2 可以实现碳中和。如图 6-3（c）所示，对于模型 A3，当不考虑约束条件（6-7）时，虽然可以实现碳中和，但总成本将增加。当考虑约束条件（6-7）时，随着 π 的增大，总成本和车队规模增大。因此，在模型 A3 中，给定一个合理的 π 值可以降低实现碳中和运输的总成本。此外，模型 B1、B2 和 B3 也有类似的结果，本节对模型 B1、B2 和 B3 的数值不再进行分析讨论。

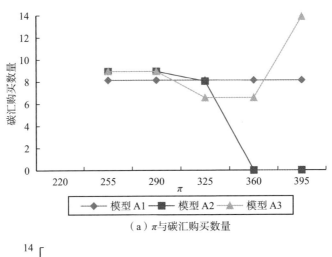

（a）π与碳汇购买数量

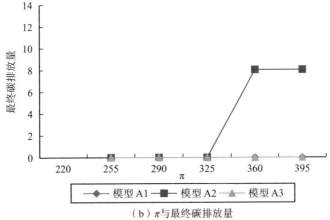

（b）π与最终碳排放量

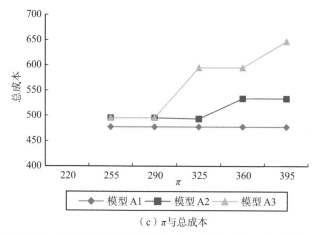

（c）π与总成本

图 6 - 3　可用于实现碳中和的资金 π 变化对碳汇购买数量、最终碳排放量和总成本的影响

五、车辆容量变化的敏感性分析

本节将讨论车辆容量变化对结果的影响。以往的研究主要集中在同质车辆或异质车辆上，鲜有文献系统分析车辆容量变化对决策的影响。例如，运输商应该采购多种类型的车辆还是使用同一种类型的车辆？为了回答这个问题，这里分别设置了 6 个场景，其车辆容量和选择成本如表 6 - 11 所示。数值模拟结果如图 6 - 4 所示。

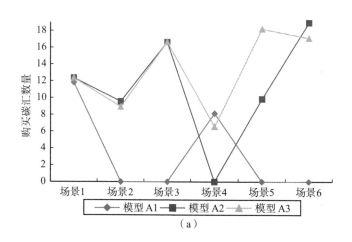

（a）

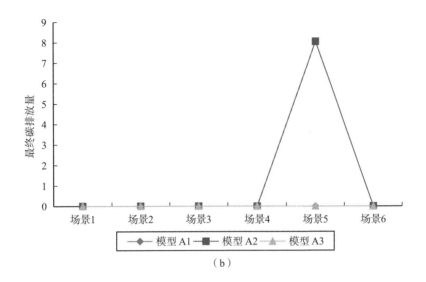

（b）

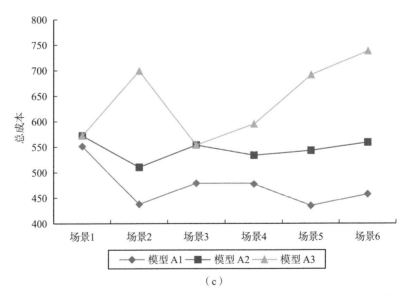

（c）

图 6 - 4　车辆容量变化对碳汇购买数量、最终碳排放量和总成本的影响

表 6 – 11 不同场景下的车辆容量和选择成本

场景	参数	$k=1$	$k=2$	$k=3$	$k=4$
场景 1	s_k	100	100	60	60
	v_k	15	15	15	15
场景 2	s_k	120	120	70	70
	v_k	20	20	20	20
场景 3	s_k	140	140	80	80
	v_k	25	25	25	25
场景 4	s_k	100	120	60	70
	v_k	15	20	15	20
场景 5	s_k	100	140	60	80
	v_k	15	25	15	25
场景 6	s_k	120	140	70	80
	v_k	20	25	20	25

从图 6 – 4 中可以看出，不同场景下的购买碳汇数量、最终碳排放量和总成本是有影响的。具体来说，如图 6 – 4（a）所示，不同场景对模型 A2 的变化最为显著，场景 6 对模型 A2 购买碳汇数量影响最大，然而其总成本不是最大。从图 6 – 4（b）可以直观地发现，模型 A2 只有场景 5 不能实现碳中和，而其余所有场景都能实现碳中和。从图 6 – 4（c）中可以看出，不同的车辆容量对总成本的影响是显著的。以模型 A1 为例，当车辆容量为 15、20、25 时，总成本分别为 551.46、437.76、479.05。对于模型 A1，场景 5 的总成本低于场景 2，这可能是因为场景 5 提供了多种类型容量的车辆，而场景 2 只提供单一容量的车辆。显然，运输商使用不同容量的车辆比使用单一容量的车辆更有优势。此外，当总运输量接近采用的车辆容量之和时，总成本更低，如场景 2 和场景 3，场景 5 和场景 6。也就是说，选择运输垃圾的车辆容量越大，其总成本就越低，因此运输商可以购买或

租赁不同容量的车辆来满足不同的运输需求。然而，车辆容量对模型 A2 和模型 A3 的总成本影响没有明显的规律变化［见图 6 - 4 （c）］，这可能是因为模型 A2 和 A3 的目标函数不是总成本最小化。

第五节　分析讨论

本节针对模型 A1、A2 和 A3 的性能提出了一个更加灵活可靠的集成模型，并给出了一些管理见解，供相关利益者参考。此外，本节还从实践层面讨论了本章研究的重要意义。

一、集成框架模型

在实践中，运输商可能面临多个目标函数之间的权衡取舍问题。本章提出的三种 CNVRP 单目标模型各有优点。为了集成模型 A1、A2 和 A3 的优点，本节开发了以下多目标模型。

模型 A4：
$$\min f_1 = \sum_{i \in N_0} \sum_{j \in N_0} \sum_{k \in K} c_{ijk} d_{ij} g_{ijk} + \sum_{k \in K} s_k z_k + \alpha\beta + M\theta \tag{6-51}$$

$$\min f_2 = \sum_{k \in K} y_{0k} \tag{6-52}$$

$$\min f_3 = \theta \tag{6-53}$$

$$s.t. (8-16) - (8-25)$$

由于运输商需要在成本最优的前提下实现碳中和，因此，利用 ε - 约束方法将多目标模型转化为单目标模型。以最终碳排放 θ 为目标函数，将上述模型 A4 转化为以下单目标模型：

模型 A4：
$$\min f = \theta \tag{6-54}$$

$$\sum_{k \in K} y_{0k} \leqslant \varepsilon_1, \tag{6-55}$$

$$\sum_{i \in N_0} \sum_{j \in N_0} \sum_{k \in K} c_{ijk} d_{ij} g_{ijk} + \sum_{k \in K} s_k z_k + \alpha\beta + M\theta \leqslant \varepsilon_2 \tag{6-56}$$

s. t. $(6-16) - (6-25)$

图 $6-5$ 给出了 ε_1 和 ε_2 不同值时的结果。每个需求点的需求数量保持不变，如图 $6-5$（a）和图 $6-5$（c）所示，ε_1 为 2 对模型 A4 的总成本和购买碳汇数量变化不明显，但是当 ε_1 为 3 时，其购买碳汇数量和总成本出现了明显的变化。如图 $6-5$（a）和图 $6-5$（b）所示，当需求降低时，不同 ε_2 对 ε_1 的影响是不一样的。当 $\varepsilon_1 = 2$ 时，除 $\varepsilon_2 = 480$ 外，无论 ε_2 如何变化，最优车队规模和车辆路径保持不变，这可能是因为客户总需求恰好是车辆 2 和车辆 4 的容量之和。$\varepsilon_1 = 2$ 不变，而 ε_2 发生变化时，总成本和路径也发生变化。例如，将表 $6-4$ 中的需求调整为 $[8，7，5，7，6，2]$，$\varepsilon_1 = 2$，将 $\varepsilon_2 = 480$ 和 $\varepsilon_2 = 530$ 的结果进行比较，可以得出上述结论。ε_2 取值较宽松时，总成本随 ε_2 的增大而增大。

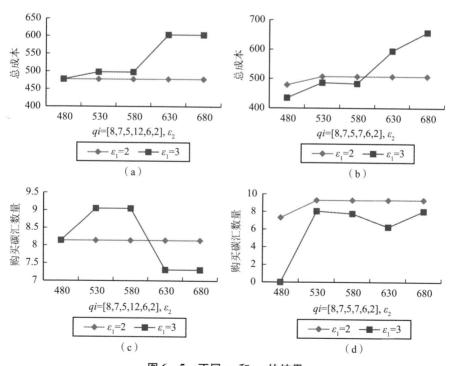

图 $6-5$　不同 ε_1 和 ε_2 的结果

模型 A4 集成了模型 A1、A2 和 A3 的性能，具有更好的稳定性和可靠性。因此模型 A4 比模型 A1、A2 和 A3 更灵活，决策者可以根据实际情况来选择不同的 ε_1 和 ε_2 值，这种灵活的机制为运输商在合理的成本范围内实现碳中和提供了有价值的参考。

二、理论和实践意义

从理论层面来看，本研究对在碳中和约束下运输商运输商业固体可回收废弃物情景下构建了不同目标函数的优化模型。这项工作可以为研究交通运输碳中和的研究人员提供参考，通过考虑电动汽车、燃油汽车、购买碳汇（如第三方植树造林企业）和车辆路线来实现碳中和。研究表明，在不同目标函数情景下，CNVRP 模型和 MSCNVRP 模型的总成本、车队规模和车辆路径存在差异。此外，模型中一些参数的变化也会对车辆路径和总成本产生影响。从实践应用层面来看，本研究对实现碳中和垃圾运输作出了一些贡献。管理者可以根据废弃物运输量合理选择不同容量的电动汽车和燃油车数量，还可以帮助政府制定对未能实现碳中和企业的惩罚措施，鼓励企业为碳中和提供更多资金。此外，实现碳中和的可用资金与总成本和车辆路线有关，管理者可以适当调整用于实现碳中和的资金金额，以满足实践中特定车型的使用需求。此外，数值实验结果表明，碳汇价格对降低运输总成本、车队规模和路径有一定影响。因此，从业人员可以使用本章的模型在给定的总运输成本范围内设定合理的碳汇购买价格，管理者也可以根据碳汇价格的变化动态地购买碳汇数量。

随着碳中和相关政策的逐步实施，运输商可以通过改变现有的车队规模和路径来实现碳中和。本章尝试构建碳中性约束下的运输商车队规模和路径优化模型，并根据数值结果的关键发现提供以下四条管理见解。

第一，本章构建了基于运输商的 CNVRP 模型和 MSCNVRP 模型。

决策者可以根据实际情况选择不同的模型。例如，想要在每个阶段实现净零排放的决策者可以选择 CNVRP 模型；如果决策者希望在某一特定时期内实现碳中和（即在某一特定时期内允许碳排放，但该时期内的累积排放量为零），则可以选择 MSCNVRP 模型。值得注意的是，在 MSCNVRP 模型中，最重要的是 α_t 的价格需要提前预测。如果预测误差较大，则可能会影响决策结果，如表 6 - 10 的数值结果所示。

第二，运输商应该提供多种容量的车辆，因为提供多种容量模型可以降低车辆载重不足的概率。例如，如果要运输的垃圾量是 22，那么至少需要 3 辆容量为 10 的车辆，这就造成了运输的浪费。理想的情况是，运载能力的总和恰好等于需要运输的垃圾量。从图 6 - 4 的数值结果分析可以看出，不同车辆组合的总成本和路径是不同的。为此，管理者应考虑提供不同容量的车辆，以在实践中大幅降低运输成本。

第三，在 CNVRP 模型中，不同的目标函数会对总成本、车队规模和车辆路径产生影响。管理者可以根据实际需要选择合适的模型。此外，为了进一步整合模型 A1、A2 和 A3 的性能，本章提出了更加灵活的集成模型 A4。管理者只需要给出合理的 ε_1 和 ε_2 值，就可以得到最优的车队规模和路径。

第四，值得注意的是，本章提出的模型有助于运输商在垃圾运输过程中实现碳中和。考虑不同目标函数下的 VRP 模型，提供了一种适合且能够捕捉总成本、车队规模、车辆路线和碳排放的优化模型方法。这些模型为管理者制定经营战略提供了强有力支撑。利用这些模型，利益相关者可以合作制定常规措施，以实现垃圾运输过程中的碳中和。

第六节　本章小结

本章针对运输商实现废弃物运输过程中的碳中和问题，建立了最优车队规模和路径优化模型。考虑到在实践中企业实现碳中和可能需要一个或多个阶段，开发了 CNVRP 模型和 MSCNVRP 模型。在本章中，分别考虑 CNVRP 模型和 MSCNVRP 模型的三个目标函数：总成本最小化（模型 A1 和 B1）、车队规模最小化（模型 A2 和 B2）和碳排放最小化（模型 A3 和 B3）。这些模型有助于实现废弃物的碳中和运输。接下来，通过数值实验对所建模型进行研究，并对模型中的参数进行灵敏度分析，进一步检验模型的有效性、可靠性和灵活性。

数值实验结果表明，考虑总成本最小化目标可以为运输商运输中的车队规模和路径规划提供更好的解决方案，该目标可以在实现碳中和的同时实现最优的车队规模和路径。此外，在碳汇价格 α 的不确定性方面，MSCNVRP 模型比 CNVRP 模型更有优势，因为 MSCNVRP 模型可以根据累积碳排放量合理选择购买碳汇的阶段。为了进一步整合模型 A1、A2 和 A3 的性能，本章还开发了 A4 模型，结果表明 A4 模型可以提供更灵活的解决方案，因为该模型可以在合理的成本和车队规模约束下实现最优路线规划和碳中和。碳汇价格 α 和可用于实现碳中和的资金的变化对模型 A1 和 B1 的车队规模和车辆路线没有影响，但对模型 A2、A3、B2 和 B3 更加敏感。研究结果还表明，拥有多容量车辆的公司在运输成本方面更有优势，因为可以更合理地安排车队，减少车辆装载不足的可能性。综上所述，这些数值实验验证了本章提出的模型在实现运输商碳中和运输方面的可靠性和有效性，可以为物流企业实现碳中和提供灵活的解决方案。

虽然本章提出的模型具有实现碳中和、最优车队规模和路线规划的性能，但也应注意到本章研究的一些局限性。第一，本章并没有考虑电动汽车的行驶里程问题及行驶距离与负载之间的关系，这可能会影响车辆配置和路线规划。第二，本章考虑的碳汇价格 α 是一个固定值，可能过于简单，因为随着市场的波动，碳汇价格 α 也会随之发生变化。第三，在数值仿真实验中，本章使用小规模算例来获得模型的精确解，目前还没有开发出有效的算法来解决带有大规模算例的

CNVRP 问题和 MSCNVRP 问题。尽管如此，小规模算例也能获得可靠的研究结论。未来的研究将集中在具有时间窗口和不确定需求的 CNVRP 模型和 MSCNVRP 模型构建上，尽管这可能是一个复杂的决策过程，但会更加现实。将 CNVRP 和 MSCNVRP 确定性模型扩展为鲁棒优化模型，进一步研究模型中的不确定参数，如碳汇价格、各节点装载时间等。此外，在模型中添加时间窗口、车辆里程、车辆行驶时间等约束条件也将更具有现实意义。

本章研究废弃物运输最优车队规模和路线优化问题，明确了运输商的最优车队规模和运输路线。然而，由于回收商废弃物量的不确定性和时间窗口等问题，运输商如果按照第五章中确定的运输路线来安排运输，将会产生新的运输车辆停靠问题。运输商如何在运输路线中选择合理的运输车辆停靠位置成为第七章研究的另一个重要课题。

循环经济下废弃物运输车辆
停靠位置研究

第六章解决了废弃物运输车队最优规模和路线问题，而本章将在第六章基础上研究废弃物最优运输路线的车辆停靠问题。简单而言，由于外界的不确定性因素影响而使得运输成本高和效率低，本章在废弃物运输后针对可能的高运输成本和低效率问题，提出并定义新的问题。在第六章研究中，一个运输商可能获得了多个回收商的运输服务资格，另一方面，由于废弃物运输服务通常属于零担运输，因此，运输商就需要根据废弃物回收点位置和运输路线来合理布局车辆停靠中心设施。事实上，回收商可能要求运输商在某个时间窗口内到达商业固体可回收废弃物回收点，同时考虑到城市交通道路的不确定性，从固定路线出发前往回收点运输垃圾的方案可能就不适用。为了快速响应市场及节约运输成本，运输商需要根据历史业务数据来找到更多合适的车辆停靠中心位置。本章引入多准则决策方法来解决最优车辆停靠中心位置问题。具体来说，本章构建了基于多准则决策的垃圾最优车辆停靠中心评估理论框架模型和评价指标体系，并通过数值实验方法验证了提出方法的有效性和合理性。

第一节 引 言

快速增长的废弃物不仅污染了环境，而且对公众的健康造成了极大的危害。尽管许多国家已经采取了处理可回收废弃物的有效措施，以减少废弃物数量或以循环方式利用废弃物，但仍需要进行大量工作来有效管理运输可回收废弃物（Rene，Sethurajan，Ponnusamy et al.，2021）。我国目前正在实施源头分类或强制废弃物分类，以改善环境（如深圳、北京、上海、广州等），并促进循环经济发展。源头分离有利于增加可回收废弃物的使用（Wang & Hao，2020）。然而，废弃物主要以零担运输为主，且每个废弃物收集点的废弃物数量较少，对废弃物的高效运输构成了挑战（Shao，Xu & Huang，2020）。

循环经济与传统经济模式相比有更多的优势（Lee，Hu & Lim，2021），例如节约能源、低成本、提高经济和生态效益，以及保持生态平衡的能力。在循环经济背景下，良好的可回收废弃物管理对经济可持续发展至关重要。随着公众对循环经济概念的深入理解，以智能和可持续的方式管理和运输可回收废弃物将有助于促进经济增长，同时最大限度地减少对环境的影响（Yi，Wang & Zhang，2020）。因此，适当地管理可回收废弃物的收集和运输，对于提高其在循环经济中的价值至关重要。由于废弃物分类是下游回收业务的基础，中国政府制定了垃圾分类政策，以促进废弃物分类的发展。

本章主要关注用于运输可回收废弃物的车辆停放问题。文献（Albalate & Gragera，2020）表明，停车是一项重要的经济活动，占用了大量的城市空间，因此优化停车位的位置很重要。城市中心的土地通常是有限的，因而停车位的供应总是受到限制（Van Ommeren，McIvor，Mulalic et al.，2021）。因此，用于运输可回收废弃物的车辆停放地点的选择对于提高运输效率和降低成本非常重要（Winter，Cats，Martens et al.，2021）。每个垃圾收集点的时间窗口有可能是变化的，并影响每个运输相关活动的效率。因此，如果不适当规划运输可回收废弃物的车辆停靠位置，就可能发挥不出废弃物运输服务的规模经济优势。

本章研究动机来自一个承接回收废弃物运输服务的第三方物流公

司（运输商）。由于该物流公司废弃物运输业务规模不断扩大，需要为可回收废弃物运输车辆停车中心（recyclable waste transportation vehicle parking center，RWTVPC）选择一个合适的位置，以快速、高效地运输商业固体可回收废弃物。该公司使用许多不同类型的车辆运输可回收废弃物。每天需要在废弃物回收点和废弃物中转站之间运输大量可回收废弃物。公司可安排一辆或多辆废弃物运输车辆从多个废弃物产生地点（或地区）收集各种可回收废弃物。该公司面临的主要挑战是如何选择最佳的 RWTVPC 位置，来高效运输该地区的可回收废弃物。

RWTVPC 的选址通常被认为是一个可以使用多准则决策（multi-criteria decision-making，MCDM）方法来解决的问题，该方法在诸多领域被广泛使用。由于每个准则的重要性不同，在 MCDM 问题中有必要为每个准则分配适当的权重（Mohammadi and Rezaei，2020）。然而，在实践中，由于专家的专业知识、背景和经验的不同，他们对给定标准的重要性的理解是不同的（Zhan，Zhang & Wu，2021）。如果仅凭主观判断来分配权重，可能会给决策带来风险。因此，考虑主观和客观的方法来计算标准权重以减少决策风险是必要的（Zheng，Xu & He，2021）。本章研究旨在回答以下问题：（1）如何设计和实施 MCDM 方法以确定 RWTVPC 的最佳位置？（2）如何选择最佳的评价指标体系以提高 RWTVPC 的选址质量？（3）在提出的方法中，重要参数对 RWTVPC 的位置设施选择结果有什么影响？

为了回答上述问题，本章提出一种集成决策试验与评价实验室（decision-making trial and evaluation laboratory，DEMATEL）、熵权（entropy weight，EW）法与加权聚合和乘积评估（weighted aggregated sum product assessment，WASPAS）的方法来为 RWTVPC 选择最优车辆停靠中心位置。首先，采用 DEMATEL 方法计算各指标的主观权重；其次，采用 EW 方法计算各指标的客观权重；最后，采用 WASPAS 方法对备选方案进行排序，并通过数值实例说明提出方法的具体应用步骤，并与其他 MCDM 方法进行比较，验证该方法的优越性。此外，也与传统的位置分配优化模型进行了比较，结果表明，该方法解决了传统位置分配优化不能用于定性评价标准的局限性。

本章之所以使用上述方法来研究 RWTVPC 位置问题，是因为：（1）模糊集可以反映决策者对决策信息的模糊性。然而，对于定量标准，可以使用清晰的数值进行评估。因此，在混合决策环境下对备选方案进行评估是非常重要的。（2）虽然 DEMATEL 方法确定的主观指标权重是合理的，但不能客观反映数据的属性。因此，得到的准则权重可能与实际情况不同；而 EW 方法则依赖于数据本身的离散性，可以客观地计算出准则权重。因此，这两种方法的结合可以形成有效的补充。（3）WASPAS 方法计算相对简单，可以得到可靠的备选方案排序。

尽管 RWTVPC 的位置选择是一个重要的问题，然而，在已有文献中，这个问题还没有得到充分的解决。第一，RWTVPC 的位置选择也没有统一的分析方法。虽然 MCDM 方法在很多领域都有广泛的应用，但还没有应用到 RWTVPC 的位置设施选择中。因此，本章通过开发一种集成的 MCDM 方法来填补这一研究空白。第二，RWTVPC 选址评估指标体系对决策有重要影响。然而，很少有文献对这一评价指标体系进行调查，本章也为填补这一研究空白做出了贡献。第三，目前鲜有文献研究 MCDM 方法与传统的位置优化模型之间的比较。本章将 MCDM 方法和位置优化分配模型的结果进行了比较，并分析了两种方法的应用场景。

综合上述分析，本章研究有如下三个重要意义：第一，虽然有很多关于废弃物运输的文献成果，但先前的文献忽略了 RWTVPC 选址的问题。因此，本章首次定义并解决了该问题；第二，针对 RWTVPC 的位置选址问题，本研究提出了一种集成的 DEMATEL – EW – WASPAS 方法，为 MCDM 作出了理论贡献，并构建了集成分析框架模型；第三，本章从实际的角度为有关废弃物管理人员提供管理建议。此外，本研究也为相关废弃物运输从业者和学者提供了新的见解。

第二节　废弃物运输车辆停靠位置问题描述

考虑一个由废弃物运输公司（运输商）、可回收废弃物收集点和可回收废弃物处理中心组成的区域物流网络。假设城市中央商务区有 m 个废弃物回收点，郊区有一个可回收垃圾处理厂，如图 7 - 1 所示。

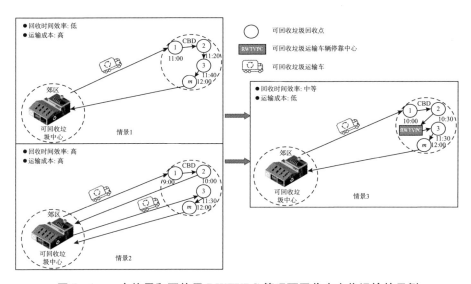

图 7 - 1　一个使用和不使用 RWTVPC 管理可回收废弃物运输的示例

为了快速运输可回收废弃物，该公司通常必须在给定的时间窗口内收集某个区域的所有废弃物。由于不可能在繁华的城市商业中心建立一个新的废弃物运输车辆调度中心，因此，运输商通常根据该地区商业固体可回收废弃物量将垃圾回收点划分为几个中心，每个中心至少配备一辆车，负责运输其商业固体可回收废弃物。由于每个废弃物回收点的运输时间窗口通常是不确定的，公司希望在该区域合理选择 RWTVPC（如路边停车场）的位置，以确保可回收废弃物能够及时运输。

请注意，可回收废弃物需要在给定的时间窗口内从每个废弃物回收点收集运输；废弃物运输车辆从可回收废弃物处理厂或车辆调度中心驶往废弃物回收点收集废弃物；废弃物回收点周边的居民或企业希望废弃物运输公司能快速将可回收废弃物运走。因此，如果能够在给定的时间窗口内运输商业固体可回收废弃物，可以显著提高周边居民或企业的社会福利。也就是说，回收时间的效率影响当地居民或企业的社会福利。在情景1中，如果使用少量的废弃物运输车辆，即使运输成本较低，也很难在给定的时间窗口内运输可回收废弃物，这意味着周围居民或企业的社会福利没有提高。而在场景2中，如果适当增加运输商业固体可回收废弃物的车辆，可以确保在给定的时间窗口内运输废弃物，但运输成本较高。因此，就运输时间和成本而言，情景1和情景2都不是最佳选择。在情景3中，在城市的中央商务区中选择RWTVPC的合适位置来停放可回收废弃物运输车辆。这不仅确保废弃物在给定的时间窗口内被清运，而且大部分车辆都能确保满载。因此，从情景3可以看出，RWTVPC的合适位置可以提高可回收废弃物的运输效率，降低运输成本。

考虑到每个废弃物回收点的可回收垃圾数量少，如果车辆仅运输一个垃圾回收点的少量废弃物，将会增加运输成本。因此需要在多个废弃物回收点中选择合适的RWTVPC的位置。车辆在这一地区巡航以收集可回收废弃物。如果车辆的容量不能在某次巡航中被填满，那么它就会停到RWTVPC中，然后在下一个时间窗口中继续巡航，直到车辆容量被装满。因此，与以前的可回收废弃物运输网络相比，该网络可以在提高效率的同时降低运输成本。

第三节　最优车辆停靠中心位置评估理论框架模型

本节将构建商业固体可回收废弃物最优车辆停靠中心位置评估的理论分析框架模型。首先将介绍计算标准主观权重的DEMATEL方法，其次介绍计算标准客观权重的EW方法，再次对计算备选方案的

WASPAS 方法进行介绍，最后构建 RWTVPC 选址问题的理论框架模型。不失一般性，假设有 m 个 RWTVPC 备选方案，记为 $A = (A_1, A_2, \cdots, A_i, \cdots, A_m)$，备选方案有 n 评估标准，记为 $C = (c_1, c_2, \cdots, c_j, \cdots, c_n)$。用 $W^s = (w_1^s, w_2^s, \cdots, w_j^s, \cdots, w_n^s)$ 来表示 DEMATEL 方法获得的主观标准权重；由 EW 方法获得的客观标准权重用 $W^o = (w_1^o, w_2^o, \cdots, w_j^o, \cdots, w_n^o)$ 来表示。假设有 L 个评估专家，记为 $E = (E_1, E_2, \cdots, E_l, \cdots, E_L)$。由于专家的知识背景差异，每个专家的权重也有所不同，专家的权重记为 $W^L = (w^1, w^1, \cdots, w^l, \cdots, w^L)$。

一、DEMATEL 方法

三角模糊数可以反映专家对标准意见的模糊性，因为本章将专家对标准和备选方案的语言评估转化为三角模糊数。DEMATEL 方法的主要计算步骤如下（Chang et al，2011；Si et al，2018）。

步骤1：专家根据评估标准给出直接关系矩阵。根据语言评估术语之间的相关性确定标准的语言评估术语。为了反映人类对评估对象的模糊性，本章将语言变量"影响"分为五个语言术语，并用三角模糊数 $(z_{ij1}^l, z_{ij2}^l, z_{ij3}^l)$ 表示，如表 7-1 所示（Wu and Lee，2007）。

表 7-1　　　　　　　　评估语言术语与对应的三角模糊数

语言术语	非常有影响（VH）	有影响（H）	影响低（L）	影响很低（VL）	无影响（N）
三角模糊数	(0.75, 1.0, 1.0)	(0.5, 0.75, 1.0)	(0.25, 0.5, 0.75)	(0, 0.25, 0.5)	(0, 0, 0.25)

步骤2：建立专家 l 对标准重要性的评估信息矩阵，记为 $\left[\tilde{z}_{ij}^l\right]_{n \times n}$。

步骤3：集结所有专家对标准重要性的评估信息矩阵，记为 $\tilde{Z} = \left[\tilde{z}_{ij}\right]_{n \times n}$。

$$\tilde{z}_{ij} = \sum_{l=1}^{L} w^l \, \tilde{z}_{ij}^l \qquad (7-1)$$

其中，w^l 表示专家 l 的权重，且满足 $\sum_{l=1}^{L} w^l = 1$。

步骤 4：通过如下方程式对直接关系矩阵 $\tilde{Z}$ 进行归一化处理：

$$\tilde{X} = \frac{\tilde{Z}}{\Delta} \qquad (7-2)$$

$$\tilde{Z} = \begin{bmatrix} \tilde{z}_{11} & \tilde{z}_{12} & \cdots & \tilde{z}_{1n} \\ \tilde{z}_{21} & \tilde{z}_{22} & \cdots & d_{2n}^l \\ \vdots & \vdots & \ddots & \vdots \\ \tilde{z}_{n1} & \tilde{z}_{n2} & \cdots & \tilde{z}_{nn} \end{bmatrix} \qquad (7-3)$$

$$\Delta = \max_{i,j}\Big[\max_{1 \leqslant i \leqslant n} \sum_{j=1}^{n} z_{ij3}, \ \max_{1 \leqslant j \leqslant n} \sum_{i=1}^{n} z_{ij3} \Big] \qquad (7-4)$$

步骤 5：通过式（7-5）计算综合影响矩阵 $\tilde{T} = \big[\ \tilde{t}_{ij}\ \big]_{n \times n}$。

$$\tilde{T} = \tilde{X}(I - \tilde{X})^{-1} \qquad (7-5)$$

其中，I 表示单位矩阵，$\tilde{t}_{ij} = (t_{ij1}, \ t_{ij2}, \ t_{ij3})$ 由如下方程计算

$$T_1 = \big[t_{ij1} \big]_{n \times n} = X_1(I - X_1)^{-1}$$
$$T_2 = \big[t_{ij2} \big]_{n \times n} = X_2(I - X_2)^{-1}$$
$$T_3 = \big[t_{ij3} \big]_{n \times n} = X_3(I - X_3)^{-1} \qquad (7-6)$$

其中，$X_1 = \big[x_{ij1} \big]_{n \times n}$，$X_2 = \big[x_{ij2} \big]_{n \times n}$，$X_3 = \big[x_{ij3} \big]_{n \times n}$。

步骤 6：通过方程（7-7）计算矩阵 $\tilde{T}$ 的行和，用 $\tilde{R}_i$ 表示；通过方程（7-8）计算矩阵 $\tilde{T}$ 的列和，用 $\tilde{C}_i$ 表示。

$$\tilde{R}_i = \Big(\sum_{j=1}^{n} t_{ij1}, \ \sum_{j=1}^{n} t_{ij2}, \ \sum_{j=1}^{n} t_{ij3} \Big) \qquad (7-7)$$

$$\tilde{C}_i = \Big(\sum_{i=1}^{n} t_{ij1}, \ \sum_{i=1}^{n} t_{ij2}, \ \sum_{i=1}^{n} t_{ij3} \Big) \qquad (7-8)$$

步骤 7：令 Γ 表示三角模糊数 $\tilde{\Gamma} = (\alpha, \ \beta, \ \gamma)$ 的去模糊化值，则：

$$\Gamma = \frac{\alpha + 2\beta + \gamma}{4} \qquad (7-9)$$

因此，通过方程（7-9）可以对方程（7-7）和（7-8）中的三角模糊数 $\tilde{R}_i$ 和 $\tilde{C}_i$ 进行去模糊化处理，使用 $\tilde{R}_i^{def}$ 和 $\tilde{C}_i^{def}$ 来表示其去模糊化值。

步骤8：通过如下方程来计算每个标准的中心度 Q_i 和原因度 U_i。

$$Q_i = \tilde{R}_i^{def} + \tilde{C}_i^{def} \tag{7-10}$$

$$U_i = \tilde{R}_i^{def} - \tilde{C}_i^{def} \tag{7-11}$$

步骤9：通过如下公式来计算标准 i 的主观权重 w_i^s。

$$w_i^s = \frac{(Q_i^2 + U_i^2)^2}{\sum\limits_{j=1}^{n}(Q_i^2 + U_i^2)^2} \tag{7-12}$$

二、EW 方法

定量评估标准可以用清晰数值表示，定性评估标准可以用语言术语表示（见表7-2）。在定义了语言变量之后，EW 方法的具体步骤如下。

表7-2　　　　　　　　评估语言术语与对应的三角模糊数

语言术语	三角模糊数
非常好（VG）	(0.9, 1, 1)
好（G）	(0.75, 0.85, 0.9)
略好（SG）	(0.5, 0.6, 0.75)
一般（F）	(0.4, 0.5, 0.6)
略差（SP）	(0.2, 0.3, 0.5)
差（P）	(0.1, 0.2, 0.35)
非常差（VP）	(0, 0.1, 0.2)

步骤 1：收集专家 l 对备选方案决策信息的初始混合矩阵 $\widetilde{D}_{ij}^{l}$。

$$\widetilde{D}_{ij}^{l} = \begin{bmatrix} \tilde{d}_{11}^{l} & \tilde{d}_{12}^{l} & \cdots & \tilde{d}_{1n}^{l} \\ \tilde{d}_{21}^{l} & \tilde{d}_{22}^{l} & \cdots & \tilde{d}_{2n}^{l} \\ \vdots & \vdots & \ddots & \vdots \\ \tilde{d}_{m1}^{l} & \tilde{d}_{m2}^{l} & \cdots & \tilde{d}_{mn}^{l} \end{bmatrix} \qquad (7-13)$$

步骤 2：由方程（7-14）汇总所有专家的决策信息，用 $\widetilde{D}$ 表示。

$$\widetilde{D} = \sum_{l=1}^{L} w^{l} \tilde{d}_{ij}^{l} \qquad (7-14)$$

其中，w^{l} 表示专家 l 的权重，且满足 $\sum_{l=1}^{L} w^{l} = 1$。

步骤 3：归一化矩阵 $\widetilde{D}$，得到的归一化模糊矩阵 $\widetilde{P} = [\tilde{p}_{ij}]_{m \times n}$。

$$\tilde{p}_{ij} = (x_{ij}^{l}, x_{ij}^{m}, x_{ij}^{u}) = \begin{cases} \left(\dfrac{d_{ij}^{l}}{d_{\max j}^{u}}, \dfrac{d_{ij}^{m}}{d_{\max j}^{u}}, \dfrac{d_{ij}^{u}}{d_{\max j}^{u}} \right), & \text{效益类型标准} \\[3mm] \left(\dfrac{d_{\min j}^{l}}{d_{ij}^{u}}, \dfrac{d_{\min j}^{l}}{d_{ij}^{m}}, \dfrac{d_{\min j}^{l}}{d_{ij}^{l}} \right), & \text{成本类型标准} \end{cases}$$

$$(7-15)$$

其中，$d_{\max j}^{u} = \max\{ d_{ij}^{u} \mid i = 1, 2, \cdots, m \}$，$d_{\min j}^{l} = \min\{ d_{ij}^{l} \mid i = 1, 2, \cdots, m \}$。

步骤 4：计算每个标准的模糊熵 e_j。

$$\tilde{h}_{ij} = \frac{\tilde{p}_{ij}}{\sum_{i=1}^{m} \tilde{p}_{ij}} \qquad (7-16)$$

$$\tilde{e}_j = -\frac{1}{\ln m} \sum_{i=1}^{m} \tilde{h}_{ij} \ln \tilde{h}_{ij} \qquad (7-17)$$

如果 $p_{ij} = 0$，那么 $p_{ij} \ln p_{ij} = 0$。

步骤 5：计算每个标准的模糊客观权重 $\tilde{w}_j = (w_j^{l}, w_j^{m}, w_j^{u})$。

$$\tilde{w}_j = \frac{1 - e_j}{n - \sum_{j=1}^{n} e_j} \qquad (7-18)$$

步骤6：计算每个标准的客观权重。

$$w_j^o = \frac{w_j^l + 2w_j^m + w_j^u}{4} \tag{7-19}$$

三、综合权重

在获得标准的主观和客观权重之后，需要计算其综合权重。为了能够灵活调整标准的主观和客观权重，本章将采用线性加权方法来计算其综合权重（Wen et al.，2021），其计算公式如下：

$$w_j = \theta w_j^s + (1-\theta) w_j^o \tag{7-20}$$

其中，$0 \leq \theta \leq 1$，$w_j \geq 0$，$\sum_{j=1}^n w_j = 1$。θ 表示决策者对主观权重的偏好，而 $1-\theta$ 表示决策者对客观权重的偏好。

四、WASPAS 方法

本章采用 WASPAS 方法对备选方案进行排序，其主要步骤如下：

步骤1：通过式（7-21）和式（7-22）来计算专家的评估信息，用矩阵 $F = [f_{ij}]_{m \times n}$ 表示。

$$d_{ij}^l = \frac{1}{4}(\alpha_{ij}^l + 2\beta_{ij}^l + \gamma_{ij}^l) \tag{7-21}$$

$$f_{ij} = \sum_{l=1}^L w^l d_{ij}^l \tag{7-22}$$

步骤2：对矩阵 $F = [f_{ij}]_{m \times n}$ 进行归一化处理。

$$\bar{f}_{ij} = \begin{cases} \dfrac{f_{ij}}{\max\limits_i f_{ij}}, & \text{效益类型标准} \\[4mm] \dfrac{\min\limits_i f_{ij}}{f_{ij}}, & \text{成本类型标准} \end{cases} \tag{7-23}$$

步骤 3：分别用 $WSM(P_i^{WSM})$ 和 $WPM(P_i^{WPM})$ 方法来计算备选方案的相对重要性。

$$P_i^{WSM} = \sum_{j=1}^{n} w_j \bar{f}_{ij} \qquad (7-24)$$

$$P_i^{WPM} = \prod_{j=1}^{n} (\bar{f}_{ij})^{w_j} \qquad (7-25)$$

步骤 4：通过线性加权方法计算备选方案的最终相对重要性。

$$P_i = \lambda P_i^{WSM} + (1-\lambda) P_i^{WPM} \qquad (7-26)$$

其中，λ 表示决策者对 WSM 和 WPM 方法的决策偏好，且满足 $\lambda \in [0,1]$，当 $\lambda=1$ 时，表示完全采用 WSM 方法来计算备选方案值；当 $\lambda=0$ 时，表示完全采用 WPM 方法来计算备选方案值。因此，WASPAS 方法同时具有 WSM 和 WPM 方法的优势。

五、集成分析框架

本节构建了 RWTVPC 问题的集成分析框架，如图 7-2 所示，主要包含以下几个阶段。

第一阶段：在初步准备阶段，确定备选位置和评价标准体系。决策者应邀请环境管理、车辆运输服务、公共关系管理等相关领域的专家，对可回收垃圾管理和运输政策进行研究，并在该地区研究可行的替代方案。在确定备选方案后，需要从文献资料、项目可行性分析报告和实地调查三方面收集 RWTVPC 选址信息，建立科学合理的评估指标。

第二阶段：确定综合标准权重。主观标准权重由 DEMATEL 方法确定；客观指标权重由 EW 方法确定。

第三阶段：通过应用 WASPAS 方法选择最佳位置。

第四阶段：进行比较研究和敏感性分析。对于前者，首先，将所提方法与其他 MCDM 方法进行了比较，验证其有效性；其次，在保

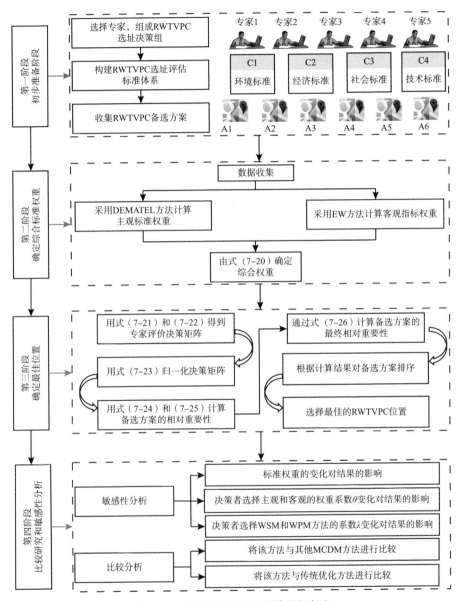

图 7 - 2　RWTVPC 选址决策分析框架

持与传统优化方法评价维度一致的基础上进行比较，说明所提方法的优点。对于后者，首先，由于决策者的主观性和不确定性，标准权重可能会随着时间的变化而发生变化；其次，决策者在选择主客观权重系数方面也可能对研究结果产生影响。最后，决策者对 WSM 或 WPM 方法的偏好也可能对结果产生影响。因此，需要进行灵敏度分析来验证所选参数的鲁棒性。

第四节　最优车辆停靠中心位置选址指标体系构建

评价标准是 RWTVPC 选址的基础，建立科学、系统的评估指标体系来反映 RWTVPC 选址的定性和定量标准尤为重要。虽然相关选址评价指标体系比较多，但从可持续发展角度探讨 RWTVPC 选址问题的研究较少。可持续发展强调经济、社会和环境的和谐发展。因此，在构建 RWTVPC 评价指标体系时，要至少考虑经济、社会和环境三个方面的因素。此外，技术标准也是 RWTVPC 位置选择的关键。因此 RWTVPC 选址的评价指标体系应包括环境、经济、社会和技术四个方面的标准。

为保证所构建评价指标体系的科学性，分析 RWTVPC 位置选址评价指标的构建过程，构建的集成分析框架如图 7 - 3 所示，主要步骤如下：（1）决策者首先邀请 5 位来自不同领域的专家组成 RWTVPC 选址决策委员会，各个专家信息如表 7 - 3 所示。（2）专家从学术文献和项目可行性分析报告中筛选出潜在的评价标准。5 位专家根据实践经验和专业知识对评价指标体系进行评审，并根据重要性进行排序。（3）专家进行多轮讨论，达成共识，最终建立 RWTVPC 选址评价指标体系，如图 7 - 4 所示。根据以上分析，RWTVPC 选址评价指标体系应该包括环境、经济、社会、技术四个一级指标，各指标详见表 7 - 4。

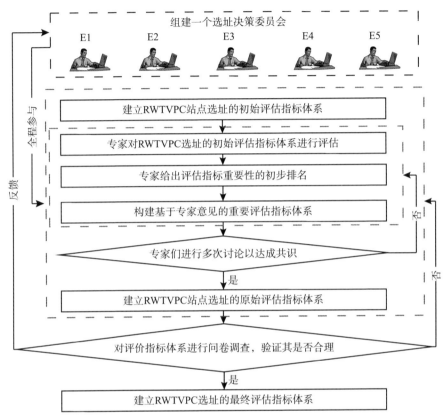

图 7 - 3　评价指标体系集成分析框架模型

表 7 - 3　　　　　　　　　　　　　专家信息

专家	领域	年龄	教育背景	工作经验	职称	专家权重
E1	技术工程部门	46	本科	24	高级工程师	0.15
E2	环保部门	52	硕士	27	高级工程师	0.25
E3	车辆运输服务部	56	本科	33	工程师	0.15
E4	高校	43	博士	15	教授	0.20
E5	财务部门	57	硕士	31	高级会计师	0.25

表 7 – 4　　　　　　　　　　　RWTVPC 评价指标体系

标准	子标准	描述
环境标准（C1）	对居民健康的影响（C11）	由于运输废物的车辆可能会散发气味、灰尘等，影响当地居民的健康（Younger et al.，2008）。尽管公司采取严格的措施来控制污染，但仍然存在潜在的风险
	对开发环境的影响（C12）	RWTVPC 通常位于一个开放的环境中，这可能会对社会和城市生活产生影响
	环境污染（C13）	由于某些条件，RWTVPC 位置可能不能使用新能源车辆，使用化石燃料的车辆排放的污染物会影响环境
经济标准（C2）	运营成本（C21）	只需要考虑 RWTVPC 站点的租用和管理成本
	单位运输成本（C22）	RWTVPC 的位置决定了车辆运输的路径和距离，可能会影响单位运输成本
	服务能力（C23）	服务能力是指每个废物收集站可提供的服务数目。不同的 RWTVPC 位置会影响其容量
社会标准（C3）	公众满意度（C31）	因为公众可能会担心垃圾运输车辆的气味，或者他们可能会影响城市的环境，居民可能会反对
	政府支持力度（C32）	需要加强与政府的合作以获得更多的支持
	与当地规划协调性（C33）	RWTVPC 的位置不能影响区域的环境和美观
技术标准（C4）	服务便捷性（C41）	RWTVPC 所在位置对各个可回收垃圾收集站点应该具有便捷性
	相互距离（C42）	相互距离是指 RWTVPC 与中转站或处理厂之间的距离
	可扩展性（C43）	可扩展性是指随着垃圾量的增加，运输车辆的数量可能会增加，RWTVPC 站点可以适当扩展以满足运输需求

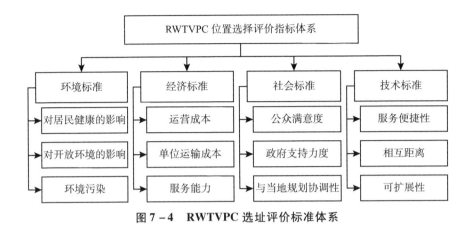

图7-4 RWTVPC选址评价标准体系

第五节 数值研究

为了进一步说明所提方法的有效性和分析框架的适用性,本节应用一个例子进行分析和讨论。

一、背景描述

虽然源头分离或强制垃圾分类有利于可回收废弃物的回收利用,但废弃物的回收价值决定了所需要的回收和运输方式的类型。为了鼓励企业回收低价值的商业固体可回收废弃物,一些地方政府出台了相应的激励措施,包括补贴和可回收废弃物回收分类标准等。虽然这些政策为可回收废弃物的大规模收集和运输提供了制度保障,但目前的可回收废弃物运输仍面临运输成本高、缺乏规模经济等挑战。因此,需要完善可回收废弃物运输网络,以降低运输成本。

由于城市土地资源有限,很难找到一块可以用来建造废弃物运输车辆调度中心的土地。此外,由于地价过高,企业可能很难大规模建设车辆调度中心。因此,在规划的区域内选择合适的 RWTVPC 位置设施非常重要。假设有一家公司需要从 6 个 RWTVPC 备选方案 $A =$

（A_1，A_2，A_3，A_4，A_5，A_6）中选择 2 个合适的 RWTVPC 站点位置。决策者邀请来自不同领域的 5 位专家 $E = (E_1, E_2, E_3, E_4, E_5)$ 组成 RWTVPC 决策小组，并根据每位专家的专业背景和实践经验赋予不同的权重 $W^L = (0.15, 0.25, 0.15, 0.2, 0.25)$，然后应用所提出的方法来选择最佳方案。

二、确定权重

1. 使用 DEMATEL 方法计算标准主观权重

首先，专家将根据表 7 - 1 给出各标准之间直接关系矩阵，其结果如表 7 - 5 ~ 表 7 - 7 所示。其次，将表 7 - 5 ~ 表 7 - 7 中的语言术语转化为三角模糊数，将各专家的模糊矩阵聚合，并用式（7 - 1）~式（7 - 4）进行归一化处理。再次，用式（7 - 5）~式（7 - 8）确定影响度 $\tilde{R}_i$ 和被影响度 $\tilde{C}_i$。从次，使用式（7 - 9）对 $\tilde{R}_i$ 和 $\tilde{C}_i$ 进行去模糊化处理。最后，通过式（7 - 10）~式（7 - 12）计算主观权重，结果见表 7 - 8。

表 7 - 5　　　　　　　专家给出的标准评估语言术语

专家	标准	C1	C2	C3	C4
E1	C1	N	VL	VH	L
	C2	VH	N	L	H
	C3	VL	L	N	VL
	C4	L	VL	VL	N
E2	C1	N	VL	H	L
	C2	H	N	L	H
	C3	VL	L	N	VL
	C4	L	VL	VL	N

专家	标准	C1	C2	C3	C4
E3	C1	N	VL	VH	L
	C2	VH	N	L	VH
	C3	VL	L	N	VL
	C4	VH	VL	H	N
E4	C1	N	VL	VH	L
	C2	VH	N	L	VH
	C3	VH	L	N	VL
	C4	L	VL	H	N
E5	C1	N	H	VH	L
	C2	VH	N	L	VH
	C3	VH	L	N	VL
	C4	L	L	H	N

表 7 – 6　　　　　专家给出的环境标准和经济标准评估语言术语

专家	环境标准	C11	C12	C13	经济标准	C21	C22	C23
E1	C11	N	VL	VH	C21	N	L	VH
	C12	VH	N	L	C22	VH	N	L
	C13	VL	L	N	C23	VL	VL	N
E2	C11	N	VH	VH	C21	N	H	L
	C12	VH	N	VH	C22	VH	N	VH
	C13	VL	L	N	C23	VH	L	N
E3	C11	N	VL	VH	C21	N	VL	L
	C12	H	N	L	C22	H	N	L
	C13	VL	L	N	C23	VL	N	N
E4	C11	N	VL	VH	C21	N	VL	L
	C12	H	N	L	C22	H	N	L
	C13	VL	VL	N	C23	H	H	N

续表

专家	环境标准	C11	C12	C13	经济标准	C21	C22	C23
	C11	N	VL	VH	C21	N	H	VL
E5	C12	H	N	L	C22	H	N	L
	C13	H	VL	N	C23	VH	H	N

表 7 - 7　　　专家给出的社会标准和技术标准评估语言术语

专家	社会标准	C31	C32	C33	技术标准	C41	C42	C43
	C31	N	L	VH	C41	N	VL	H
E1	C32	L	N	L	C42	H	N	L
	C33	VL	VL	N	C43	VL	VL	N
	C31	N	H	L	C41	N	L	L
E2	C32	VH	N	VH	C42	H	N	L
	C33	VH	VL	N	C43	VH	H	N
	C31	N	L	H	C41	N	H	H
E3	C32	H	N	L	C42	H	N	VH
	C33	VL	L	N	C43	VH	L	N
	C31	N	VL	L	C41	N	VL	VL
E4	C32	VH	N	H	C42	H	N	VL
	C33	VH	H	N	C43	VH	H	N
	C31	N	H	VL	C41	N	VL	L
E5	C32	VH	N	L	C42	VH	N	H
	C33	H	H	N	C43	VH	H	N

表 7 - 8 评估语言术语与对应的三角模糊数

DEMATEL 方法					EW 方法				
标准	权重	子标准	局部权重	全局权重	标准	权重	子标准	局部权重	全局权重
C1	0.301	C11	0.338	0.102	C1	0.253	C11	0.396	0.100
		C12	0.329	0.099			C12	0.380	0.096
		C13	0.333	0.100			C13	0.223	0.057
C2	0.274	C21	0.336	0.092	C2	0.265	C21	0.194	0.051
		C22	0.339	0.093			C22	0.421	0.112
		C23	0.325	0.089			C23	0.385	0.102
C3	0.242	C31	0.336	0.081	C3	0.241	C31	0.355	0.086
		C32	0.338	0.082			C32	0.351	0.085
		C33	0.327	0.079			C33	0.294	0.071
C4	0.183	C41	0.331	0.061	C4	0.240	C41	0.269	0.065
		C42	0.335	0.061			C42	0.323	0.078
		C43	0.335	0.061			C43	0.408	0.098

2. 使用 EW 方法计算标准客观权重

首先专家给出了备选方案中每个标准的混合评估信息（见表 7 - 9 和表 7 - 10），其中子标准 C21、C22、C23 和 C42 为定量标准，其余为定性标准；其次通过式（7 - 13）和式（7 - 14）对语言评估信息进行集结；再次通过式（7 - 15）~式（7 - 17）计算模糊信息熵；通过式（7 - 18）计算模糊熵权；最后需要应用式（7 - 19）对模糊熵权进行去模糊化处理，计算结果见表 7 - 7。

表 7 - 9　　　　　　专家根据标准数据客观提供的语言术语

专家	标准	A1	A2	A3	A4	A5	A6
E1	C1	G	VG	F	VG	SG	F
	C2	SG	G	SG	G	F	G
	C3	SG	SP	G	F	SP	VP
	C4	F	G	G	G	SG	VG
E2	C1	G	SG	F	VG	SG	F
	C2	F	G	SG	G	SG	G
	C3	VG	F	G	VG	G	VP
	C4	F	G	VG	G	SG	G
E3	C1	G	SG	VG	VG	SG	P
	C2	F	P	SG	G	SG	G
	C3	SG	F	G	P	G	VP
	C4	F	VG	VG	G	SG	SG
E4	C1	G	SG	VG	VG	SG	P
	C2	F	VG	SG	G	SP	G
	C3	SG	F	G	P	G	P
	C4	F	VG	G	G	SG	G
E5	C1	G	SG	VG	G	SG	G
	C2	P	VG	VG	SG	F	F
	C3	SG	F	SG	P	G	SG
	C4	F	VG	SG	G	SG	F

表 7 - 10　　　　　　　　　　专家所有备选方案的标准语言术语

专家	备选方案	C11	C12	C13	C21	C22	C23	C31	C32	C33	C41	C42	C43
E1	A1	VG	VG	G	6000	100	19	VG	VG	G	G	20	G
	A2	G	VG	G	6400	95	20	SG	VG	G	F	16	SG
	A3	VG	G	VG	5800	90	23	SG	G	F	G	25	G
	A4	VG	VG	G	6000	100	19	G	G	G	SP	30	G
	A5	G	VG	VG	6000	98	24	F	G	F	F	27	SP
	A6	VG	G	G	6250	96	22	G	VG	SP	G	20	SG
E2	A1	G	G	G	6000	100	19	VG	G	VG	G	20	F
	A2	G	VG	G	6400	95	20	G	VG	G	SG	16	SG
	A3	VG	G	P	5800	90	23	F	F	F	G	25	G
	A4	G	F	G	6000	100	19	SG	G	G	SP	30	F
	A5	G	VG	VG	6000	98	24	VG	G	F	F	27	SP
	A6	VG	VG	SP	6250	96	22	P	VG	SP	SG	20	P
E3	A1	G	G	G	6000	100	19	G	G	VG	G	20	F
	A2	VG	VG	G	6400	95	20	VG	VG	G	SG	16	SG
	A3	VG	SP	SG	5800	90	23	G	VG	F	G	25	G
	A4	SG	F	G	6000	100	19	SG	G	SG	SP	30	F
	A5	G	VG	VG	6000	98	24	VG	F	VG	F	27	SP
	A6	VG	G	F	6250	96	22	SG	VG	SP	SG	20	VP
E4	A1	G	SG	G	6000	100	19	SG	VG	VG	G	20	SP
	A2	SG	P	G	6400	95	20	VG	VG	G	SG	16	SG
	A3	VG	SP	SG	5800	90	23	G	G	SG	G	25	G
	A4	SG	F	G	6000	100	19	SG	G	SG	SP	30	SP
	A5	G	VG	VG	6000	98	24	VG	F	VG	F	27	SP
	A6	VG	G	VG	6250	96	22	SG	VG	SP	P	20	VP

续表

专家	备选方案	C11	C12	C13	C21	C22	C23	C31	C32	C33	C41	C42	C43
E5	A1	SG	SG	G	6000	100	19	VG	VG	SG	G	20	P
	A2	SG	P	G	6400	95	20	VG	VG	G	F	16	SG
	A3	G	SP	SG	5800	90	23	G	G	SG	G	25	G
	A4	SG	F	G	6000	100	19	SG	G	SG	SP	30	F
	A5	G	VG	G	6000	98	24	VG	SG	VG	F	27	SP
	A6	VG	G	VG	6250	96	22	SG	VG	F	SG	20	G

3. 使用线性加权方法获得全局权重

在获得了标准的主观和客观权重之后，使用式（7-20）来计算最终的综合权重，其中 $\theta = 0.5$。计算结果见表 7-11 和图 7-5。C22 标准权重最大，而 C41 权重最小。评估结果显示环境标准对 RWTVPC 选址影响最大，其次是经济标准。

表 7-11　　　　　　　　综合权重

标准	权重	子标准	局部权重	全局权重	排序
C1	0.277	C11	0.367	0.1017	2
		C12	0.355	0.0982	3
		C13	0.278	0.0769	8
C2	0.270	C21	0.265	0.0714	10
		C22	0.380	0.1025	1
		C23	0.355	0.0959	4
C3	0.242	C31	0.345	0.0835	5
		C32	0.344	0.0832	6
		C33	0.311	0.0751	9

标准	权重	子标准	局部权重	全局权重	排序
C4	0.212	C41	0.300	0.0635	12
		C42	0.329	0.0697	11
		C43	0.371	0.0786	7

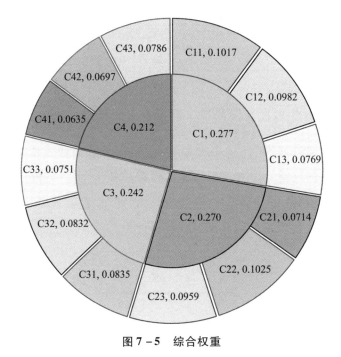

图7-5　综合权重

三、备选方案排序

在获得标准权重之后，需要通过 WASPAS 方法来确定备选方案排序。首先通过式（7-21）和式（7-22）将表7-4中的评估信息进行汇总；其次，应用式（7-23）对评估信息矩阵进行归一化处理；再次，使用式（7-24）和式（7-25）计算每个备选方案的相对重要性；最后，令 $\lambda = 0.5$，并通过线性加权方式计算每个备选方案的最终相对重要性，其结果见表 7 - 12。表 7 - 12 显示最终排序结果为 A5 > A1 > A3 > A2 > A6 > A4，因此选择 A1 和 A5 作为最佳方案。

表 7 - 12　　　　　　　　　　　　　备选方案排序

备选方案	A1	A2	A3	A4	A5	A6
WSM 方法	0. 8530	0. 8284	0. 846	0. 7674	0. 8608	0. 7844
WPM 方法	0. 8405	0. 8155	0. 828	0. 7477	0. 8338	0. 7574
综合结果	0. 8467	0. 8219	0. 837	0. 7576	0. 8473	0. 7709
排序	2	4	3	6	1	5

第六节　分析讨论

本节对提出的方法中的参数进行分析，以进一步验证其鲁棒性和优点。此外，将提出的方法与其他方法进行比较以说明其优势。

一、与位置优化方法的比较分析

为了说明所提出的方法在评价定性和定量标准方面的优势，本节将其与只考虑定量标准的位置分配优化方法进行比较，其目的是表明 MCDM 方法可以反映决策者对备选方案评估的更多属性。本节提出的优化模型实际上是经典位置分配模型的一种特殊类型。本节构建了如下位置分配优化模型：

$$\min \sum_{k=1}^{K} \sum_{j=1}^{N} c_j d_{kj} x_{kj} \qquad (7-27)$$

$$\sum_{j=1}^{N} x_{kj} = 1 \qquad (7-28)$$

$$x_{kj} \leqslant y_j \qquad (7-29)$$

$$\sum_{j=1}^{N} y_j = 2 \qquad\qquad (7-30)$$

$$\sum_{j=1}^{N} T_j y_j \leqslant 13000 \qquad\qquad (7-31)$$

$$x_{kj}, \; y_j \in \{0, 1\} \qquad\qquad (7-32)$$

其中，c_j 表示备选方案 j 的单位运输成本，T_j 表示月度运营成本，d_{kj} 表示备选方案 j 与商业固体可回收废弃物收集点 k 之间的距离。x_{kj} 为 $0-1$ 变量，如果商业固体可回收废弃物收集点 k 被备选方案 j 服务，那么 $x_{kj}=1$；否则，$x_{kj}=0$。y_j 为 $0-1$ 变量，如果备选方案 j 被选择，那么 $y_j=1$；否则，$y_j=0$。目标函数（7-27）表示最小化运输成本，约束条件（7-28）确保每个废弃物收集点只被一个备选方案服务，约束条件（7-29）确保只有被选择的备选方案才能与废弃物产生点建立关系，约束条件（7-30）确保备选节点数量为 2 个，约束条件（7-31）确保运营资金在预算之内。

假设有 8 个商业固体可回收废弃物收集点（$K=8$）和 6 个备选方案（$N=6$）。备选方案和商业固体可回收废弃物收集点之间的距离如表 7-13 所示。为了减少误差，参数 T_j 和 c_j 的数据与标准 C21 和 C22 的定量数据保持一致，如表 7-14 所示。通过使用 Linggo11.0 对模型进行求解，结果显示备选方案 A3 和 A5 是最佳选择。

表 7-13　备选方案与商业固体可回收废弃物收集点之间的距离

备选方案	废弃物收集点 1	废弃物收集点 2	废弃物收集点 3	废弃物收集点 4	废弃物收集点 5	废弃物收集点 6	废弃物收集点 7	废弃物收集点 8
A1	2	2	3	1	1	2	3	2
A2	5	2	1	5	3	2	4	3
A3	2	4	5	4	1	2	3	4
A4	6	3	2	2	6	4	6	6
A5	2	2	3	1	1	2	3	2
A6	3	5	3	2	3	6	5	2

表 7 - 14   参数 T_j 与 G_j 的数据信息

备选方案	T_j	c_j
A1	6000	100
A2	6400	95
A3	5800	90
A4	6000	100
A5	6000	98
A6	6250	96

上述位置分配优化模型只考虑了备选方案的经济标准，为了验证其与 MCDM 方法的兼容性，在 DEMATEL - EW - WASPAS 方法中，只评估备选方案的经济标准。设运营成本、单位运输成本和服务能力的权重分别为 0.3、0.4 和 0.3。评价结果如表 7 - 15 所示。如果只考虑备选方案的经济标准，A3 和 A5 是最佳选择。

表 7 - 15   只考虑经济标准的备选方案排序

备选方案	WSM 方法	WPM 方法	综合结果	排序
A1	0.8875	0.8848	0.8861	5
A2	0.9008	0.8996	0.9002	4
A3	0.9875	0.9873	0.9874	1
A4	0.8875	0.8848	0.8861	5
A5	0.9573	0.95673	0.9570	2
A6	0.9284	0.9284	0.9284	3

一个有趣的发现是，DEMATEL - EW - WASPAS 方法比上面的位置分配优化模型更兼容。尽管传统的位置分配优化模型往往难以捕捉备选方案的定性标准，但在评估备选方案的定量标准方面，位置分配

优化模型也是值得信赖的。综上所述，在评估备选方案的多个属性
（如定性和定量标准）时，最好使用 MCDM 方法。

二、与其他 MCDM 方法的比较分析

为了验证所提出的 DEMATEL – EW – WASPAS 方法的有效性，本
节将其与其他三种 MCDM 方法进行比较，分别是 TOPSIS （Sagnak，
Berberoglu，Memis，et al.，2021），VIKOR （Sennaroglu & Celebi，
2018），和 TODIM （Pan，Wang & Chin，2021）。比较结果如表 7 – 16
所示。

表 7 – 16　　　　　　　　　与其他 MCDM 方法的比较结果

备选方案	TOPSIS		VIKOR		TODIM		WASPAS	
	结果	排名	结果	排名	结果	排名	结果	排名
A1	0.5851	1	0.2554	2	0.9086	2	0.8467	2
A2	0.5365	4	0.6119	4	0.6879	4	0.8219	4
A3	0.5384	3	0.3810	3	0.7946	3	0.8370	3
A4	0.3957	6	0.9286	6	0.0000	6	0.7576	6
A5	0.5641	2	0.0194	1	1.0000	1	0.8473	1
A6	0.4119	5	0.7875	5	0.1081	5	0.7709	5

可以从两个角度对结果进行分析：第一，表 7 – 15 的结果验证了
所提方法的正确性。虽然只有 TOPSIS 方法得到的结果与其他三种方
法不同，但所有方法的结果都将备选方案 A1 和 A5 排在前两名；第
二，WASPAS 方法结合了两种众所周知的 MCDM 方法，其他三种是
常见的、单一的 MCDM 方法。因此，WASPAS 方法在结果的准确性
方面优于其他三种 MCDM 方法。

三、标准权重的敏感性分析

子标准的权重很大程度上取决于标准的权重。本节将改变标准权重以确定结果是否发生了显著变化。在每个情景中，假设令一个标准的权重增加，让另一个标准的权重减少，并保持其他两个标准权重不变。由此得到了不同情景下权重的变化情况，如表 7 – 17 所示。每种方案的计算结果如图 7 – 6 所示。

表 7 – 17　　　　　　　　　　不同权重组合情景

标准	1	2	3	4	5	6	7	标准	1	2	3	4	5	6	7
情景 1								情景 2							
C1	0.1	0.2	0.3	0.4	0.5	0.6	0.7	C1	0.1	0.2	0.3	0.4	0.5	0.6	0.7
C2	0.7	0.6	0.5	0.4	0.3	0.2	0.1	C2	0.1	0.1	0.1	0.1	0.1	0.1	0.1
C3	0.1	0.1	0.1	0.1	0.1	0.1	0.1	C3	0.7	0.6	0.5	0.4	0.3	0.2	0.1
C4	0.1	0.1	0.1	0.1	0.1	0.1	0.1	C4	0.1	0.1	0.1	0.1	0.1	0.1	0.1
情景 3								情景 4							
C1	0.1	0.2	0.3	0.4	0.5	0.6	0.7	C1	0.1	0.1	0.1	0.1	0.1	0.1	0.1
C2	0.1	0.1	0.1	0.1	0.1	0.1	0.1	C2	0.1	0.2	0.3	0.4	0.5	0.6	0.7
C3	0.1	0.1	0.1	0.1	0.1	0.1	0.1	C3	0.7	0.6	0.5	0.4	0.3	0.2	0.1
C4	0.7	0.5	0.4	0.3	0.1	0.1	0.1	C4	0.1	0.1	0.1	0.1	0.1	0.1	0.1
情景 5								情景 6							
C1	0.1	0.1	0.1	0.1	0.1	0.1	0.1	C1	0.1	0.1	0.1	0.1	0.1	0.1	0.1
C2	0.1	0.2	0.3	0.4	0.5	0.6	0.7	C2	0.1	0.1	0.1	0.1	0.1	0.1	0.1
C3	0.1	0.1	0.1	0.1	0.1	0.1	0.1	C3	0.1	0.2	0.3	0.4	0.5	0.6	0.7
C4	0.7	0.6	0.5	0.4	0.3	0.2	0.1	C4	0.7	0.6	0.5	0.4	0.3	0.2	0.1

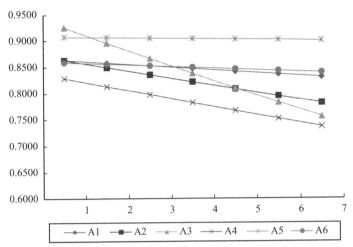

（a）情景1：环境标准权重增大，经济标准权重减小，其他标准权重不变

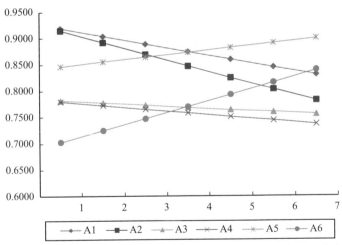

（b）情景2：环境标准权重增大，社会标准权重减小，其他标准权重不变

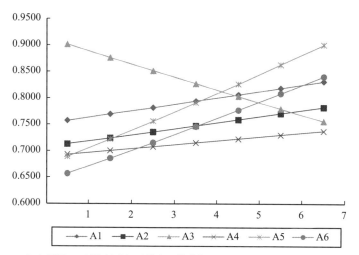

（c）情景3：环境标准权重增大，技术标准权重减小，其他标准权重不变

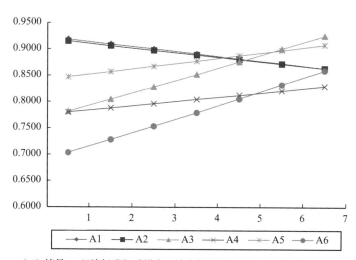

（d）情景4：经济标准权重增大，社会标准权重减小，其他标准权重不变

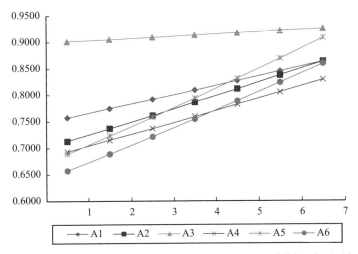

（e）情景5：经济标准权重增大，技术标准权重减小，其他标准权重不变

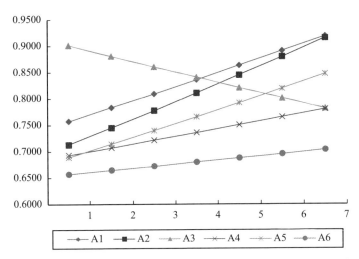

（f）情景6：社会标准权重增大，技术标准权重减小，其他标准权重不变

图7－6　不同权重组合情景下的备选方案结果

　　从图7－6（a）可以明显看出，当环境标准权重逐渐增大，而经济标准权重逐渐减小时，各备选方案的值都在减小。从图7－6（b）可以看出当环境标准权重逐渐增大，而社会标准权重逐渐减小时，方案A5和A6的值逐渐增大，其余的值逐渐减小，说明方案A5和

A6 的环境因素评价结果优于其他方案。在情景 3 和情景 6 中［如图 7 - 6（c）和图 7 - 6（f）所示］，除备选方案 A3 外，其余备选方案的结果均呈上升趋势，说明方案 A3 的技术标准评价结果较好。在情景 4［如图 7 - 6（d）所示］中，当经济标准权重逐渐增大，而社会标准权重逐渐减小时，备选方案 A1 和 A2 的值逐渐减小，其余的值逐渐增大，说明备选方案 A1 和 A2 的社会因素评价优于其他方案。在情景 5 中［如图 7 - 6（e）所示］，可以看到所有备选方案的值都有所增加，说明所有备选方案的技术标准绩效不如社会标准绩效。

每种情景的备选方案的排序如图 7 - 7 所示。标准权重的变化对备选方案的排名有显著影响，不同的标准权重对应不同的排名。因此，选择合适的标准权重对于降低选址决策风险至关重要。

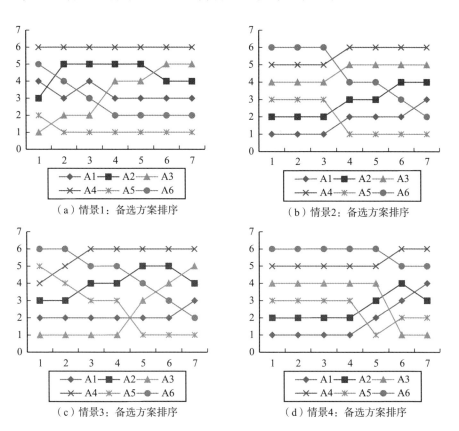

（a）情景1：备选方案排序

（b）情景2：备选方案排序

（c）情景3：备选方案排序

（d）情景4：备选方案排序

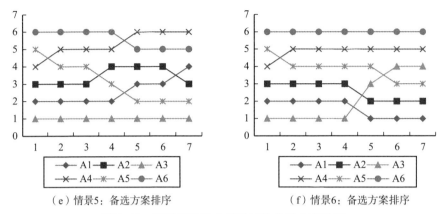

（e）情景5：备选方案排序　　　　　（f）情景6：备选方案排序

图7-7　不同权重组合情景下的备选方案排序

四、参数 θ 的敏感性分析

决策者选择主观权重的偏好为 θ，选择客观权重的偏好为 $1-\theta$。图 7-8 显示当决策偏好 θ 从 0 变为 1 时对决策结果的影响。从图 7-8 可以看出，当 θ 从 0 逐渐增加到 1 时，除备选方案 A3 外，其余备选方案的值都会增加。当决策偏好 θ 在 [0.2，0.3] 和 [0.9，1] 区

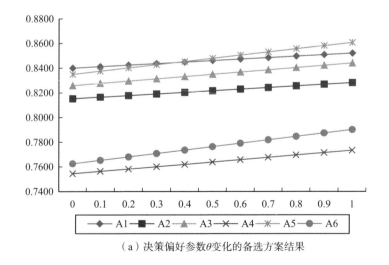

（a）决策偏好参数θ变化的备选方案结果

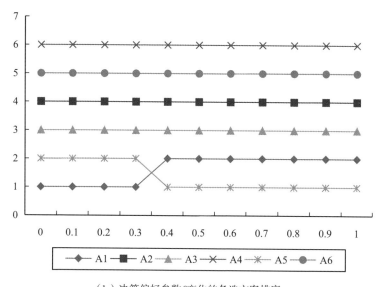

（b）决策偏好参数 θ 变化的备选方案排序

图 7 - 8　参数 θ 变化对结果的影响

间内时，备选方案的排序结果不同；当决策偏好 θ 在区间 [0.3，0.9] 时，备选方案的排序没有变化 [如图 7 - 8（b）所示]。当 θ 在区间 [0.3，1] 时，前两个备选方案始终为 A1 和 A5，说明了所提方法的稳定性。

五、参数 λ 的敏感性分析

决策者对 WSM 方法的偏好为 λ，对 WPM 方法的偏好为 1 - λ。本节将对决策者在选择 WSM 和 WPM 方法时的偏好 λ 进行敏感性分析，以验证所提方法的稳定性。图 7 - 9 显示了当决策偏好 λ 从 0 变为 1 时对结果的影响。

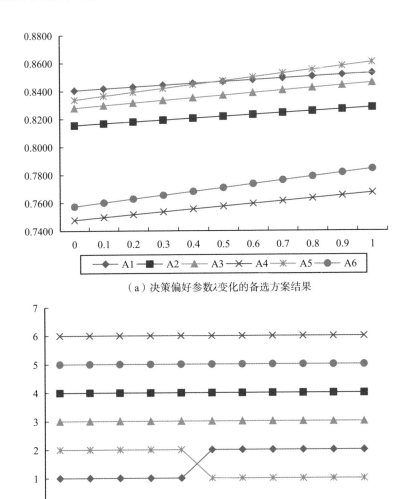

（a）决策偏好参数λ变化的备选方案结果

（b）决策偏好参数λ变化的备选方案结果

图7-9　参数 λ 变化对结果的影响

当决策偏好参数 λ 在 ［0，0.3］ 和 ［0.4，1］ 区间内时，各备选方案的排序不变；当决策偏好参数 λ 在区间 ［0.3，0.4］ 时，只有备选方案 A1 和备选方案 A5 的排名发生了变化。综上所述，决策偏好 λ 对决策结果不敏感，前两个备选方案始终为 A1 和 A5 ［如

图 7 - 9（b）所示]，说明了本研究提出方法的稳定性和鲁棒性。

值得注意的是，决策偏好参数 θ 和 λ 对结果有影响。在实践中，选择 θ 和 λ 来降低风险的方法需要管理者给予足够的重视。如果选择的评价专家具有良好的理论基础和丰富的实践经验等，θ 的主观权重应大于其客观权重；否则，应更多地依赖客观权重。此外，由于决策偏好的参数 λ 对结果的影响较小，通常可以将 λ 设为 0.5。由于专家知识和经验的不同，可能会有不同的意见，因此应赋予专家不同的权重，以减少评价的模糊性。

六、理论和实践意义

在实践层面，本章的重要性主要体现在以下几个方面。

第一，本章为运输商提供了城市收集和运输可回收废弃物的车辆停靠中心位置选址方案。传统的运输商需要投入大量资金建设废弃物运输车辆调度中心。然而，由于城市土地资源有限，租金成本较高，在相对发达的城市地区不可能有闲置土地建设废弃物运输车辆调度中心。有鉴于此，本章考虑路边停车场或闲置停车场等资源来停放运输可回收废弃物的车辆。收到运输需求后，车辆从该地点出发前往废弃物收集点收集可回收垃圾。此外，本章提出的解决方案比投资建设新的车辆调度中心更具优势，原因如下：（1）降低投资风险，节省投资资金。（2）更加灵活。RWTVPC 可根据收集点的可回收垃圾量随时调整位置和增加容量。（3）提高可回收废弃物运输服务效率。更为重要的是，本章简化的 RWTVPC 选址问题很容易理解和实现。

第二，标准权重对决策结果非常敏感。如果不能使用合适的方法确定权重，则选址失败的风险就会增加。此外，当决策者选择不同的决策偏好参数值时，会对备选方案的排序结果产生影响。但是，本章采用主观和客观相结合的综合权重，使其得到的标准权重更符合实际需要。本章构建了 RWTVPC 选址问题的决策分析理论框架模型，以提供清晰的思路。虽然提出的方法适用于 RWTVPC 的选址，但本章提供的分析和方法也可以用于类似的选址问题。

第三，本章提出的 RWTVPC 选址问题在三个方面具有重要意义：（1）与传统的中转站相比，本章提出的运输车辆停车中心更便宜、更灵活、更具可操作性；（2）与厨余废弃物和医疗化学废弃物相比，运输商业固体可回收废弃物的车辆在停放时对环境的负面影响相对较小；（3）RWTVPC 可以确保区域内可回收废弃物及时运输，从而提高周边居民/企业的社会福利。

基于上述研究结果，本节总结了一些重要的管理启示，为相关从业者从实践角度提供参考。

第一，本研究构建了 RWTVPC 评价指标体系，其中包括 4 个一级指标和 12 个二级指标。这适用于商业固体可回收废弃物运输车辆停车中心设施选址。但由于评价目标不同，评价标准未必能客观反映决策者的心理偏好。因此，管理者应在实践中动态调整评价指标。本章提出的 RWTVPC 选址评估指标的分析过程为管理者构建指标体系提供了有益的参考。

第二，本章提出改善的商业固体可回收废弃物管理运输网络可以降低运输成本。先前文献提出的方法包括在固定的运输路线上运输商业固体可回收废弃物，这可能出现车辆没有满载或沿线的商业固体可回收废弃物无法全部被收集的情况。然而，本章提出的方法致力于弥补上述不足，物流运营管理者将受益于其低运输成本和高运输效率。此外，本研究提出的方法所需资金投入较少，可操作性和灵活性强，仅要求物流运营管理人员在运输可回收废弃物的沿途找到合适的 RWTVPC 位置。

第三，本研究通过完善商业固体可回收废弃物运输网络，为理论研究作出贡献。废弃物的回收利用促进了经济的可持续发展。然而，目前商业固体可回收废弃物的运输面临着独特的挑战，如每个收集点的可回收废弃物数量很少。因此，本研究捃出了一种可持续的商业固体可回收废弃物运输解决方案，以实现规模经济，从而降低运输成本，提高区域商业固体可回收废弃物的运输效率。还可以通过在商业固体可回收废弃物运输网络中增加 RWTVPC 的位置来降低运输成本和提高效率。此外，在未来商业固体可回收废弃物的循环经济背景下，该方法将显著提高运输效率。

第七节　研究结论

为推动商业固体可回收废弃物运输管理的可持续发展，可回收废弃物运输管理逐渐引起公众关注。本章以运输商运输商业固体可回收废弃物为研究对象，研究了该公司如何在给定区域内为 RWTVPC 选择最佳位置，并针对该位置的分析和选址问题建立了一个集成的分析框架模型。为了使标准权重更加合理，本章使用 DEMATEL – EW 方法获取标准权重，并应用 WASPAS 方法得到结果。结果表明，DE-MATEL – EW – WASPAS 方法在获得合理的标准权重和备选排序方面是可靠的，可降低决策风险。此外，本章提出的 MCDM 方法在解决 RWTVPC 位置选址问题方面比传统的位置分配优化模型更具兼容性，并且可以处理定性标准，而位置分配优化模型则不能。由于其具有灵活性特征，经过适当的调整，也可以应用于类似的问题。

虽然结果验证了所提出的方法是可行和有效的，但提出的方法具有一定的局限性。第一，本章使用的决策偏好参数是由决策者直接给出的。因此，没有科学的方法可以降低决策者判断的主观性。第二，标准权重应更加灵活，并随着决策环境的变化而动态调整。第三，考虑每个垃圾收集点的废弃物量可能更有利于改善商业固体可回收垃圾运输管理。在未来的工作中，应该考虑专家意见权重的确定方法，以减少不同背景和实践经验的专家对决策结果的影响。考虑通过智能车辆运输管理平台改善废弃物运输的研究也很有价值。此外，未来研究的一个重要方向是研究政府如何通过补贴和政策优惠等措施影响可回收废弃物的运输，这可能是运输商业固体可回收废弃物实现规模经济的有效方法。

第八节　本 章 小 结

废弃物清运管理是一项复杂的系统工程，本章就废弃物清运管理过程中出现的问题构建了相应的模型和解决方案，这些研究问题对于商业固体可回收废弃物清运管理决策至关重要。由于商业固体可回收废弃物具有批量小和品种多的特征，回收商又有运输时间窗口限制，如果按照既定的运输路径可能很难满足需求，通常情况下，在商业集聚区内很难修建新的运输车辆停靠设施，因此，需要在可行路径周围选择合适的车辆停靠位置。本章首先提出并定义商业固体可回收废弃物运输车辆停靠中心设施选址问题，并构建基于多标准决策的商业固体可回收废弃物运输车辆停靠中心选址集成框架模型。首先，本章根据已有的选址文献分析，构建了商业固体可回收废弃物运输车辆停靠中心选址评价指标体系；其次，采用 DEMATEL 方法确定标准的主观权重，利用 EW 方法计算其客观权重，接着采用线性加权方法来计算最终权重；最后，采用 WASPAS 方法对备选的商业固体可回收废弃物运输车辆停靠中心选址方案进行排序，并选出最优位置。通过大量数值实验、比较分析和敏感性分析验证了提出模型的有效性和科学性。本章也为其他类似的研究问题提供了一套科学合理的框架模型。

在最优车辆停靠中心选址研究中，存在以下两点不足：第一，本章决策偏好参数由决策者给出，并没有采用一套科学有效的方法来降低决策者的主观性，这可能给决策带来风险；第二，每个专家的权重也是由决策者主观给出，未来需要考虑如何通过有效的客观方法确定专家的权重。未来考虑开发一套废弃物运输车辆停靠中心选址智能决策系统将有助于决策者快速高效地获得决策结果。

第八章

循环经济下废弃物仓储区块链
拍卖设计

废弃物仓储服务是指在安全可控的环境中储存和管理不同类型的废弃物材料。这些服务确保废弃物得到妥善处理、控制和处置，同时遵守法律和环境法规。废弃物仓储服务可能包括以有组织的方式对废料进行分类、归类、包装和储存，直到它们可以得到适当的处理或处置。这有助于企业和行业有效地管理废弃物，最大限度减少潜在的环境危害。目前，废弃物仓储服务计费方式通常是依据粗粒度的固定费率。这种方法既不能反映废弃物仓储服务需求波动下的真实服务价值，也不利于废弃物仓储服务的弹性管理。因此，本章考虑采用浮动机制来引入更灵活的计费方式。由于缺乏足够的信任来实施该机制，使得其难以进一步发展。为了解决此问题，本章提出了一个基于区块链的浮动计费管理系统作为废弃物仓储服务供应商的整体解决方案，以提高废弃物仓储服务的安全性、可信度和透明度。同时，本章设计了一个单边的 Vickrey – Clark – Groves（O – VCG）机制模型作为底层浮动计费机制，以反映细粒度废物仓储服务资源的实时市场价值，建立了一个基于区块链的浮动计费原型系统作为实验环境。实验结果表明，O – VCG 机制可以有效地反映废弃物仓储服务的实时市场价值、增加废弃物仓储服务供应商的收入。当废弃物仓储服务供应商的供应量保持不变时，若需求增加，分配效率也随之增加。通过分析

O‐VCG 拍卖机制的性能，并与固定费率计费模式相比较，我们发现该机制具有更多的优势。此外，本章的工作在实际应用方面为废弃物仓储服务市场的利益相关者提供了新的管理见解。

第一节　引　　言

2019 年暴发的新冠疫情对全球供应链的影响是深远的（Choi，2021；Choi & Shi，2022；Ivanov & Dolgui，2020）：它在全球造成大量人员死亡，破坏了全球经济，并且使一些行业的发展停滞不前。以往的供应链研究涉及很多方面，如预防供应链风险破坏、供应链合同策略、供应链网络设计（Rezapour，Farahani & Pourakbar，2017）、供应链协调（Xie，Ma & Goh，，2021）以及定价决策（Wu，Chen & Hsieh，2012）。此外，一些研究，如奎罗斯、伊万诺夫、多尔吉等（Queiroz，Ivanov，Dolgui，et al.，2020）、多尔吉和伊万诺夫（2021）、辛格、库马尔、潘查尔等（Singh，Kumar，Panchal，et al.，2021）以及巴兹和鲁埃尔（Baz & Ruel，2021）的研究，集中在疫情对供应链复原力的影响。基于多种原因，建立废弃物仓储服务至关重要。废弃物管理是保持环境清洁和可持续发展的一个重要方面，不当的废弃物处理会对环境造成严重破坏。有毒材料和化学品会污染土壤和水源，导致污染和环境退化。通过废弃物仓储服务，可以安全可靠地储存废弃物，最大限度地降低污染风险，保护生态系统。废物，尤其是危险或传染性废弃物，会传播疾病并对人类健康造成负面影响。废弃物仓储服务可确保废弃物得到妥善控制，降低事故、伤害和疾病传播的风险。废弃物仓储服务在减少废弃物和促进循环利用方面也能发挥重要作用。通过为不同类型的废料提供指定的存储区域，可以更容易地对它们进行分类和归类，以便回收利用。这有助于减少送往垃圾填埋场的废弃物量，并有助于建立更可持续的废弃物管理系统。废物仓储服务有助于建立有组织的废弃物管理系统。它可以更好地规划和协调废弃物收集、运输和处置。有了集中的废弃物仓储设施，处理大量废弃物材料就会变得更加容易和高效，从而降低总体成本和资源消耗。建立废弃物仓储服务为长期规划和可持续废弃物管理战略提供了机会。它允许实施先进的技术和系统，如废弃物转化为能源或堆肥，这有助于减少废物处理对环境的影响，促进资源回收。总之，废弃物仓储服务对于妥善管理废料至关重要。它有助于保护环境、确保公众健康和安全、促进废弃物减量和回收利用，以及提高废弃物管理效率。

废弃物仓储服务是面向废物管理的第三方物流（3PL）服务模式，它依托仓储设施，利用云计算技术，将物理仓储和配送资源虚拟化、封装为多样化的云服务，以满足社会化的废弃物仓储服务需求（Ma，Schewe，Thalheim & Wang，2011）。近年来，特别是疫情暴发以后，在云制造和运输物流的推动下，废弃物仓储服务市场在中国迅速扩大，逐渐吸引了物流商进入这一领域。一般的操作方案是，回收商与废弃物仓储服务供应商签订仓储协议，在云仓库上分配高价值的废弃物。当客户订单下达后，废弃物仓储服务供应商负责在仓库中完成订单，并最后交付给客户。此外，回收商将市场上的废物存放在废弃物仓储服务商的仓库中，一旦回收商需要将废弃物运输至制造厂、分类中心等，就需要向仓储服务商下单，这样更方便、快捷。

效率和准确性是实践中衡量废弃物仓储服务质量的两个重要指标（Staudt，Alpan，Di Mascolo & Rodriguez，2015）。为了提高这两个指标，信息技术被广泛地应用于废弃物仓储服务，以收集运营大数据，使需求预测更加精确，并为利益相关者提供及时的信息（Baruffaldi，Accorsi & Manzini，2019）。此外，智能仓储通过收集实时运营数据和进行智能自动化，促进了仓储基础设施的完善（Zhang，Pee & Cui，2021）。仓储设施与其他相关运营资源的进一步整合，使得废弃物仓储服务对订单履行的响应更加迅速。完善的基础设施和简单的服务模式似乎使云仓储的运营变得困难，而实际业务随着废弃物仓储服务服务范围的扩大也遇到了一些具体问题。

对多种类型商家的计费管理是最麻烦的问题，因为执行订单的详细仓储要求可能表现出差异。这不仅阻碍了废弃物仓储服务的发展，还影响了废弃物仓储服务供应商对商户的灵活管理。根据对中国珠江三角洲的几个废弃物仓储服务供应商的调查，同一供应商的计费方式因其服务的商户不同而在计费方式和内容上有很大不同。其中最简单的一种方法只计算广东省内的仓储费、订单拣选费和送货费的固定费率，而复杂的方法则采用了细化的方式，按实际开展的仓储活动的数量计费，每类任务在一定时期内（通常为一个月）有一个预定的价格。目前的趋势类似于云计算，是根据每单位时间的仓储资源占用情况进行更精细的计费。然而，随着废弃物仓储服务的快速发展，缺点也逐渐显现出来。

最大的不足之处是废弃物仓储服务供应商普遍采用固定费率来收取仓储活动费用。虽然固定费率更容易实施，结算也简单，但鉴于仓储资源需求的频繁波动，它忽视了仓储资源的实际市场价值。此外，使用固定费率对不同的废弃物仓储服务的实施造成了更大的障碍。当市场是卖方市场时，废弃物仓储服务供应商更愿意进行有较大利润空间的仓储活动，对商户不利。即使一些商户愿意支付更多的钱来获得仓储优先权，但对于零散的废弃物仓储服务的定价缺乏有效的调整机制。显然，在后疫情时代，随着订单数量的增加，固定费率的计费模式不能反映废弃物仓储服务市场的实时价值，不利于其长期发展。因此，迫切需要建立一个有效的调整机制，以获得价格弹性。

学术界和工业界提出浮动计费方法来解决这个问题。针对3PL企业的具体定价策略和机制已被广泛研究，从物流资源的角度来看，这与本章高度相关（Lukassen & Wallenburg，2010；Ülkü & Bookbinder，2012）。物流业的快速发展意味着物流资源不再是瓶颈，但物流运输服务具有标准化的价格体系，越来越趋于成熟（Borgström，Hertz & Jensen，2021）。相比之下，废弃物仓储服务仍然具有容量的限制（Shaw，Irfan，Shankar & Yadav，2016）。首先，由于仓库是一种固定的基础设施，其存储空间通常难以扩展。其次，操作资源基本上包括人和机器，存在扩展上限。因此，就有限的仓储资源而言，浮动计费方式更有利于合理分配资源。为了提高物流和仓储的效率，废物仓储服务行业已经尝试了一些实验性的做法。例如，一些服务商会在高峰期向商户收取高于固定费率的费用，但在淡季时提供优惠折扣以吸引其他商户。尽管这些尝试有助于提高废弃物仓储服务在价格方面的弹性，但在废弃物仓储服务的动态市场需求下，这些浮动机制无法及时反映仓储资源的真实价值。同时，由于废弃物仓储服务供应商是受益者，让他们提供订单处理能力的数据是不现实的。需求信息通常受到严格保护，不允许作为支持这种决策的证据而公布。基于这些问题，本章的研究目标为：

（1）考虑到废弃物仓储服务的实时市场价值，如何合理地设计浮动计费机制，以实现废弃物仓储服务定价的弹性？

（2）如何构建一个计费系统，为废弃物仓储服务的多个利益相关者提供一个可信赖的、透明的、智能的结算基础设施，以应用上述机制？

为了实现这些目标，本章提出了一个支持区块链的浮动计费管理系统，该系统结合了单边的 Vickrey – Clark – Groves（O – VCG）机制，以促进与多个利益相关者的废物仓储服务的结算。在实时服务需求的驱动下，本章设计了一种浮动计费机制，使废弃物仓储服务的交易与市场保持一致。为保证服务需求的真实性，我们引入了区块链技术来实现服务交易过程的全生命周期监管。

在本研究中，重点关注仓储订单处理的废物仓储服务供应商的资源分配，这对于实现废弃物仓储服务的市场价值和物流行业来说非常重要。尽管存在不可能定理（Myerson & Satterthwaite，1983），但在单边拍卖中可以实现四个重要属性：①分配效率（AE），通过拍卖机制的设计，社会福利可以达到最大化；②个体理性（IR），所有参与拍卖的代理人都有非负的效用；③激励相容（IC），参与拍卖的竞标者必须做出真实的出价，以实现贝叶斯—纳什均衡；④预算平衡（BB），拍卖中不存在赤字。为了实现这四个重要特性，我们引入了O-VCG机制，用于具有多种类型仓储订单的资源分配。许多研究（Xu & Huang，2014；2017；Zhang，Zhou & Sun，2019）表明，随着市场效率的提高，从长远来看，拍卖机制更可能为第三方提供更高的利益。因此，本章开发了一种基于O-VCG机制的仓储订单资源配置，对物流行业具有重要意义。由于没有一种机制能真正反映废物仓储服务市场的实时价值，这对该市场的长期发展极为不利，本章所提出的O-VCG机制可以有效解决这一问题。此外，为了保证拍卖的真实性和可交易性，本章引入了区块链，并将O-VCG机制和区块链整合到系统中。

本章研究具有如下重要意义：第一，这是第一个提出O-VCG机制来实现废弃物仓储服务的实时市场价值的研究。这种机制可以有效地增加废弃物仓储服务供应商的收入，同时增加商家的效用。第二，虽然提出的O-VCG机制对废弃物仓储服务市场有用，但目前还没有关于将该机制整合到系统中以实现交易的可信度、透明度和智能化的文献。因此，本书首次为废弃物仓储服务市场开发了一个区块链废弃物仓储服务系统框架。该框架整合了区块链，可以确保交易的真实性和安全性。第三，通过分析O-VCG机制的性能并与固定费率计费模式的性能进行比较，得到了关键的发现。这些发现为废弃物仓储服务供应商和商户提供了丰富的见解，并证实了所提方法的有效性和适用性。

第二节　研究现状

本节从3PL定价、区块链和拍卖机制三个维度来对研究现状进行总结。

一、3PL 定价

定价是 3PL 成功的关键因素之一。因此，确定 3PL 定价已成为物流供应商要解决的首要问题。塞尔维亚里迪斯和斯普林（Selviaridis & Spring，2007）回顾了与 3PL 相关的文献，为学者和从业者提供了现有 3PL 研究的概念图，但没有对 3PL 定价的操作实践进行深入的探讨。卢卡森和瓦伦堡（Lukassen & Wallenburg，2010）利用集团关系管理框架对物流和工业服务定价的文献进行了全面回顾，并回顾了与 3PL 定价相关的研究，但只限于 3PL 与客户之间长期合同的定价。此外，这些作者还对各种参数变化进行了敏感性分析，以证明该模型的有效性。由于 3PL 定价是一个非常困难的问题，迪米特里斯（Dimitris，2013）开发了一个全面的记录系统来识别和分类 3PL 定价方法的关键标准，以帮助 3PL 服务提供商确定定价。此外，张、诺尔特和涂（Zhang，Nault & Tu，2015）提出了一个随机的非线性动态定价模型来研究 3PL 供应商的定价问题。该模型考虑了 3PL 供应商的成本和运输能力、客户的交货日期和其他因素。与静态定价的比较分析表明，所提出的模型对 3PL 供应商和客户都有利。相反，巴克、吉布森、霍费尔等（Barker，Gibson，Hofer，et al.，2021）和马哈茂德、戈文丹、什谢伯里等（Mahmoudi，Govindan，Shishebori，et al.，2021）的文章则没有涉及 3PL 定价。

事实上，3PL 定价的核心内容是能力约束和动态需求下的资源配置问题。学者应用基于 Seq2Seq 的 CNN - LSTM 方法对第三方货运代理物流服务的系统动态和不同需求之间的依赖关系进行建模，优化物流资源配置，但没有考虑服务定价（Ren，Choi，Lee，et al.，2020）。也有文献研究了第四方物流的运输任务和资源调度问题，构建了一个多目标调度模型，使成本和时间最大化，但没有考虑订单处理的定价问题（Liu，Zhang，Zhu，et al.，2014）。拉杰什、普加申迪和加尼什（Rajesh，Pugazhendhi & Ganesh，2013）构建了平衡配送问题的模型和算法，即把客户的产品分配到不同的仓库，以提高存储和运输效率。陈、费尔德曼、郑等（Chen，Feldman，Zheng，et al.，2021）研究了联合库存和在线资源分配，其核心是物流的仓储和运输，没有考虑物流服务的定价。乌奴和帕祖尔（Unnu & Pazour，2021）构建了一个多相混合整数线性规划位置模型来定量研究供应链网络中的配送策略。虽然本章和上述文献都是研究资源配置的问题，但本章额外考虑了资源配置的价格问题。

尽管 3PL 定价对其物流供应商非常重要，但在回顾上述文献后，我们发现很多研究都集中在与 3PL 物流供应商的合作经营上，只有很少的研究聚焦于 3PL 定价问题。故本章研究废物仓储服务供应商的定价，以填补现有研究的空白。此外，现有的与 3PL 定价有关的研究大多只考虑与物流服务有关的因素（如物流成本、仓储成本和交货日期），但很少有研究对市场因素（如淡季和旺季）进行研究。简单地说，现有的研究没有考虑到动态市场需求下的仓储资源的真正价值。因此，必须考虑一个有效的市场定价机制，以获得现实的结果。

二、区块链

由于区块链具有不可伪造、全程可追溯、公开透明、集体维护等特点，它已被广泛应用于许多领域，如能源交易系统（Wang，Su & Zhang，2019；Yang & Wang，2021）、供应链（Shemov，de Soto & Alkhzaimi，2020）、智能移动数据市场（Lopez & Farooq，2020）、港口物流能力、供应链金融解决方案、智能制造（Zhen，Ma，Wang，et al.，2020），以及医疗系统（Gong & Zhao，2020；Poap，Srivastava & Yu，2021）。考虑到区块链对物流和供应链行业的潜在影响，特尼森和特贝格（Tönnissen & Teuteberg，2020）应用案例分析为区块链设计中的相关利益相关者开发了一个模型，以说明区块链可能给该行业带来的潜在破坏性。通过回顾 178 份与区块链和供应链相关的文件，杜塔、蔡、索马尼等（Dutta，Choi，Somani，et al.，2020）根据当前的发展趋势和挑战制定了可能的未来研究议程。在一个由 3PL、供应商和零售商组成的生鲜供应链中，学者分析了由这三个不同实体主导的区块链追溯系统的最佳运营策略。上述研究表明，区块链的使用对供应链中的利益相关者是有益的（Wu，Fan & Cao，2021）。由于区块链具有去中心化、不可篡改和可追溯性等特点，刘、张和郑（Liu，Zhang & Zhen，2021）将其应用于海运供应链，提出了一个基于区块链的海运供应链系统，为未来海运供应链发展做出了贡献。区块链可以确保系统的安全性、透明度和可视性。哈卡克、汗、吉尔卡尔等（Hakak，Khan，Gilkar，et al.，2020）将该技术应用于智慧城市，并确定了区块链的特点。

与以往的文献不同，本章首先研究了区块链在废弃物仓储服务中的应用，并开发了基于区块链的废弃物仓储服务管理系统，它采用了基于网络物理系统概念框架的分层架构。将区块链技术整合到所提出的 O‑VCG 机制中，将实现对废弃物仓储服务供应商和回收商的全过程管理。首先，保证商户和废弃物仓储服务供应商的数据可追溯，不易被篡改，记录清晰；其次，为便于实施，系统自动记录中标商户和账单。如果不把区块链技术纳入拟议的 O‑VCG 机制，就有可能伤害商家，因为废弃物仓储服务供应商可以篡改或误报可用的订单处理能力数据。同时，CWS 供应商和商户的数据信息必须保密，而区块链技术对于加密隐私是有利的。因此，有必要在提议的 O‑VCG 机制中加入区块链技术。本章基于区块链的废弃物仓储服务管理系统具有更多样化的功能，可以实现比以往成果更精细的管理。

三、拍卖机制

作为一种有效的定价方法，拍卖机制已被广泛应用于许多领域

（Basar & Cetin，2017；Huang & Xu，2013；Xiao & Xu，2018）。拍卖依靠参与者的出价来确定合理的价格，以实现有效的资源分配（McAfee & McMillan，1987）。在拍卖理论中，根据参与方的数量，拍卖可以分为单边拍卖和双边拍卖（Dibaj，Miri & Mostafavi，2020）。徐和黄（2014）针对分布式运输采购问题开发了一个 O-VCG 组合拍卖机制，以最小化总运输成本，并诱导参与者出价以实现 IC。田中和村上（Tanaka & Murakami，2014）提出了一种动态编程算法，将其应用于云服务选择和 O-VCG 支付计算，然后对其进行扩展。结果表明，田中和村上所提出的方法可以有效解决实际问题。学者针对共享停车位和资源分配制定了有效的拍卖机制，使社会福利最大化，并应用 O-VCG 机制重新分配停车位资源。张、周和孙（Zhang，Zhou & Sun，2019）提出了一种以供求关系为新因素的拍卖机制，以实现通道资源分配的社会福利最大化，并证明真实竞价也是二级用户的最佳策略。

对这些文献的考察表明：首先，虽然 O-VCG 机制已经在很多领域得到了广泛应用，但目前还没有关于该机制和区块链在废弃物仓储服务市场上应用的报告。因此，本章首次尝试将 O-VCG 机制与区块链结合起来，有效分配物流和仓储资源。其次，以前的废弃物仓储服务定价侧重于固定费率，这可能无法有效反映废弃物仓储服务市场的实时价值。因此，本章开发了一种基于区块链和拍卖机制耦合的废弃物仓储服务资源分配方法，以填补现有研究中的这一空白。

第三节　弹性废弃物仓储框架

基于区块链的弹性废弃物仓储服务管理系统框架设计如图 8-1 所示，本框架采用基于网络物理系统概念框架的分层架构，实现了云仓计费的全生命周期管理。在图 8-1 中说明了 O-VCG 机制和 BCT 的耦合程度。O-VCG 机制的拍前、拍中和拍后由区块链监督，区块链实现了整个过程的真实性和可追溯性，并保证了交易安全。下面介绍各层的职责。

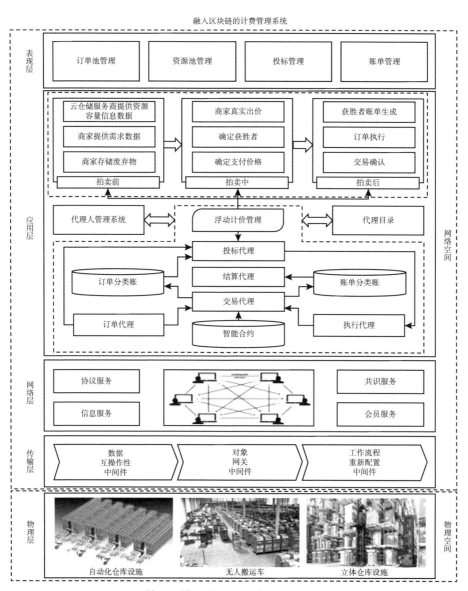

图 8 – 1 基于区块链的废弃物仓储服务管理系统框架

物理层在物理空间工作，其包括所有实际存在的仓储设施，并在逻辑上与最终计费决策和监督相关。物理层进行仓储活动以满足废物仓储服务的需求，并通过这些活动产生实时数据。由于基于区块链的废物仓储服务管理更侧重于监督物理层而不是控制和管理它，所以基础设施通常通过专门的控制或管理系统间接整合。

传输层负责推动物理层与网络层的连接建立，整合三个中间件系统，实现三级转换。数据互通中间件侧重于数据类型、结构、格式、协议等方面的数据级转换，屏蔽物理层中多源的数据异质性。对象网关中间件负责建立统一的通信渠道，以解决来自运行时、依赖关系、框架和硬件架构的对象级异质性，从而使来自不同系统的软件实体（如代理、数字双胞胎和智能对象）能够无缝交换信息。工作流重构中间件在执行层面发挥作用，解释、配置和转换对象的工作逻辑，使它们能够有效协作，以满足对废物仓储服务的多样化需求。

网络层提供必要的机制来整合转化的项目，并为应用层构建通信链接。这些机制被分为四个服务。协议服务由各种类型的既定规则组成，这些规则规定了在网络上格式化、传输和接收数据的基础，如传输控制协议（TCP）、用户数据报协议（UDP）和超文本传输协议（HTTP）的规则。消息服务在网络中的服务、代理和系统之间以队列的形式实现可靠的基于消息的异步通信。共识服务采用特定的共识算法，如工作证明（PoW）、股权证明（PoS）、权威证明（PoA）和实用拜占庭容错（PBFT），以帮助确保网络中所有节点的同步和一致，保证每个节点的所有交易都是合法的。会员服务负责将预定的网络节点与加密身份联系起来，便于它们被授权和认证，进而加入一个确定的网络。根据这些服务，最终在这一层建立并维护一个对等网络，以组织和关联所有参与者，如用户、设施和系统对象。

应用层对业务逻辑进行抽象，并制定基于代理的区块链系统。该层依赖于网络层来连接和沟通系统组件，作为表现层的后台应用来实际处理互动。应用层遵循智能物理代理基金会（FIPA）框架，由代理管理系统、代理目录促进器和多代理工作系统组成。代理管理系统在代理实例化、配置、执行和销毁方面对所有类型的代理进行生命周期管理。代理人目录促进器维护代理人的目录，即作为一种"黄页"形式，组织代理人的注册服务，并回应代理人的服务查询。多代理工作系统包含五种类型的代理，根据单一责任原则，它们有必要的依赖关系。这个基于代理的区块链系统的工作逻辑设计如下：（1）一个订单代理从商家的外部系统接收需求数据，并将其转换为结构化格式。（2）在转换之后，一个交易代理被订单代理调用，将收到的订单放入一个订单账本。在这个交易代理上安装了一个智能订单合约，这样它就可以智能地操作订单账本。同时，一个投标代理也被订单代理告知需要根据浮动计费机制做出投标决定，以获得仓储资源来执行订单。（3）如果竞标成功，由于与仓储资源直接相关，将指派一个执行代理监督订单的执行过程。（4）在订单完成后，这个执行代理会调用一个交易代理，后者会安装一个智能计费合同，将订单执行数据持久化到计费账本。（5）最后，通过表现层调用一个结算代理，根据计费账本为不同的客户进行计费结算。

无论采用哪种计费方式，商家的产品都需要提前存储在废弃物仓储服务供应商的仓库中。首先，在所有商户提交他们的订单处理需求数据后，这些订单被放入订单池；其次，系统将根据废弃物仓储服务供应商的订单处理能力和商户的需求进行分配。当商户的订单被交易时，价格将被记录下来；最后，进行统一的结算。

表现层主要负责用户对整个系统的基本管理所需的图形交互。它包括四个功能管理模块：订单管理用于从订单分类账中提取和可视化订单，以便用户可以按需查询和修改订单；资源管理以资源探索器的形式维护所有仓储资源的信息和状态；竞价管理为终端用户定义和配置竞价参数，并为系统管理员组织全球竞价执行；账单管理提供详细的账目，在废弃物仓储服务供应商和商户之间进行最终结算。

第四节　浮动计费机制设计

本节的目标是为废弃物仓储服务设计一个实时的市场价值浮动计费机制，以有效分配仓储资源。

一、废弃物仓储问题描述

在后疫情时代，越来越多的商业活动通过互联网来实现。因此，本章考虑了一个有废弃物仓储服务供应商、多个商家和拍卖商的代理管理系统平台。商家将具有高价值的废弃物储存在云仓库中，可以通过互联网应用或通信技术进入平台，提交需要处理的订单数量，而废弃物仓储服务供应商则集中管理货物，根据商家的订单信息完成订单分拣和配送。在旺季，每个商家都希望自己的订单能优先得到处理，以满足客户的需求。然而，废弃物仓储服务有限的仓储和分拣能力似乎并不支持这种想法。如前所述，目前的废弃物仓储服务定价机制不能真正反映市场价值，尤其是在旺季。为此，本章使用拍卖机制来反映废弃物仓储服务的实时市场价值。

为了方便分析，把对应货物的订单按照货物的大小分为不同的类别，即货物订单集。让 H 代表废物仓储服务供应商的货物订单集。让 I 代表商户集合。把商家表示为"他"。一般来说，废物仓储服务供应商和商家都可以被称为代理人。此外，术语投标被用来指代商家的声明。一组订单和一个投标价格构成一个投标。

在一个有一个废弃物仓储服务供应商和 n 个商家的物流市场中，废物仓储服务供应商想要出售一组订单（或一个订单），而每个商家 i（$i \in I$）需要购买一组订单（或一个订单）。假设需求和供应是共享的信息。设 b_i^h 为商家 i 对单位商品订单集 h 的保留价，这是每个商家的私有信息。这里的保留价指的是商家因为没有中标而可能损失的最大价值。每个商户为商品订单集 h 提交一个单位密封投标 $\hat{b}_i^h$。事实上，如果商家 i 在投标方面是真实的，那么 $b_i^h = \hat{b}_i^h$。如果商家 i 赢得了竞标，那么他就会支付 p_i^h 的款项。因此，商家 i 的净效用为 $u_i = \sum_{h=1}^{H}(b_i^h - p_i^h)$。此外，假设废弃物仓储服务供应商和商家都是自私的，废弃物仓储服务供应商试图使他们的收入最大化，而商家期望使他们自己的效用最大化。通常，我们还假设所有商家都有准线性效用，也就是说，如果废弃物仓储服务供应商和商家之间没有交易，那么商家的效用为零，废弃物仓储服务供应商的收入也为零；否则，商家的效用就是他的保留价和实际支付金额之间的差额。

本研究旨在为一个有一个废物仓储服务供应商和 n 个商家的物流市场开发 O – VCG 组合拍卖，以实现收益最大化。让 X^h 代表可由废弃物仓储服务供应商处理的商品订单集 h 的数量。所有商户都提交原子出价（要么全部出价，要么不出价）。换句话说，如果商家 i 参与最终交易，那么他就会收到商品订单集 h 的 Y_i^h 订单；否则，他不会收到任何订单。此外，我们假设，如果任何一个商户被排除在外，总的订单需求仍然超过废弃物仓储服务供应商的供应。当订单在旺季处理时，这个假设与现实是一致的。拍卖者（废弃物仓储服务供应商）通过最大化收入来计算当前的最佳产出。拟议的 O – VCG 拍卖可以很好地实现 IC、AE、IR 和 BB。

二、O – VCG 拍卖

本节介绍了 O – VCG 拍卖的模型、机制和特性，证明它可以有效地实现 IC、AE、IR 和 BB。

回顾一下，X^h 和 Y_i^h 都是已知的。废弃物仓储服务供应商希望出售商品订单集 h 的 X^h 单位订单，而商家 i 提交出价 $\hat{b}_i^h$ 以购买商品订单集 h 的 Y_i^h 单位订单。因此，总出价最大化问题可以表示为：

$$\text{P: } \max \sum_{i=1}^{n} \sum_{h=1}^{H} \hat{b}_i^h z_i^h \tag{8-1}$$

$$\text{s. t. } \sum_{i=1}^{n} Y_i^h z_i^h \leqslant X^h, \ \forall h \in H, \tag{8-2}$$

$$z_i^h \in \{0, 1\}, \ \forall i \in I, \ \forall h \in H, \tag{8-3}$$

$$Y_i^h \geqslant 0, \ \forall i, h, \tag{8-4}$$

其中，二元变量 z_i^h 表示商家 i 是否在商品订单集 h 的拍卖中进行了交易，目标函数（8-1）表示当接受的总出价最大化时的有效分配集合，约束条件（8-2）表示商家获得的订单数量不能超过废弃物仓储服务供应商可以提供的数量。

为了诱导所有商家真实地提交密封出价，本章为模型 P 设计了一种高效的 O-VCG 机制。在所提出的 O-VCG 拍卖中，设计了一个第二价格密封拍卖，以确保所有商家真实出价。

设 β^h 为函数 $\sum_{i=1}^{n} \hat{b}_i^h z_i^h$ 的最大值，如果商家 i 从此拍卖中被剔除，设 β_{-i}^h 为函数 $\sum_{i=1}^{n} \hat{b}_i^h z_i^h$ 剔除商家 i 后的最大值。因此，如果商家 i 在商品订单集 h 的竞拍中获胜，那么他向 CWS 供应商支付以下费用：

$$p_i^h = \beta_{-i}^h - (\beta^h - \hat{b}_i^h z_i^h) \tag{8-5}$$

式（8-5）表示第二价格密封拍卖。$\beta_{-i}^h - \beta^h$ 是支付给商户 i 的奖金，代表他通过参与拍卖对整个系统的贡献。式（8-5）还意味着，获得商品订单集 h 的商家 i 将向废弃物仓储服务供应商支付排除所有中标商家后的最高出价。显然，如果商家 i 不参与商品订单集 h 的拍卖（即 $z_i^h = 0$），那么 $p_i^h = 0$。废物仓储服务供应商的总收入（TR）如下：

$$\begin{aligned} TR &= \sum_{i=1}^{n} \sum_{h=1}^{H} p_i^h = \sum_{i=1}^{n} \sum_{h=1}^{H} \left[\beta_{-i}^h - (\beta^h - \hat{b}_i^h z_i^h) \right] \\ &= \sum_{i=1}^{n} \sum_{h=1}^{H} \left[\beta_{-i}^h - (n-1)\beta^h \right] \end{aligned} \tag{8-6}$$

让 RV 表示废弃物仓储服务提供商对所有订单资源的保留价。一般来说，这个保留价是在不使用拍卖时通过废弃物仓储服务提供者处理订单的能力获得的最大值。如果 $RV < TR$，那么交易是成功的；否则，交易失败。商家和废弃物仓储服务供应商之间没有交易成本，所以拍卖商在这种情况下的收入为零。

考虑到上述分析，O – VCG 机制程序如下：

（1）收集 X^h 和 Y_i^h 的数据。

（2）收集每个商家 i 对废弃物订单集 h 的单位密封投标 $\hat{b}_i^h$。

（3）用式（8 – 1）~（8 – 5）计算商家 i 需要为商品订单集 h 支付的价格 p_i^h。

（4）使用式（8 – 6）计算废弃物仓储服务供应商的总收入（TR）。

（5）确定交易是否成功。如果 $RV < TR$，则收取赢家支付给 CWS 供应商的价格 p_i^h；否则，交易失败。

定理 1：对于每个商家 i 来说，真实出价是使效用/利润最大化的有效方法。

事实上，徐和黄（2014）已经提出，O – VCG 拍卖机制是 IC。回顾一下，如果商家 i 是真实出价，那么 $b_i^h = \hat{b}_i^h$。假设商家 i 不如实出价，这意味着 $b_i^h < \hat{b}_i^h$，而其他商家如实出价。

如果商家 i 如实报告出价，那么他的效用是：

$$b_i^h - p_i^h = b_i^h - [\beta_{-i}^h - (\beta^h - \hat{b}_i^h z_i^h)] = \beta^h - \beta_{-i}^h \qquad (8 - 7)$$

事实上，由于商人 i 说了实话，他的保留价等于出价，所以公式（8 – 7）的结果是：

$$b_i^h - p_i^h = b_i^h - [\beta_{-i}^h - (\beta^h - \hat{b}_i^h z_i^h)] = (\beta^h - \beta_{-i}^h) + b_i^h - \hat{b}_i^h z_i^h \qquad (8 - 8)$$

一般来说，如果商人 i 不如实报告出价，他的目标是获得更大的效用：

$$(\beta^h - \beta_{-i}^h) + b_i^h - \hat{b}_i^h z_i^h > \beta^h - \beta_{-i}^h$$

$$b_i^h - \hat{b}_i^h z_i^h > 0$$

$$b_i^h > \hat{b}_i^h z_i^h = \hat{b}_i^h \qquad (8 - 9)$$

这与商家 i 不如实出价的事实相矛盾，也就是说，$b_i^h < \hat{b}_i^h$。因此，无论其他对手的出价策略如何，只有如实出价才是商家 i 的最佳策略，所以所有商家都应该如实出价以获得最大效用。

推论 1：这里的 O – VCG 机制可实现 BB、AE 和 IR。

在我们提出的 O – VCG 拍卖模型中，只有废弃物仓储服务供应商可以从所有商家那里获得维克里付款。如果 $RV < TR$，那么拍卖者会收到商户对废弃物仓储服务供应商的全部付款，这意味着所有商户的支出之和等于废弃物仓储服务供应商的总收入。如果 $RV \geqslant TR$，那么就没有交易。因此，本章提出的 O – VCG 拍卖可以实现 BB。

基于商户的弱真话，O – VCG 拍卖模型可以分别为废弃物仓储服务供应商和商家实现最大的收入和效用。因此，O – VCG 拍卖可实现 AE。此外，很容易证明 O – VCG 拍卖可实现 IR。已知当且仅当 $RV < TR$ 发生时，拍卖是有效的，这确保了废弃物仓储服务供应商的 IR。商家 i 的效用是 $u_i = \sum_{h=1}^{H} (b_i^h - p_i^h)$。因此，由式（8 – 9）得 $u_i = \sum_{h=1}^{H} (b_i^h - p_i^h) = \sum_{h=1}^{H} (\beta^h - \beta_{-i}^h)$。显然，即使商家 i 被删除，$\beta^h - \beta_{-i}^h \geqslant 0$ 也成立。故 O – VCG 拍卖对所有商家来说都可实现 IR。

为了进一步理解所提出的 O – VCG 机制，列举一个简单的事例。假设废弃物仓储服务供应商为 5 个商家提供 3 种废弃物的仓储服务，每个商家至少有一种类型的废弃物。废弃物仓储服务供应商的订单处理能力不能满足所有商家的要求。表 8 – 1 显示了三种情况下 O – VCG 机制的事例。在情景 1 中，所有商家都有 1 个单位的订单处理要求，而废弃物仓储服务供应商只能提供 3 个单位的订单处理服务。根据拍卖机制程序，商家 1、2、3 是赢家，支付的 O – VCG 价格为 6。在情景 2 中，商家 5 对商品订单集 2 没有需求，所以他没有投标。商家 3 和 4 以每单位 7 的价格出价，成为赢家。在情景 3 中，只有商家 1 成为输家，其余商家获得单位订单处理服务。在此，我们简要地解释一

下计算 p_i^h 的程序。例如，在情景 1 中，商家 1、2、3 获胜，所以 $\beta^1 = 9 \times 1 + 10 \times 1 + 8 \times 1 = 27$。如果商家 1 被移除，那么商家 2、3、4 将获胜，所以 $\beta_{-1}^1 = 10 \times 1 + 8 \times 1 + 6 \times 1 = 24$。因此，$p_1^1 = \beta_{-1}^1 - (\beta^1 - \hat{b}_1^1 z_1^1) = 24 - (27 - 9 \times 1) = 6$。

表 8 – 1　　　　　　　　　　　　O – VCG 拍卖事例

情景	(h, X^h)	i	Y_i^h	$\hat{b}_i^h$（单位价格）	赢者	β_{-i}^h	β^h	$\hat{b}_i^h z_i^h$	p_i^h	u_i^h
情景 1	(1, 3)	1	1	9	√	24	27	9	6	3
		2	1	10	√	23	27	10	6	4
		3	1	8	√	25	27	8	6	2
		4	1	6						
		5	1	5						
情景 2	(2, 2)	1	1	7						
		2	1	6						
		3	1	10	√	15	18	10	7	3
		4	1	8	√	17	18	8	7	1
		5	0	0						
情景 3	(3, 4)	1	1	16						
		2	1	24	√	75	83	24	16	8
		3	1	19	√	80	83	19	16	3
		4	1	18	√	81	83	18	16	2
		5	1	22	√	77	83	22	16	6

第五节　数值研究

用一个实际案例来说明 O – VCG 机制的合理性和有效性。随着电子商务的快速发展，仓储资源有限的公司无法满足客户的需求，尤其是在订单处理的旺季。现有的废弃物仓储服务计费方法和废物仓储服务 S 管理方法在订单需求量大时暴露了弊端。尽管一废弃物仓储服务供应商也在尝试改变目前的计费模式，但他们和研究人员必须花费更多的精力来寻找可行的解决方案。为了满足社区服务提供者对一套能够反映当前社区服务市场价值的收费模式的迫切需求，并确保交易的执行，本章试图开发一个有效的管理系统，并应用 O – VCG 机制来反映旺季废弃物仓储服务的实时价值。

在案例研究中，考虑了一个可以提供多种类型项目的废弃物仓储服务供应商，使用 O – VCG 机制来分配这种类型的废弃物仓储服务。在提议的基于区块链的废弃物仓储服务管理系统中，废弃物仓储服务供应商通过基于区块链的平台系统充当拍卖者，许多商家竞争废弃物仓储服务供应商提供的多种废弃物类型的订单服务。拍卖开始后，商家根据公布的拍卖机制向平台提交竞价。拍卖结束后，平台根据公布的 O – VCG 机制清空废弃物仓储服务市场。

根据废弃物仓储服务供应商提供的数据，我们将可处理的订单集类型分为 10 种；即 $h = 10$，如表 8 – 2 所示。40 个商家参与竞标，他们对每个商品订单集的需求如表 8 – 3 所示。此外，我们假设 $\hat{b}_i^h$ 是一个基于商家订单数据的区间随机数，如表 8 – 4 所示。

表 8 – 2　　　　　　　　　　CWS 供应商的商品订单集

X^h	X^1	X^2	X^3	X^4	X^5	X^6	X^7	X^8	X^9	X^{10}
数据	8	15	12	7	13	9	6	8	11	5

表 8 – 3　　　　　　　　　　商家对每个商品订单的需求

Y_i^h	$h=1$	$h=2$	$h=3$	$h=4$	$h=5$	$h=6$	$h=7$	$h=8$	$h=9$	$h=10$
$i=1$	1	0	1	1	1	1	1	1	1	0
$i=2$	0	1	0	1	1	1	1	1	1	1
$i=3$	1	1	1	0	1	1	0	0	0	1
$i=4$	0	1	1	1	0	1	0	1	1	1
$i=5$	0	1	1	0	0	0	0	1	1	0

续表

Y_i^h	$h=1$	$h=2$	$h=3$	$h=4$	$h=5$	$h=6$	$h=7$	$h=8$	$h=9$	$h=10$
$i=6$	1	0	0	1	1	1	0	1	1	0
$i=7$	1	1	1	1	0	1	1	0	0	0
$i=8$	0	0	1	1	1	0	1	1	0	1
$i=9$	1	1	0	1	1	1	0	0	0	1
$i=10$	0	0	1	0	1	0	1	1	0	0
$i=11$	1	1	0	0	0	1	0	0	0	0
$i=12$	1	1	1	0	1	1	1	0	1	0
$i=13$	1	1	1	0	1	0	0	1	0	0
$i=14$	1	0	0	1	0	1	1	1	1	0
$i=15$	1	1	1	0	0	0	0	0	1	1
$i=16$	0	0	1	0	1	1	1	0	0	1
$i=17$	1	1	0	0	0	0	0	0	1	0
$i=18$	0	0	1	0	1	0	1	1	1	1
$i=19$	0	1	0	1	0	1	1	0	0	0
$i=20$	0	1	0	0	0	0	1	0	1	0
$i=21$	0	0	1	0	0	1	0	0	0	0
$i=22$	1	0	1	0	0	0	0	0	1	0
$i=23$	1	0	0	0	1	0	0	1	1	0
$i=24$	0	1	0	0	1	1	0	1	1	0
$i=25$	0	0	0	0	0	1	1	0	0	1
$i=26$	1	0	0	0	1	0	0	1	1	1
$i=27$	1	1	1	0	1	0	0	1	0	0
$i=28$	0	1	0	1	0	0	0	0	1	0
$i=29$	1	0	1	0	1	1	0	1	0	1
$i=30$	1	1	1	1	1	0	1	0	0	0
$i=31$	0	1	1	1	0	1	1	1	0	1
$i=32$	1	0	1	0	0	0	1	0	0	0
$i=33$	1	1	1	0	0	0	1	1	0	0
$i=34$	1	1	1	0	1	0	0	0	0	1

续表

Y_i^h	$h=1$	$h=2$	$h=3$	$h=4$	$h=5$	$h=6$	$h=7$	$h=8$	$h=9$	$h=10$
$i=35$	0	1	0	1	1	1	1	1	1	0
$i=36$	1	1	1	1	1	0	1	0	1	1
$i=37$	1	1	1	1	1	0	1	1	0	0
$i=38$	1	0	1	0	0	0	0	1	1	1
$i=39$	0	1	0	0	1	1	1	1	1	1
$i=40$	0	0	1	1	1	0	0	1	1	1

表 8 – 4　　　　　　　　　　商家的货物订单集投标的区间值

X^h	$\hat{b}_i^1$	$\hat{b}_i^2$	$\hat{b}_i^3$	$\hat{b}_i^4$	$\hat{b}_i^5$	$\hat{b}_i^6$	$\hat{b}_i^7$	$\hat{b}_i^8$	$\hat{b}_i^9$	$\hat{b}_i^{10}$
	[40, 50]	[15, 20]	[40, 50]	[25, 35]	[10, 20]	[16, 23]	[32, 40]	[28, 35]	[20, 28]	[42, 50]

为了说明所提方法的性能，使用调查得到的数据进行模拟。计算实验在华硕 VivoBook S14（Windows 10 企业版）上进行，配有英特尔酷睿 i5 和 4GB 的内存。我们使用 MATLAB 2015b 来解决提出的模型。模型 P 的最大值为 2889.42，而废物仓储服务供应商收到的 O – VCG 付款为 2689.77。把废弃物仓储服务供应商收到的 O – VCG 付款与模型 P 的最大值的比率定义为废弃物仓储服务供应商的满意程度。比值越大，服务提供者对市场机制的满意程度越高。因此，可以得到的废弃物仓储服务供应商的满意程度为 93.09%。

第六节　分析讨论

本节旨在分析和讨论 O – VCG 机制的性能，并将提出的拍卖机制与原来的固定费率收费模式进行比较，以验证提出方法的有效性。

本章提出的 O – VCG 机制的性能从两个方面来考察：（1）公司

在旺季增强了每类商品的订单处理能力。在原有订单处理能力的基础上，将每种商品的订单处理能力增加 2、4 和 6 个单位。（2）商家的数量从 40 间隔 20 增加到 100。每个商家的每个商品订单处理需求都由计算机随机生成为 0 或 1，其中 0 表示没有需求，1 表示有 1 个单位的需求。因此，在本章的实验验证中，我们使用废弃物仓储服务供应商的订单处理类型、处理能力和有订单处理需求的商户来衡量市场规模。在废弃物仓储服务市场，市场规模随着提供订单处理服务的商户数量的增加而增长。表 8-5 显示了 O-VCG 机制的性能表现。

表 8-5　　　　　　　　　O-VCG 机制的性能表现

情景	废弃物仓储服务供应商的处理能力	商家数量	模型 P 的最大值	废弃物仓储服务供应商的收益	废弃物仓储服务供应商的满意度
情景 1	初始处理能力	$i = 40$	2889.42	2689.77	93.09%
		$i = 60$	2929.08	2791.76	95.31%
		$i = 80$	3004.36	2889.01	96.16%
		$i = 100$	3004.66	2914.31	96.99%
情景 2	在初始处理能力之上每个货物处理能力增加 2	$i = 40$	3509.08	3217.47	91.69%
		$i = 60$	3574.03	3392.39	94.92%
		$i = 80$	3665.07	3508.26	95.72%
		$i = 100$	3670.04	3557.46	96.93%
情景 3	在初始处理能力之上每个货物处理能力增加 4	$i = 40$	4110.25	3730.21	90.75%
		$i = 60$	4208.97	3962.87	94.15%
		$i = 80$	4317.82	4107.47	95.13%
		$i = 100$	4330.51	4183.81	96.61%
情景 4	在初始处理能力之上每个货物处理能力增加 6	$i = 40$	4697.55	4233.59	90.12%
		$i = 60$	4832.59	4457.86	92.25%
		$i = 80$	4962.63	4704.85	94.81%
		$i = 100$	4985.52	4793.38	96.15%

通过表 8 – 5 显示的 O – VCG 机制性能的表现可得到如下结论。

第一，当废弃物仓储服务供应商的订单处理能力保持不变时，其满意程度随着商户数量的增加而增加。由于废弃物仓储服务供应商的订单处理数量保持不变，能够赢得拍卖的商家数量也是固定的。然而，当商家数量增加，社会福利损失减少时，总的最大社会福利会增加。因此，废物仓储服务供应商的满意程度增加。例如，在情景 1 中，当商家数量从 40 个增加到 100 个时，废物仓储服务供应商的满意程度从 93.09% 增加到 96.99%。这一重要发现表明，当废弃物仓储服务市场的需求者数量增加时，O – VCG 机制的性能会得到改善。

第二，提出的 O – VCG 机制适用于任何市场规模。在情景 2 中，随着商家规模的扩大，废弃物仓储服务供应商的满意程度也会增加。此外，在 $i = 40$ 的市场规模下，废弃物仓储服务供应商的满意程度达到 91.69%，这表明了所提出的拍卖机制的有效性和适用性。

第三，在商家数量保持不变，当废弃物仓储服务供应商的订单处理能力增加时，废弃物仓储服务供应商的满意程度会下降。例如，当商家数量设置为 60 个时，在情景 1、2、3 和 4 中，废弃物仓储服务供应商的满意程度分别为 95.31%、94.92%、94.15% 和 92.25%。一个可能的原因是，当废弃物仓储服务供应商的订单处理能力增加时，更多的商家成为赢家，更少的商家被淘汰，这降低了废弃物仓储服务供应商的满意程度。因此，为了实现更高的社会福利和废弃物仓储服务供应商的满意度，他们应该考虑在需求旺盛时控制其订单处理能力。然而，这可能会妨碍商家的利益，甚至阻止更多的商家参与交易。

由于现有的自动化仓储很难增加订单处理能力，在旺季，废弃物仓储服务供应商如何调整他们的策略以提高整体社会福利？对此，本节讨论了如何通过改变不同商品订单集的数量分配来实现更高的社会福利。在情景 A 中，减少了价值最低（X^5）的订单集的 3 个单位的处理能力，将其分配给价值最高（X^{10}）的商品订单集；在情景 B 中，减少了价值最高（X^{10}）的订单集的 3 个单位的处理能力，将其分配给价值最低（X^5）的商品订单集，如表 8 - 6 所示。表 8 - 7 显示了不同情景下的结果。

表 8 - 6　　　　　　　不同商品订单集的数量分配

X^h	X^1	X^2	X^3	X^4	X^5	X^6	X^7	X^8	X^9	X^{10}
初始	8	15	12	7	13	9	6	8	11	5
情景 A	8	15	12	7	10	9	6	8	11	8
情景 B	8	15	12	7	16	9	6	8	11	2

表 8 - 7　　　　　　　不同商品订单数量分配对结果的影响

情景	商家数量	模型 P 的最大值	废物仓储服务供应商收益	废物仓储服务供应商满意度
初始	$i = 40$	2889. 42	2689. 77	93. 09%
	$i = 60$	2929. 08	2791. 76	95. 31%
	$i = 80$	3004. 36	2889. 01	96. 16%
	$i = 100$	3004. 66	2914. 31	96. 99%
情景 A	$i = 40$	2985. 06	2784. 32	93. 28%
	$i = 60$	3030. 30	2899. 36	95. 68%
	$i = 80$	3097. 89	2987. 34	96. 43%
	$i = 100$	3102. 12	3010. 96	97. 06%
情景 B	$i = 40$	2784. 07	2581. 69	92. 73%
	$i = 60$	2823. 84	2683. 22	95. 02%
	$i = 80$	2906. 57	2787. 36	95. 90%
	$i = 100$	2911. 59	2814. 85	96. 68%

对表 8 - 7 中的比较结果的研究表明，当废弃物仓储服务供应商的订单处理能力不能扩大时，通过优化订单数量分配可以获得更多的好处。换句话说，在旺季，废弃物仓储服务供应商将更多的订单处理资源分配给高价值的订单集。这一发现与实际情况是一致的。在实践

中，公司往往将资源分配给价值较高的商品，以追求更大的利益。

为了说明所提出的拍卖机制的有效性，我们将其与固定费率的结算模式进行比较。在实践中，许多3PL公司以固定费率结算商家的订单处理服务。由于仓储订单处理能力有限，3PL公司通常根据商家提交的订单来处理订单。在旺季，当3PL公司的订单处理能力达到最大值时，除非他们延长员工的工作时间或提高自动分拣能力，否则他们的销售额通常不会改变。根据3PL的历史数据，取平均固定费率为25.8。两种不同收费机制的比较结果见表8-8。

表8-8 固定利率和拍卖机制的结果比较

结果	废弃物仓储服务供应商的处理能力	商家数量	废弃物仓储服务供应商收益	固定费率时废弃物仓储服务供应商的收益	增长率
结果1	94	$i=40$	2689.77	2425.2	10.91%
		$i=60$	2791.76		15.11%
		$i=80$	2889.01		19.12%
		$i=100$	2914.31		20.17%
结果2	114	$i=40$	3217.47	2941.2	9.39%
		$i=60$	3392.39		15.34%
		$i=80$	3508.26		19.28%
		$i=100$	3557.46		20.95%
结果3	134	$i=40$	3730.21	3457.2	7.90%
		$i=60$	3962.87		14.63%
		$i=80$	4107.47		18.81%
		$i=100$	4183.81		21.02%
结果4	154	$i=40$	4233.59	3973.2	6.55%
		$i=60$	4457.86		12.20%
		$i=80$	4704.85		18.41%
		$i=100$	4793.38		20.64%

通过与固定费率计费模式的比较，可以得到以下主要结论：第一，所提出的 O – VCG 机制可以比固定费率计费模式获得更大的社会福利。也就是说，所提出的方法可以实现废物仓储服务供应商所提供的订单处理服务的实时价值。第二，尽管提议的拍卖模式在商家数量增加时可以获得更大的社会福利，但无论商家数量是否增加，固定费率计费模式获得的社会福利都没有变化。因此，当商家数量增加时，O – VCG 拍卖比固定费率拍卖更有优势。第三，当废弃物仓储服务供应商提高其订单处理能力时，O – VCG 机制与固定费率计费模式之间的差距逐渐缩小。例如，当 $i = 40$ 时，总的订单处理能力为 94、114、134 和 154，增长率分别为 10.91%、9.39%、7.90% 和 6.55%，这可能是因为 O – VCG 机制的单位订单费用随着废弃物仓储服务供应商订单处理能力的提高而降低。

在上述分析和讨论结果的基础上，本研究提出的基于 O – VCG 拍卖和区块链耦合的系统可以反映废弃物仓储服务的实时市场价值。因此，对本章提出的基于区块链的废弃物仓储服务管理系统的优势总结如下。

第一，众所周知，区块链是一个共享的数据库，存储在其中的数据或信息是不可伪造的，可全程追溯，公开透明，集体维护。因此，本章将区块链与 O – VCG 拍卖结合起来，以实现安全、真实和不可更改的目标，即开发的基于区块链的废弃物仓储服务管理系统可以保证交易双方信息的真实性和安全性，并对整个交易过程进行监督。

第二，对比研究的结果证明，本研究提出的 O – VCG 机制比传统的固定费率计费模式更具优势。废弃物仓储服务市场整体效率的提高是建立在合理的市场调节机制和供应链的弹性管理之上的，而过去的废弃物仓储服务市场计费模式限制了其发展。幸运的是，O – VCG 机制可以有效实现旺季废弃物仓储服务市场的资源配置，体现废弃物仓储服务市场的实时价值。

本章为废弃物仓储服务供应商和商家提供了新的见解，根据研究发现为相关的利益相关者提供新的管理意义。

第一，在后疫情时代的废弃物仓储服务定价方面，建议的基于区块链的废弃物仓储服务管理系统框架可以帮助实现废弃物仓储服务供应商的市场价值。由区块链支持的系统可以确保信息的真实性和安全性，并对交易过程进行监督。因此，基于区块链的废弃物仓储服务管理系统可以为交易双方提供更好的服务，实现废弃物仓储服务的弹性管理。

第二，O－VCG 机制可以为废弃物仓储服务市场实现更多的社会福利。废弃物仓储服务供应商的满意程度可以超过 96%，这意味着废弃物仓储服务供应商和商家之间的这种弹性机制可以在废弃物仓储服务市场上实现更多的社会净利润。在废弃物仓储服务实时服务市场的需求下，提出的拍卖机制可以促进废弃物仓储服务市场的发展，激励废弃物仓储服务市场整合更多的资源，以实现供应链的弹性。

第三，建议的 O－VCG 机制适用于供不应求的情况：当需求增加时，废弃物仓储服务供应商的收入和少数赢家的效用明显增加。显然，对于废弃物仓储服务单边拍卖市场来说，需求远远超过供给，可以有效增加废弃物仓储服务供应商的收入。然而，这可能会限制参与者的交易数量，因为他们无法最大化自己的效用。因此，废弃物仓储服务供应商需要根据参与者的数量提供合理的供应，以实现利益最大化。

第七节 本 章 小 结

本章讨论了如何在废弃物仓储服务市场上实现实时服务的价值。为了解决这个问题，本章旨在建立一个基于区块链的废弃物仓储服务管理系统框架，并将 O－VCG 机制整合到系统中，使废弃物仓储服务供应商的利益最大化。此外，通过分析 O－VCG 机制和讨论结果，本章获得了有用的关键发现，证实了所提模型的有效性和适用性，可以应用于废弃物仓储服务市场，提供新的见解，这有助于废弃物仓储服务弹性管理。

本章的重要性体现在三个方面。第一，自疫情暴发以来，随着电子商务订单的激增，开发有效的废弃物仓储服务管理技术对于实现供应链的弹性至关重要。本章考虑了废弃物仓储服务的实时市场价值，并合理地设计了一种浮动计费机制。虽然传统的固定费率计费模式操作简单，容易实现，但它对实施差异化的废物仓储服务市场造成了障碍，不利于实现废弃物仓储服务供应商的利益最大化。因此，引入 O－VCG 机制来解决固定费率计费模式的缺陷。与传统的固定费率计费模式相比，所提出的框架和方法具有以下优点：（1）可以提高废弃物仓储服务供应商的收入和商家的效用；（2）可以实现各商家之间的公平竞争和交易；（3）当商家数量增加时，所提出的机制分配效率增加。第二，虽然提出的 O－VCG 机制可以有效地实现废弃物仓储服务的实时市场价值，但如果不能开发出有效的计费系统来应用这一机制，那么本章的工作就变得毫无意义。在废弃物仓储服务交易中，商家和废弃物仓储服务供应商都很重视交易的真实性、透明度和智能性。因此，本章建立了基于区块链的废弃物仓储服务管理系统，并采用了基于计算机网络的分层架构来管理整个过程的废弃物仓储服务。第三，区块链被整合以保证拍卖前后过程的透明度和可信度。区块链和拍卖的结合为解决多个利益相关者之间的类似决策问题提供了一种新的方法。

关于未来研究工作的方向，可以进一步研究具有其他约束条件或目标函数的 O－VCG 拍卖模型，如商家满意度。尽管废弃物仓储服务供应商寻求利益最大化，但从长远来看，确保商家的满意度是他们不断获得更多商家的基础。对这一方向的调查可能是具有挑战性的，但也是有趣的。扩展这一研究的另一个可能的研究方向是考虑双重拍卖。与多个废弃物仓储服务供应商和多个商家的交易是另一个有趣的研究课题。商家可以将他们的货物分配给不同的废弃物仓储服务供应商，每个供应商都有不同的成本和服务能力。将提出的方法扩展到这种情况可能会带来不同的见解。

参 考 文 献

［1］毕贵红．固体废物综合管理系统演化与调控模型研究［D］．昆明：昆明理工大学，2012．

［2］陈峻，王炜，胡克定．都市社会停车场选址规划方法研究［J］．系统工程理论与实践，2000，20（11）：117－124．

［3］丁丁，罗四维，艾丽华．基于双向拍卖的适应性云计算资源分配机制［J］．通信学报，2012，33：132－140．

［4］段尧清，郑卓闻，汪银霞，等．基于DEMATEL的数据要素属性结构关系分析［J］．情报理论与实践，2022，45：123－131．

［5］付秋芳，吴景豪，马士华．基于运输代理商的公路运输服务拍卖定价模型［J］．工业工程与管理，2013，18：41－47．

［6］宫晓婷，兰揭元，刘雅芝．考虑货主偏好的航运服务在线多属性拍卖模型［J］．大连海事大学学报，2020，46：51－57．

［7］黄海峰，陈立柱，王军．废物管理与循环经济［M］．北京：中国轻工业出版社，2013．

［8］贾泽奇．浅谈循环经济理念下工业固体废物资源化［J］．低碳世界，2021，11（6）：38－39．

［9］孔祥天瑞，徐素秀，黄国全，等．数智化生鲜农产品拍卖机制与运营优化［M］．北京：经济科学出版社，2022．

［10］赖明辉，薛巍立，田歆，等．整车运输协作问题迭代拍卖机制设计［J］．系统工程理论与实践，2018，38：3174－3186．

［11］ 李军，杨芳. 基于多轮组合拍卖的运输服务采购问题研究
［J］. 工业工程与管理，2022，27：51－58.

［12］ 李三希，王泰茗. 拍卖理论研究述评［J］. 中国科学基金，
2021，35：2－3.

［13］ 李燕. 循环经济理念下畜禽废弃物的资源化利用［J］. 畜
牧兽医科技信息，2022，（11）：52－54.

［14］ 梁蕾. 层次分析法的演进及其在竞争情报系统绩效评估中
的应用［J］. 情报理论与实践，2015，38：20－24.

［15］ 林洁娜. 佛山市固体废物管理对策研究［D］. 武汉：华中
科技大学，2017.

［16］ 刘贵文，易志勇，罗明，等. 基于 WASPAS 方法的战略目
标 SWOT 决策方法研究［J］. 科技管理研究，2017，37：221－226.

［17］ 刘琳，朱征宇，许林，等. 求解 CARP 车场选址问题的混
合随机搜索算法［J］. 计算机应用，2010，30：1508－1512＋1605.

［18］ 刘曼，黄经南，王国恩. 基于 LA 模型的潍坊市路外公共
停车场选址研究［J］. 现代城市研究，2017，5：119－125.

［19］ 刘培德，沈梦娇. 基于 WASPAS 方法的烟台市海洋经济发
展能力评价［J］. 信息技术与信息化，2019，7：228－232.

［20］ 马慧民，罗长见. 城市生活垃圾收运车辆调度干扰管理研
究［J］. 工业工程，2015，18：92－97.

［21］ 梅鑫南，王应明. 基于前景理论和熵权法的交叉效率集结
方法［J］. 运筹与管理，2022，31：35－41.

［22］ 牟能冶，程驰尧，蒋尔伟，等. 基于多车型多行程的城市
生活垃圾分类运输路径优化［J］. 安全与环境学报，2022，22：2199－
2208.

［23］ 彭云龙，肖勇波. 基于优先权拍卖的产能分配机制研究
［J］. 中国管理科学，2021，29：105－114.

［24］ 单连慧，钟华，胥美美，等. 科技评价中不同权重赋值方

法的比较研究：以中国医院科技量值为例 [J]. 科技管理研究，2022，42：70-74.

[25] 邵嫄，索馨. 基于双向拍卖的运输服务市场成交概率模型研究 [J]. 价值工程，2020，39：89-91.

[26] 沈凤武，刘犁. 基于动态风险分配的生活垃圾运输网络优化设计 [J]. 物流工程与管理，2014，36：43-45.

[27] 孙立坚. 新拍卖理论的现实和政策意义 [J]. 中国拍卖，2020，（11）：27-29.

[28] 孙丽君，周雅娴，滕玥，等. 多车舱车辆路径问题的研究现状与发展 [J]. 系统工程理论与实践，2021，41：1535-1546.

[29] 孙伟. 基于 DEMATEL 方法的新兴技术产业化融资影响因素实证研究 [J]. 科技进步与对策，2020，37：64-71.

[30] 万荣，阎瑞霞. 基于粗糙集和模糊层次分析法的客户需求权重确定方法 [J]. 科技管理研究，2018，38：204-208.

[31] 翁翕. "拍卖理论" 释读：让经济理论应用于经济设计 [J]. 金融博览，2020，（12）：36-37.

[32] 王桂琴，高博，路鹏，等. 基于 GIS 和多目标的生活垃圾运输路线优化研究 [J]. 环境科学与技术，2010，33：180-183.

[33] 王军，王文武，王萌. 以循环经济创新发展助推污染防治攻坚战——关于废物管理与静脉产业园建设的几点思考 [J]. 环境与可持续发展，2020，45（2）：70-73.

[34] 王姝春，陈峻，张辉. 与路外停车场协调的城市路内停车设施选址优化模型 [J]. 公路交通科技，2009，26：97-102+106.

[35] 王伟明，邓潇，徐海燕. 基于三维密度算子的群体 DEMATEL 指标权重确定方法 [J]. 中国管理科学，2021，29：179-190.

[36] 王曦东. 发展循环经济意义深远重大——访北京现代循环经济研究院院长 刘兴利 [J]. 再生资源与循环经济，2008，1（12）：1-3+11.

[37] 王雪雪，马嘉乐，王珊珊，等．浅析我国工业固体废物管理的历史沿革 [J]．环境工程学报，2023，17（10）：3115 – 3123.

[38] 王雅娟，李敏，邵嫄．基于逆向多属性在线拍卖的运输服务采购机制 [J]．重庆交通大学学报（自然科学版），2021，40：36 – 42.

[39] 王雅娟，王先甲．一种激励相容的多单位在线双边拍卖机制 [J]．管理科学学报，2015，18：1 – 11.

[40] 王雅娟，殷志平．排污权交易的网上双边拍卖机制设计 [J]．武汉科技大学学报，2015，38：152 – 156.

[41] 徐琪，张慧贤．研发众包最优投标和激励策略研究——基于逆向拍卖理论 [J]．软科学，2019，33：123 – 129.

[42] 许琳，赵明星．城市居家养老服务可获得性评价体系——基于因子分析和层次分析法 [J]．西北大学学报（哲学社会科学版），2017，47：63 – 71.

[43] 杨建武．智能治理伦理风险的关键影响因素研究——基于DEMATEL 方法 [J]．科学与社会，2021，11：80 – 97.

[44] 曾宪科，冯玉强．逆向多属性拍卖投标策略及收益性分析 [J]．管理科学学报，2015，（9）：24 – 33.

[45] 张丹丹．美国危险废物管理法律制度对我国的启示 [D]．保定：华北电力大学，2016.

[46] 张发明，王伟明．基于后悔理论和 DEMATEL 的语言型多属性决策方法 [J]．中国管理科学，2020，28：201 – 210.

[47] 张帆，马慧民．大件垃圾共享收运模式的车辆路径优化研究 [J]．物流工程与管理，2022，44：82 – 84 + 73.

[48] 张嘉敏，张嘉锐．轨道交通系统快捷货物运输服务供应链网络设计研究 [J]．综合运输，2022，44：127 – 133.

[49] 张钦红，骆建文．基于双边拍卖模型的易变质品供应链协作研究 [J]．工业工程与管理，2009，14：33 – 37 + 44.

［50］张爽，马慧民，雷悦，等．考虑居民满意度的城市生活垃圾上门收运路线优化［J］．系统管理学报，2019，28（3）：545 – 551.

［51］张莹，黄颖利．碳中和实践的国际经验与中国路径［J］．西南金融，2022，9：94 – 106.

［52］赵今越，马良，刘勇．垃圾分类收运路径问题的新型混合蚁群算法求解［J］．计算机应用研究，2021，38：1428 – 1433.

［53］Abbasnia, A., Fallahizadeh, S., Pasalari, H., et al. Three-layer business model canvas (TLBMC) as a recycling support tool to achieve sustainable development goals in waste management systems［J］. Environmental Science and Pollution Research, 2023, 30 (16): 46727 – 46740.

［54］Ağralı, S., Tan, B., Karaesmen, F. Modeling and analysis of an auction-based logistics market［J］. European Journal of Operational Research, 2008, 191: 272 – 294.

［55］Ahi, P., Searcy, C. A comparative literature analysis of definitions for green and sustainable supply chain management［J］. Journal of Cleaner Production, 2013, 52: 329 – 341.

［56］Albalate, D., Gragera, A. The impact of curbside parking regulations on car ownership［J］. Regional Science and Urban Economics, 2020, 81: 103518.

［57］Aliniai, K., Yarahmadi, A., Zarin, J. Z., et al. Parking lot site selection: An opening gate towards sustainable GIS-based urban traffic management［J］. Journal of the Indian Society of Remote Sensing, 2015, 43: 801 – 813.

［58］Barker, J. M., Gibson, A. R., Hofer, A. R., et al. A competitive dynamics perspective on the diversification of third-party logistics providers' service portfolios［J］. Transportation Research Part E Logistics and Transportation Review, 2021, 146: 102219.

［59］ Barles S. History of waste management and the social and cultural representations of waste ［M］. The basic environmental history. Cham：Springer International Publishing, 2014：199 - 226.

［60］ Basar, G. , Cetin, M. Auction-based tolling systems in a connected and automated vehicles environment：Public opinion and implications for toll revenue and capacity utilization ［J］. Transportation Research Part C：Emerging Technologies, 2017, 81：268 - 285.

［61］ Basu, R. J. , Bai, R. , Palaniappan, P. K. A strategic approach to improve sustainability in transportation service procurement ［J］. Transportation Research Part E：Logistics and Transportation Review, 2015, 74：152 - 168.

［62］ Battarra, M. , Erdoğan, G. , Vigo, D. Exact algorithms for the clustered vehicle routing problem ［J］. Operations Research, 2014, 62：58 - 71.

［63］ Baušys, R. , Juodagalvienš, B. Garage location selection for residential house by WASPAS - SVNS method ［J］. Journal of Civil Engineering and Management, 2017, 23：421 - 429.

［64］ Baz, J. E. , Ruel, S. Can supply chain risk management practices mitigate the disruption impacts on supply chains' resilience and robustness? Evidence from an empirical survey in a COVID - 19 outbreak era ［J］. International Journal of Production Economics, 2021, 233：107972.

［65］ Beliën, J. , De Boeck, L. , Van Ackere, J. Municipal solid waste collection and management problems：a literature review ［J］. Transportation Science, 2014, 48：78 - 102.

［66］ Benjamin, A. M. , Beasley, J. E. Metaheuristics for the waste collection vehicle routing problem with time windows, driver rest period and multiple disposal facilities ［J］. Computers & Operations Research, 2010, 37：2270 - 2280.

［67］Bi, W., Lu, W., Zhao, Z., et al. Combinatorial optimization of construction waste collection and transportation: A case study of Hong Kong ［J］. Resources, Conservation and Recycling, 2022, 179: 106043.

［68］Blazquez, C., Paredes – Belmar, G. Network design of a household waste collection system: A case study of the commune of Renca in Santiago, Chile ［J］. Waste Management, 2020, 116: 179 – 189.

［69］Borgström, B., Hertz, S., Jensen, L. -M. Strategic development of third-party logistics providers (TPLs): "Going under the floor" or "raising the roof"? ［J］. Industrial Marketing Management, 2021, 97: 183 – 192.

［70］Boskovic, G., Jovicic, N., Jovanovic, S., et al. Calculating the costs of waste collection: A methodological proposal ［J］. Waste Management & Research, 2016, 34: 775 – 783.

［71］Brandao, J., Mercer, A. A tabu search algorithm for the multi-trip vehicle routing and scheduling problem ［J］. European Journal of Operational Research, 1997, 100: 180 – 191.

［72］Buah, W., Cunliffe, A., Williams, P. Characterization of products from the pyrolysis of municipal solid waste ［J］. Process Safety and Environmental Protection, 2007, 85: 450 – 457.

［73］Canter, N. Strategies for achieving carbon neutrality in the US ［J］. Tribology & Lubrication Technology, 2021, 77: 16 – 17.

［74］Caplice, C., Sheffi, Y. Optimization-based procurement for transportation services ［J］. Journal of Business Logistics, 2003, 24: 109 – 128.

［75］Carvalho, A., Riquito, M., Ferreira, V. Sociotechnical imaginaries of energy transition: The case of the Portuguese Roadmap for Carbon Neutrality 2050 ［J］. Energy Reports, 2022, 8: 2413 – 2423.

［76］ Chakraborty, S. , Zavadskas, E. K. Applications of WASPAS method in manufacturing decision making ［J］. Informatica, 2014, 25: 1 – 20.

［77］ Chen, H. , Combinatorial clock-proxy exchange for carrier collaboration in less than truck load transportation ［J］. Transportation Research Part E: Logistics and Transportation Review, 2016, 91: 152 – 172.

［78］ Chen, X. , Feldman, J. , Jung, S. H. , et al. Approximation schemes for the joint inventory selection and online resource allocation problem ［J］. Available at SSRN, 2021: 3956503.

［79］ Chen, X. , Lin, B. Q. Towards carbon neutrality by implementing carbon emissions trading scheme: Policy evaluation in China ［J］. Energy Policy, 2021, 157: 112510.

［80］ Cheng, M. , Ning, Y. , Xu, S. X. , et al. Novel double auctions for spatially distributed parking slot assignment with externalities ［J］. IISE Transactions, 2022, 55 (2): 1 – 22.

［81］ Cheng, M. , Xu, S. X. , Huang, G. Q. Truthful multi-unit multi-attribute double auctions for perishable supply chain trading ［J］. Transportation Research Part E: Logistics and Transportation Review, 2016, 93: 21 – 37.

［82］ Choi, T. -M. Risk analysis in logistics systems: A research agenda during and after the COVID – 19 pandemic ［J］. Transportation Research Part E: Logistics and Transportation Review, 2021, 145: 102190.

［83］ Choi, T. -M. , Shi, X. Reducing Supply Risks by Supply Guarantee Deposit Payments in the Fashion Industry in the "New Normal after COVID – 19" ［J］. Omega, 2022, 109: 102605.

［84］ Chu, L. Y. , Shen, Z. -J. M. Trade reduction vs. multi-stage: A comparison of double auction design approaches ［J］. European Journal of

Operational Research, 2007, 180: 677 – 691.

[85] Clarke, E. H. Multipart pricing of publicgoods [J]. Public Choice, 1971, 11: 17 – 33.

[86] Cortinhal, M. J. , Mourão, M. C. , Nunes, A. C. Local search heuristics for sectoring routing in a household waste collection context [J]. European Journal of Operational Research, 2016, 255: 68 – 79.

[87] Cramton, C. D. , Orvis, K. L. , Wilson, J. M. Situation invisibility and attribution in distributed collaborations [J]. Journal of Management, 2007, 33 (4): 525 – 546.

[88] Dantzig, G. B. , Ramser, J. H. The truck dispatching problem [J]. Management science, 1959, 6: 80 – 91.

[89] Das, S. , Bhattacharyya, B. K. Optimization of municipal solid waste collection and transportation routes [J]. Waste Management, 2015, 43: 9 – 18.

[90] Dhanda, K. K. , Hartman, L. P. The Ethics of Carbon Neutrality: A Critical Examination of Voluntary Carbon Offset Providers [J]. Journal of Business Ethics, 2011, 100: 119 – 149.

[91] Dibaj, S. R. , Miri, A. , Mostafavi, S. A cloud dynamic online double auction mechanism (DODAM) for sustainable pricing [J]. Telecommunication Systems, 2020, 75: 461 – 480.

[92] Dimitris, P. Pricing of 3PL Services. In Outsourcing Management for Supply Chain Operations and Logistics Service. (IGI Global), 2013: 376 – 387.

[93] Dolgui, A. , Ivanov, D. Ripple effect and supply chain disruption management: new trends and research directions [J]. International Journal of Production Research, 2021, 59: 102 – 109.

[94] Dutta, P. , Choi, T. -M. , Somani, S. , et al. Blockchain technology in supply chain operations: Applications, challenges and re-

search opportunities [J]. Transportation research part E: Logistics and transportation review, 2020, 142: 102067.

[95] Elkington, J. Enter the triple bottom line [J]. The triple bottom line: Does it all add up, 2004, 11 (12): 1 – 16.

[96] EMF (Ellen MacArthur Foundation), What is a circular economy? https://www.ellenmacarthurfoundation.org/circular – economy. (Accessed 14 March 2018).

[97] Farajian, N., Zamanifar, K. Market-driven continuous double auction method for service allocation in cloud computing. In International Conference on Advances in Computing, Communication and Control [M]. (Springer), 2013: 14 – 24.

[98] Farzanmanesh, R., Naeeni, A. G., Abdullah, A. M. Parking site selection management using Fuzzy logic and Multi Criteria Decision Making [J]. Environment Asia, 2010, 3: 109 – 116.

[99] Feng, J., Xu, S. X., Li, M. A novel multi-criteria decision-making method for selecting the site of an electric-vehicle charging station from a sustainable perspective [J]. Sustainable Cities and Society, 2021, 65: 102623.

[100] Fierek, S., Bieńczak, M., Zmuda – Trzebiatowski, P. Multiple criteria evaluation of P&R lots location [J]. Transportation Research Procedia, 2020, 47: 489 – 496.

[101] Figliozzi, M. A., Mahmassani, H. S., Jaillet, P. Pricing in dynamic vehicle routing problems [J]. Transportation Science, 2007, 41: 302 – 318.

[102] Gabus, A., Fontela, E. World problems, an invitation to further thought within the framework of DEMATEL [J]. Battelle Geneva Research Center, Geneva, Switzerland, 1972: 1 – 8.

[103] Gambella, C., Maggioni, F., Vigo, D. A stochastic pro-

gramming model for a tactical solid waste management problem [J]. European Journal of Operational Research, 2019: 273.

[104] Gansterer, M., Hartl, R. F., Savelsbergh, M. The value of information in auction-based carrier collaborations. International Journal of Production Economics, 2020, 221: 107485.

[105] Gansterer, M., Hartl, R. F. Centralized bundle generation in auction-based collaborative transportation [J]. OR Spectrum 40, 2018: 613 – 635.

[106] Garrido, R. A. Procurement of transportation services in spot markets under a double-auction scheme with elastic demand [J]. Transportation Research Part B: Methodological, 2007, 41: 1067 – 1078.

[107] Ghiani, G., Laganà, D., Manni, E., et al. Operations research in solid waste management: A survey of strategic and tactical issues [J]. Computers & Operations Research, 2014, 44: 22 – 32.

[108] Ghorabaee, M. K., Zavadskas, E. K., Amiri, M., et al. Multi-criteria evaluation of green suppliers using an extended WASPAS method with interval type – 2 fuzzy sets [J]. Journal of Cleaner Production, 2016, 137: 213 – 229.

[109] Gibbard, A. Manipulation of voting schemes: a general result [J]. Econometrica: journal of the Econometric Society, 1973: 587 – 601.

[110] Glover, F. Tabu search—part I [J]. ORSA Journal on computing 1, 1989: 190 – 206.

[111] Glover, F. Tabu search—part II [J]. ORSA Journal on computing 2, 1990: 4 – 32.

[112] Glushkov, D., Paushkina, K., Shabardin, D., et al. Municipal solid waste recycling by burning it as part of composite fuel with energy generation [J]. Journal of Environmental Management, 2019, 231: 896 – 904.

[113] Golden, B. L., Assad, A. A., Wasil, E. A. Routing vehicles in the real world: applications in the solid waste, beverage, food, dairy, and newspaper industries [J]. In The vehicle routing problem. (SIAM), 2002: 245 – 286.

[114] Gong, J., Zhao, L. Blockchain application in healthcare service mode based on Health Data Bank [J]. Frontiers of engineering management, 2020, 7: 605 – 614.

[115] Govinda, K., Gholizadeh, H. Robust network design for sustainable-resilient reverse logistics network using big data: A case study of end-of-life vehicles [J]. Transportation Research Part E Logistics and Transportation Review, 2021, 149: 102279.

[116] Groves, T. Incentives in teams [J]. Econometrica: Journal of the Econometric Society, 1973, 41: 617 – 631.

[117] Gu, Z., Najmi, A., Saberi, M., et al. Macroscopic parking dynamics modeling and optimal real-time pricing considering cruising-for-parking [J]. Transportation Research Part C: Emerging Technologies, 2020, 118: 102714.

[118] Gunawan, A., Lau, H. C., Vansteenwegen, P. Orienteering problem: A survey of recent variants, solution approaches and applications [J]. European Journal of Operational Research, 2016, 255: 315 – 332.

[119] Guo, J., Zhang, J., Cheng, T., et al. Truthful double auction mechanisms for online freight platforms with transaction costs [J]. Transportation Research Part B: Methodological, 2020, 158: 164 – 186.

[120] Gupta, D., Garg, A. Sustainable development and carbon neutrality: Integrated assessment of transport transitions in India [J]. Transportation Research Part D – Transport And Environment, 2020, 85: 102474.

［121］Hakak，S. ，Khan，W. Z. ，Gilkar，G. A. ，et al. Securing smart cities through blockchain technology：Architecture，requirements，and challenges ［J］. IEEE Network，2020，34：8 – 14.

［122］Hammami，F. ，Rekik，M. ，Coelho，L. C. Exact and hybrid heuristic methods to solve the combinatorial bid construction problem with stochastic prices in truckload transportation services procurement auctions ［J］. Transportation Research Part B：Methodological，2021，149：204 – 229.

［123］Han，H. ，Ponce Cueto，E. Waste collection vehicle routing problem：literature review ［J］. PROMET – Traffic & Transportation，2015，27：345 – 358.

［124］Hannan，M. ，Akhtar，M. ，Begum，R. ，et al. Capacitated vehicle-routing problem model for scheduled solid waste collection and route optimization using PSO algorithm ［J］. Waste management，2018，71：31 – 41.

［125］Hof，J. ，Schneider，M. ，Goeke，D. Solving the battery swap station location-routing problem with capacitated electric vehicles using an AVNS algorithm for vehicle-routing problems with intermediate stops ［J］. Transportation Research Part B：Methodological，2017，97：102 – 112.

［126］Höke，M. C. ，Yalcinkaya，S. Municipal solid waste transfer station planning through vehicle routing problem-based scenario analysis ［J］. Waste Management & Research，2021，39：185 – 196.

［127］Hu，W. ，Dong，J. ，Xu，N. Multi-period planning of integrated underground logistics system network for automated construction-demolition-municipal waste collection and parcel delivery：A case study ［J］. Journal of Cleaner Production，2022，330：129760.

［128］Huang，G. Q. ，Xu，S. X. Truthful multi-unit transportation procurement auctions for logistics e-marketplaces [J]. Transportation Research Part B: Methodological, 2013, 47: 127 – 148.

[129] Huang, P., Scheller – Wolf, A., Sycara, K. Design of a multi-unit double auction e-market [J]. Computational Intelligence, 2002, 18: 596 – 617.

[130] Huang, W., Shuai, B., Sun, Y., et al. Using entropy – TOPSIS method to evaluate urban rail transit system operation performance: The China case [J]. Transportation Research Part A: Policy and Practice, 2018, 111: 292 – 303.

[131] Ilbahar, E., Kahraman, C. Retail store performance measurement using a novel interval-valued Pythagorean fuzzy WASPAS method [J]. Journal of Intelligent & Fuzzy Systems, 2018, 35: 3835 – 3846.

[132] IPCC. Special report: Global Warming of 1.5℃. 2018.

[133] Irfan, M., Elavarasan, R. M., Ahmad, M., et al. Prioritizing and overcoming biomass energy barriers: Application of AHP and G – TOPSIS approaches [J]. Technological Forecasting and Social Change, 2022, 177: 121524.

[134] Ivanov, D., Dolgui, A. Viability of intertwined supply networks: extending the supply chain resilience angles towards survivability. A position paper motivated by COVID – 19 outbreak [J]. International Journal of Production Research, 2020, 58: 2904 – 2915.

[135] Jelokhani – Niaraki, M., Malczewski, J. A group multicriteria spatial decision support system for parking site selection problem: A case study [J]. Land Use Policy, 2015, 42: 492 – 508.

[136] Jiang, S., Shi, H., Lin, W., et al. A large group linguistic Z – DEMATEL approach for identifying key performance indicators in hospital performance management [J]. Applied Soft Computing, 2020, 86: 105900.

［137］ Jothi Basu, R. , Subramanian, N. , Cheikhrouhou, N. Review of full truckload transportation service procurement ［J］. Transport Reviews, 2015, 35: 599 – 621.

［138］ Kalali, E. N. , Lotfian, S. , Shabestari, M. E. , et al. A critical review of the current progress of plastic waste recycling technology in structural materials ［J］. Current Opinion in Green and Sustainable Chemistry, 2023: 100763.

［139］ Kang, X. , Duan, P. , Li, S. Hyperspectral image visualization with edge-preserving filtering and principal component analysis ［J］. Information Fusion, 2020, 57: 130 – 143.

［140］ Karak, T. , Bhagat, R. , Bhattacharyya, P. Municipal solid waste generation, composition, and management: the world scenario ［J］. Critical Reviews in Environmental Science and Technology, 2012, 42: 1509 – 1630.

［141］ Karimi, H. , Herki, B. , Gharibi, S. , et al. Identifying public parking sites using integrating GIS and ordered weighted averaging approach in Sanandaj city, Iran ［J］. Journal of Critical Reviews, 2020, 7: 506 – 513.

［142］ Karimi, N. , Ng, K. T. W. , Richter, A. Development of a regional solid waste management framework and its application to a prairie province in central Canada ［J］. Sustainable Cities and Society, 2022, 82: 103904.

［143］ Kaza, S. , Yao, L. , Bhada – Tata, P. , et al. What a waste 2. 0: a global snapshot of solid waste management to 2050. （World Bank Publications）.

［144］ Kazazi Darani, S. , Akbari Eslami, A. , Jabbari, M. , et al. Parking lot site selection using a fuzzy AHP – Topsis framework in Tuyserkan, Iran ［J］. Journal of Urban Planning and Development, 2018,

144: 04018022.

[145] Klemperer, P. Auction theory: A guide to theliterature [J]. Journal of economic surveys, 1999, 13 (3): 227 - 286.

[146] Kong, X. T., Zhong, R. Y., Zhao, Z., et al. Contracting green product supply chains considering marketing efforts in the circular economy era [J]. International Journal of Production Economics, 2021, 234: 108041.

[147] Koondhar, M. A., Tan, Z., Alam, G. M., et al. Bioenergy consumption, carbon emissions, and agricultural bioeconomic growth: A systematic approach to carbon neutrality in China [J]. Journal of Environmental Management, 2021, 296: 113242.

[148] Krishna, V. Auction theory [M]. Academic press, 2009.

[149] Klemperer, P. Auction theory: A guide to theliterature [J]. Journal of economic surveys, 1999, 13 (3): 227 - 286.

[150] Kumar, D., Baranwal, G., Vidyarthi, D. P. A survey on auction based approaches for resource allocation and pricing in emerging edge technologies [J]. Journal of Grid Computing, 2022, 20: 1 - 52.

[151] Kurniawan, T. A., Meidiana, C., Othman, M. H. D., et al. Strengthening waste recycling industry in Malang (Indonesia): Lessons from waste management in the era of Industry 4. 0 [J]. Journal of Cleaner Production, 2023, 382: 135296.

[152] Kutlu Gundogdu, F., Kahraman, C. Extension of WASPAS with spherical fuzzy sets [J]. Informatica, 2019, 30: 269 - 292.

[153] Lafkihi, M., Pan, S., Ballot, E. Freight transportation service procurement: A literature review and future research opportunities in omnichannel E-commerce [J]. Transportation Research Part E: Logistics and Transportation Review, 2019, 125: 348 - 365.

[154] Lai, M., Cai, X., Hu, Q. An iterative auction for carrier

collaboration in truckload pickup and delivery [J]. Transportation Research Part E: Logistics and Transportation Review, 2017, 107: 60 – 80.

[155] Lee, J. -S., Hoh, B. Dynamic pricing incentive for participatory sensing [J]. Pervasive and Mobile Computing, 2010, 6: 693 – 708.

[156] Lee, S. Y., Hu, J., Lim, M. K. Maximising the circular economy and sustainability outcomes: An end-of-life tyre recycling outlets selection model [J]. International Journal of Production Economics, 2021: 232.

[157] Li, H., Hao, Y., Xie, C., et al. Emerging technologies and policies for carbon-neutral transportation [J]. International Journal of Transportation Science and Technology, 2022, 12: 1 – 20.

[158] Li, L., Zhang, R. Q. Cooperation through capacity sharing between competing forwarders [J]. Transportation Research Part E: Logistics and Transportation Review, 2015, 75: 115 – 131.

[159] Li, M., Shen, L., Huang, G. Q. Blockchain-enabled workflow operating system for logistics resources sharing in E-commerce logistics real estate service [J]. Computers & Industrial Engineering, 2019, 135: 950 – 969.

[160] Li, X., Damartzis, T., Stadler, Z., et al. Decarbonization in complex energy systems: a study on the feasibility of carbon neutrality for Switzerland in 2050 [J]. Frontiers in Energy Research, 2020, 8: 274.

[161] Li, Y., Soleimani, H., Zohal, M. An improved ant colony optimization algorithm for the multi-depot green vehicle routing problem with multiple objectives [J]. Journal of cleaner production, 2019, 227: 1161 – 1172.

[162] Liang, R., Wang, J., Huang, M., et al. Truthful auc-

tions for e-market logistics services procurement with quantity discounts [J]. Transportation Research Part B: Methodological, 2020, 133: 165 – 180.

[163] Liang, Y., Wang, H., Zhao, X. Analysis of factors affecting economic operation of electric vehicle charging station based on DEMATEL – ISM [J]. Computers & Industrial Engineering, 2022, 163: 107818.

[164] Liu, J., Zhang, H., Zhen, L. Blockchain technology in maritime supply chains: applications, architecture and challenges [J]. International Journal of Production Research, 2021: 1 – 17.

[165] Liu, L., Liao, W. Optimization and profit distribution in a two-echelon collaborative waste collection routing problem from economic and environmental perspective [J]. Waste Management, 2021, 120: 400 – 414.

[166] Liu, Q., Zhang, C., Zhu, K., et al. Novel multi-objective resource allocation and activity scheduling for fourth party logistics [J]. Computers & Operations Research, 2014, 44: 42 – 51.

[167] Liu, W., Geroliminis, N. Modeling the morning commute for urban networks with cruising-for-parking: An MFD approach [J]. Transportation Research Part B: Methodological, 2016, 93: 470 – 494.

[168] Lopez, D., Farooq, B. A multi-layered blockchain framework for smart mobility data-markets [J]. Transportation Research Part C: Emerging Technologies, 2020, 111: 588 – 615.

[169] Lukassen, P., Wallenburg, C. M. Pricing Third – Party Logistics Services: Integrating Insights from the Logistics and Industrial Services Literature [J]. Transportation Journal, 2010, 49: 24 – 43.

[170] Ma, H., Schewe, K. -D., Thalheim, B., et al. Cloud Warehousing [J]. Journal Of Universal Computer Science, 2011, 17: 1183 – 1201.

［171］Ma, J. , Hipel, K. W. Exploring social dimensions of municipal solid waste management around the globe – A systematic literature review ［J］. Waste Management, 2016, 56: 3 – 12.

［172］Ma, Y. , Shi, T. , Zhang, W. , et al. Comprehensive policy evaluation of NEV development in China, Japan, the United States, and Germany based on the AHP – EW model ［J］. Journal of cleaner production, 2019, 214: 389 – 402.

［173］Mahmoudi, A. , Govindan, K. , Shishebori, D. , et al. Product-pricing problem in green and non-green multi-channel supply chains under government intervention and in the presence of third-party logistics companies ［J］. Computers & Industrial Engineering, 2021, 159: 107490.

［174］Mahmoudsoltani, F. , Shahbandarzadeh, H. , Moghdani, R. Using Pareto-based multi-objective Evolution algorithms in decision structure to transfer the hazardous materials to safety storage centre ［J］. Journal of Cleaner Production, 2018, 184: 893 – 911.

［175］Markov, I. , Varone, S. , Bierlaire, M. Integrating a heterogeneous fixed fleet and a flexible assignment of destination depots in the waste collection VRP with intermediate facilities ［J］. Transportation research part B: methodological, 2016, 84: 256 – 273.

［176］Masi, D. , Day, S. , Godsell, J. Supply chain configurations in the circular economy: A systematic literature review ［J］. Sustainability, 2017, 9 (9): 1602.

［177］McAfee, R. P. A dominant strategy double auction ［J］. Journal of economic Theory, 1992, 56: 434 – 450.

［178］Mes, M. , van der Heijden, M. , Schuur, P. Dynamic threshold policy for delaying and breaking commitments in transportation auctions ［J］. Transportation Research Part C: Emerging Technologies,

2009, 17: 208 – 223.

[179] Mes, M. , van der Heijden, M. , Schuur, P. Look-ahead strategies for dynamic pickup and delivery problems [J]. OR spectrum, 2010, 32: 395 – 421.

[180] Milgrom, P. Putting Auction Theory to Work [M]. Cambridge University Press, 2004.

[181] Mishra, A. R. , Rani, P. Interval-valued intuitionistic fuzzy WASPAS method: application in reservoir flood control management policy [J]. Group Decision and Negotiation, 2018, 27: 1047 – 1078.

[182] Mishra, A. R. , Rani, P. , Pardasani, K. R. , et al. A novel hesitant fuzzy WASPAS method for assessment of green supplier problem based on exponential information measures [J]. Journal of Cleaner Production, 2019, 238: 117901.

[183] Mishra, A. R. , Singh, R. K. , Motwani, D. Multi-criteria assessment of cellular mobile telephone service providers using intuitionistic fuzzy WASPAS method with similarity measures [J]. Granular Computing, 2019, 4: 511 – 529.

[184] Mladenović, N. , Hansen, P. Variable neighborhood search [J]. Computers & Operations Research, 1997, 24: 1097 – 1100.

[185] Mohammadi, M. , Rezaei, J. Ensemble ranking: Aggregation of rankings produced by different multi-criteria decision-making methods [J]. Omega, 2020, 96: 102254.

[186] Mokarram, M. , Pourghasemi, H. R. , Mokarram, M. J. A multi-criteria GIS-based model for wind farm site selection with the least impact on environmental pollution using the OWA – ANP method [J]. Environmental Science and Pollution Research, 2022: 1 – 22.

[187] Morali, O. , Searcy, C. A review of sustainable supply chain management practices in Canada [J]. Journal of Business Ethics, 2013,

117: 635 – 658.

[188] Myerson, R. B. (1988, March). Incentive constraints and optimal communication systems. In Proceedings of the 2nd Conference on Theoretical Aspects of Reasoning about Knowledge (pp. 179 – 193).

[189] Nair, A. Emerging internet-enabled auction mechanisms in supply chain [J]. Supply Chain Management, 2013, 10: 162 – 168.

[190] Najmi, A., Bostanara, M., Gu, Z., et al. On-street parking management and pricing policies: An evaluation from a system enhancement perspective [J]. Transportation Research Part A: Policy and Practice, 2021, 146: 128 – 151.

[191] Nguyen, P. K., Crainic, T. G., Toulouse, M. A tabu search for time-dependent multi-zone multi-trip vehicle routing problem with time windows [J]. European Journal of Operational Research, 2013, 231: 43 – 56.

[192] Nilsson, F. R., Sternberg, H., Klaas – Wissing, T. Who controls transport emissions and who cares? Investigating the monitoring of environmental sustainability from a logistics service provider's perspective [J]. The international journal of logistics management, 2017, 28: 798 – 820.

[193] Nisan, N., Ronen, A. Algorithmic mechanism design, Proceedings of the thirty-first annual ACM symposium on theory of computing [J]. ACM, 1999: 129 – 140.

[194] Nisan, N., Ronen, A. Computationally Feasible VCG Mechanisms [J]. Journal of Artificial Intelligence Research, 2007, 29: 19 – 47.

[195] Nowakowski, P. A proposal to improve e-waste collection efficiency in urban mining: Container loading and vehicle routing problems – A case study of Poland [J]. Waste Management, 2017, 60: 494 – 504.

［196］Ogwueleka, T. Municipal solid waste characteristics and management in Nigeria ［J］. Journal of Environmental Health Science & Engineering, 2009, 6: 173 – 180.

［197］Palander, T. , Haavikko, H. , Kortelainen, E. , et al. Improving environmental and energy efficiency in wood transportation for a carbon-neutral forest industry ［J］. Forests, 2020, 11: 1194.

［198］Pamucar, D. , Chatterjee, K. , Zavadskas, E. K. Assessment of third-party logistics provider using multi-criteria decision-making approach based on interval rough numbers ［J］. Computers & Industrial Engineering, 2019, 127: 383 – 407.

［199］Pan, X. , Wang, Y. , Chin, K. S. A large-scale group decision-making method for site selection of waste to energy project under interval type – 2 fuzzy environment ［J］. Sustainable Cities and Society, 2021, 71: 103003.

［200］Pang, L. , Zhong, R. Y. , Fang, J. , et al. Data-source interoperability service for heterogeneous information integration in ubiquitous enterprises ［J］. Advanced Engineering Informatics, 2015, 29: 549 – 561.

［201］Parkes, D. C. , Kalagnanam, J. R. , Eso, M. Achieving budget-balance with Vickrey-based payment schemes in exchanges. In IJCAI – 01: Proceedings of the Seventeenth International Joint Conference on Artificial Intelligence: August 4 – 10, 2001, Seattle, Washington, 1161 – 1168.

［202］Pelletier, S. , Jabali, O. , Laporte, G. The electric vehicle routing problem with energy consumption uncertainty ［J］. Transportation Research Part B: Methodological, 2019, 126: 225 – 255.

［203］Poap, D. , Srivastava, G. , Yu, K. Agent architecture of an intelligent medical system based on federated learning and blockchain technology ［J］. Journal of Information Security and Applications, 2021, 58: 102748.

［204］ Pourhejazy, P. , Zhang, D. , Zhu, Q. , et al. Integrated E-waste transportation using capacitated general routing problem with time-window ［J］. Transportation Research Part E: Logistics and Transportation Review, 2021, 145: 102169.

［205］ Qian, C. , Chen, J. , Sun, C. Carbon footprint and emission reduction potential of the artwork auction market ［J］. Frontiers in Energy Research, 2023, 11: 1029939.

［206］ Queiroz, M. M. , Ivanov, D. , Dolgui, A. , et al. Impacts of epidemic outbreaks on supply chains: mapping a research agenda amid the COVID－19 pandemic through a structured literature review ［J］. Annals of operations research, 2020: 1－38.

［207］ Rabbani, M. , Farrokhi-asl, H. , Rafiei, H. A hybrid genetic algorithm for waste collection problem by heterogeneous fleet of vehicles with multiple separated compartments ［J］. Journal of Intelligent & Fuzzy Systems, 2016, 30: 1817－1830.

［208］ Rabbani, M. , Heidari, R. , Farrokhi－Asl, H. , et al. Using metaheuristic algorithms to solve a multi-objective industrial hazardous waste location-routing problem considering incompatible waste types ［J］. Journal of Cleaner Production, 2018, 170: 227－241.

［209］ Rajesh, R. , Pugazhendhi, S. , Ganesh, K. Genetic algorithm and particle swarm optimization for solving balanced allocation problem of third party logistics providers ［J］. In Management Innovations for Intelligent Supply Chains. （IGI Global）, 2013: 184－203.

［210］ Rassenti, S. J. , Smith, V. L. , Bulfin, R. L. A combinatorial auction mechanism for airport time slot allocation ［J］. The Bell Journal of Economics, 1982, 13: 402－417.

［211］ Remli, N. , Rekik, M. A robust winner determination problem for combinatorial transportation auctions under uncertain shipment volumes ［J］. Transportation Research Part C: Emerging Technologies, 2013, 35: 204 –217.

［212］ Ren, S. , Choi, T. -M. , Lee, K. -M. , et al. Intelligent service capacity allocation for cross-border-E-commerce related third-party-forwarding logistics operations: A deep learning approach ［J］. Transportation Research Part E: Logistics and Transportation Review, 2020, 134: 101834.

［213］ Rene, E. R. , Sethurajan, M. , Ponnusamy, V. K. , et al. Electronic waste generation, recycling and resource recovery: Technological perspectives and trends ［J］. Journal of Hazardous Materials, 2021: 125664.

［214］ Rezapour, S. , Farahani, R. Z. , Pourakbar, M. Resilient supply chain network design under competition: a case study ［J］. European Journal of Operational Research, 2017, 259: 1017 –1035.

［215］ Riley, J. G. , Samuelson, W. F. Optimal auctions ［J］. The American Economic Review, 1981, 71 (3).

［216］ Rudnik, K. , Bocewicz, G. , Kucińska – Landwójtowicz, A. , et al. Ordered fuzzy WASPAS method for selection of improvement projects ［J］. Expert Systems with Applications, 2020: 114471.

［217］ Saadatlu, E. A. , Barzinpour, F. , Yaghoubi, S. A sustainable model for municipal solid waste system considering global warming potential impact: A case study ［J］. Computers & Industrial Engineering, 2022, 169: 108127.

［218］ Safton, R. Modeling policy pathways to carbon neutrality in Canada ［M］. Simon fraser university, 2021.

［219］ Sagnak, M. , Berberoglu, Y. , Memis, I. , et al. Sustainable collection center location selection in emerging economy for electronic waste with fuzzy Best – Worst and fuzzy TOPSIS [J]. Waste Management, 2021, 127: 37 – 47.

[220] Salvia, M., Reckien, D., Pietrapertosa, F., et al. Will climate mitigation ambitions lead to carbon neutrality? An analysis of the local-level plans of 327 cities in the EU [J]. Renewable and Sustainable Energy Reviews, 2021, 135: 110253.

[221] Sayman, S., Akçay, Y. A transaction utility approach for bidding in second-price auctions [J]. Journal of Interactive Marketing, 2020, 49: 86 – 93.

[222] Selviaridis, K., Spring, M. Third party logistics: a literature review and research agenda [J]. The International Journal of Logistics Management, 2007, 18: 125 – 150.

[223] Sennaroglu, B., Celebi, G. V. A military airport location selection by AHP integrated PROMETHEE and VIKOR methods [J]. Transportation research, Part D. Transport and environment, 2018, 59: 160 – 173.

[224] Shafiei, E., Davidsdottir, B., Leaver, J., et al. Energy, economic, and mitigation cost implications of transition toward a carbon-neutral transport sector: A simulation-based comparison between hydrogen and electricity [J]. Journal of cleaner production, 2017, 141: 237 – 247.

[225] Shahabuddin, M., Uddin, M. N., Chowdhury, J. I., et al. A review of the recent development, challenges, and opportunities of electronic waste (e-waste) [J]. International Journal of Environmental Science and Technology, 2023, 20 (4): 4513 – 4520.

[226] Shahbaz, M., Rashid, N., Saleem, J., et al. A review of waste management approaches to maximise sustainable value of waste from

the oil and gas industry and potential for the State of Qatar [J]. Fuel, 2023, 332: 126220.

[227] Shao, S., Xu, S. X., Huang, G. Q. Variable neighborhood search and tabu search for auction-based waste collection synchronization [J]. Transportation Research Part B: Methodological, 2020, 133: 1 – 20.

[228] Shaw, K., Irfan, M., Shankar, R., et al. Low carbon chance constrained supply chain network design problem: a Benders decomposition based approach [J]. Computers & Industrial Engineering, 2016, 98: 483 – 497.

[229] Shemov, G., de Soto, B. G., Alkhzaimi, H. Blockchain applied to the construction supply chain: A case study with threat model [J]. Frontiers of Engineering Management, 2020, 7: 564 – 577.

[230] Shooshtarian, S., Maqsood, T., Caldera, S., et al. Transformation towards a circular economy in the Australian construction and demolition waste management system [J]. Sustainable Production and Consumption, 2022, 30: 89 – 106.

[231] Shoup, D. C. Cruising for parking [J]. Transport policy, 2006, 13: 479 – 486.

[232] Singh, S., Kumar, R., Panchal, R., et al. Impact of COVID – 19 on logistics systems and disruptions in food supply chain [J]. International Journal of Production Research, 2021, 59: 1993 – 2008.

[233] Solomon, M. M. Algorithms for the vehicle routing and scheduling problems with time window constraints [J]. Operations Research, 1987, 35: 254 – 265.

[234] Song, M., Zhu, Q., Peng, J., et al. Improving the evaluation of cross efficiencies: A method based on Shannon entropy weight [J]. Computers & Industrial Engineering, 2017, 112: 99 – 106.

［235］Staudt, F. H. , Alpan, G. , Di Mascolo, M. , et al. Warehouse performance measurement: a literature review ［J］. International Journal of Production Research, 2015, 53: 5524 – 5544.

［236］Su, C. W. , Yuan, X. , Tao, R. , et al. Can new energy vehicles help to achieve carbon neutrality targets? ［J］. Journal of Environmental Management, 2021, 297: 113348.

［237］Sun, J. , Li, G. Designing a double auction mechanism for the re-allocation of emission permits ［J］. Annals of Operations Research, 2020, 291: 847 – 874.

［238］Sun, J. , Li, G. , Xu, S. X. , et al. Intermodal transportation service procurement with transaction costs under belt and road initiative ［J］. Transportation Research Part E: Logistics and Transportation Review, 2019, 127: 31 – 48.

［239］Suneesh, E. , Sivapragash, M. Multi-response optimisation of micro-milling performance while machining a novel magnesium alloy and its alumina composites ［J］. Measurement, 2021, 168: 108345.

［240］Sze, J. F. , Salhi, S. , Wassan, N. The cumulative capacitated vehicle routing problem with min-sum and min-max objectives: An effective hybridisation of adaptive variable neighbourhood search and large neighbourhood search ［J］. Transportation Research Part B: Methodological, 2017, 101: 162 – 184.

［241］Tanaka, M. , Murakami, Y. Strategy-proof pricing for cloud service composition ［J］. IEEE Transactions on Cloud Computing, 2014, 4: 363 – 375.

［242］Taslimi, M. , Batta, R. , Kwon, C. Medical Waste Collection Considering Transportation and Storage Risk ［J］. Computers & Operations Research, 2020, 120: 104966.

［243］Tavares, G. , Zsigraiova, Z. , Semiao, V. , et al. Optimisation of MSW collection routes for minimum fuel consumption using 3D GIS modelling [J]. Waste Management, 2009, 29: 1176 – 1185.

[244] Tchobanoglous, G., Theisen, H., Vigil, S. Water Science & Technology Library [J]. Integrated Solid Waste Management: Engineering Principles and Management Issues, 1993, 8: 63 – 90.

[245] Tirkolaee, E. B., Abbasian, P., Weber, G. -W. Sustainable fuzzy multi-trip location-routing problem for medical waste management during the COVID – 19 outbreak [J]. Science of the Total Environment, 2021, 756: 143607.

[246] Tirkolaee, E. B., Mahdavi, I., Esfahani, M. M. S. A robust periodic capacitated arc routing problem for urban waste collection considering drivers and crew's working time [J]. Waste Management, 2018, 76: 138 – 146.

[247] Tönnissen, S., Teuteberg, F. Analysing the impact of blockchain-technology for operations and supply chain management: An explanatory model drawn from multiple case studies [J]. International Journal of Information Management, 2020, 52: 101953.

[248] Tozer, L., Klenk, N. Discourses of carbon neutrality and imaginaries of urban futures [J]. Energy Research & Social Science, 2018, 35: 174 – 181.

[249] Triki, C. Using combinatorial auctions for the procurement of occasional drivers in the freight transportation: A case-study [J]. Journal of Cleaner Production, 2021, 304: 127057.

[250] Triki, C., Piya, S., Fu, L. L. Integrating production scheduling and transportation procurement through combinatorial auctions [J]. Networks, 2020, 76: 147 – 163.

[251] Turner, Townsend. International Construction Market Survey. 2018.

［252］ Turskis, Z. , Zavadskas, E. K. , Antucheviciene, J. , et al. A hybrid model based on fuzzy AHP and fuzzy WASPAS for construction site selection ［J］. International Journal of Computers communications & control, 2015, 10: 113 – 128.

［253］ Unnu, K. , Pazour, J. Evaluating on-demand warehousing via dynamic facility location models ［J］. IISE Transactions, 2021: 1 – 16.

［254］ Van Engeland, J. , Beliën, J. , De Boeck, L. , et al. Literature review: Strategic network optimization models in waste reverse supply chains ［J］. Omega, 2020, 91: 102012.

［255］ Van Ommeren, J. , McIvor, M. , Mulalic, I. , et al. A novel methodology to estimate cruising for parking and related external costs ［J］. Transportation Research Part B: Methodological, 2021, 145: 247 – 269.

［256］ Vickrey, W. Counterspeculation, auctions, and competitive sealed tenders ［J］. The Journal of finance, 1961, 16: 8 – 37.

［257］ Vidal, T. , Crainic, T. G. , Gendreau, M. , et al. A hybrid genetic algorithm for multidepot and periodic vehicle routing problems ［J］. Operations Research, 2012, 60: 611 – 624.

［258］ Vidović, M. , Ratković, B. , Bjelić, N. , et al. A two-echelon location-routing model for designing recycling logistics networks with profit: MILP and heuristic approach ［J］. Expert Systems with Applications, 2016, 51: 34 – 48.

［259］ Wan, S. -p. , Xu, G. -l. , Dong, J. -y. Supplier selection using ANP and ELECTRE II in interval 2-tuple linguistic environment ［J］. Information Sciences, 2017, 385: 19 – 38.

［260］ Wang, Y. , Hao, F. Public perception matters: Individual waste sorting in Chinese communities ［J］. Resources Conservation and Recycling, 2020, 159: 104860.

［261］ Wang, Y. , Su, Z. , Zhang, N. BSIS: Blockchain – Based Secure Incentive Scheme for Energy Delivery in Vehicular Energy Network ［J］. IEEE Transactions on Industrial Informatics, 2019, 15: 3620 – 3631.

［262］ Wen, T. -C. , Chung, H. -Y. , Chang, K. -H. , et al. A flexible risk assessment approach integrating subjective and objective weights under uncertainty ［J］. Engineering Applications of Artificial Intelligence, 2021, 103: 104310.

［263］ Wijewickrama M, Rameezdeen R, Chileshe N. Information brokerage for circular economy in the construction industry: A systematic literature review ［J］. Journal of Cleaner Production, 2021, 313: 127938.

［264］ Winter, K. , Cats, O. , Martens, K. , et al. Parking space for shared automated vehicles: How less can be more ［J］. Transportation Research Part A: Policy and Practice, 2021, 143: 61 – 77.

［265］ Wu, C. -H. , Chen, C. -W. , Hsieh, C. -C. Competitive pricing decisions in a two-echelon supply chain with horizontal and vertical competition ［J］. International Journal of Production Economics, 2012, 135: 265 – 274.

［266］ Wu, W. -W. , Lee, Y. -T. Developing global managers' competencies using the fuzzy DEMATEL method ［J］. Expert Systems with Applications, 2007, 32: 499 – 507.

［267］ Wu, X. , Tian, Z. , Guo, J. A review of the theoretical research and practical progress of carbon neutrality ［J］. Sustainable Operations and Computers, 2022, 3: 54 – 66.

［268］ Wu, X. -Y. , Fan, Z. -P. , Cao, B. -B. An analysis of strategies for adopting blockchain technology in the fresh product supply chain ［J］. International Journal of Production Research, 2021: 1 – 18.

［269］ Xiao, H. , Xu, M. How to restrain participants opt out in shared parking market? A fair recurrent double auction approach ［J］.

Transportation Research Part C: Emerging Technologies, 2018, 93: 36 – 61.

[270] Xiao, H., Xu, M., Gao, Z. Shared parking problem: A novel truthful double auction mechanism approach [J]. Transportation Research Part B: Methodological, 2018, 109: 40 – 69.

[271] Xiao, Y., Bai, X., Ouyang, Z., et al. The composition, trend and impact of urban solid waste in Beijing [J]. Environmental monitoring and assessment, 2007, 135: 21 – 30.

[272] Xiao, Y., Zhou, B. Does the development of delivery industry increase the production of municipal solid waste? ——An empirical study of China [J]. Resources, Conservation and Recycling, 2020, 155: 104577.

[273] Xie, L., Ma, J., Goh, M. Supply chain coordination in the presence of uncertain yield and demand [J]. International Journal of Production Research, 2021, 59: 4342 – 4358.

[274] Xu, S. X., Feng, J., Huang, G. Q., et al. Toward efficient waste electric vehicle battery recycling via auction-based market trading mechanisms [J]. International Journal of Production Research, 2023, 61 (24): 8598 – 8617.

[275] Xu, S. X., Huang, G. Q. Transportation service procurement in periodic sealed double auctions with stochastic demand and supply [J]. Transportation Research Part B: Methodological, 2013, 56: 136 – 160.

[276] Xu, S. X., Huang, G. Q. Efficient auctions for distributed transportation procurement [J]. Transportation Research Part B: Methodological, 2014, 65: 47 – 64.

[277] Xu, S. X., Huang, G. Q. Efficient multi-attribute multi-unit auctions for B2B E-commerce logistics [J]. Production and Operations Management, 2017, 26: 292 – 304.

［278］Xu, S. X. , Huang, G. Q. Auction-based transportation procurement in make-to-order systems ［J］. IIE Transactions, 2015, 47 (11): 1236 – 1251.

［279］Xu, S. X. , Huang, G. Q. , Cheng, M. Truthful, budget-balanced bundle double auctions for carrier collaboration ［J］. Transportation Science, 2017, 51: 1365 – 1386.

［280］Yadav, V. , Karmakar, S. Sustainable collection and transportation of municipal solid waste in urban centers ［J］. Sustainable Cities and Society, 2020, 53: 101937.

［281］Yang, Q. , Wang, H. Blockchain – Empowered Socially Optimal Transactive Energy System: Framework and Implementation ［J］. IEEE Transactions on Industrial Informatics, 2021, 17: 3122 – 3132.

［282］Yang, S. , Ning, L. , Shang, P. , et al. Augmented Lagrangian relaxation approach for logistics vehicle routing problem with mixed backhauls and time windows ［J］. Transportation Research Part E: Logistics and Transportation Review, 2020: 135.

［283］Yangka, D. , Rauland, V. , Newman, P. Carbon neutral policy in action: the case of Bhutan ［J］. Climate Policy, 2019, 19: 672 – 687.

［284］Yavuz, M. , Çapar, I. Alternative-fuel vehicle adoption in service fleets: Impact evaluation through optimization modeling ［J］. Transportation Science, 2017, 51: 480 – 493.

［285］Yazdi, M. , Khan, F. , Abbassi, R. , et al. Improved DEMATEL methodology for effective safety management decision-making ［J］. Safety science, 2020, 127: 104705.

［286］Yi, W. , Wang, S. A. , Zhang, A. Optimal transportation planning for prefabricated products in construction ［J］. Computer – Aided Civil And Infrastructure Engineering, 2020, 35: 342 – 353.

［287］Younger, M., Morrow – Almeida, H. R., Vindigni, S. M., et al. The built environment, climate change, and health: opportunities for co-benefits ［J］. American Journal of Preventive Medicine, 2008, 35: 517 – 526.

［288］Yu, H., Huang, M., Chao, X., et al. Truthful multi-attribute multi-unit double auctions for B2B e-commerce logistics service transactions ［J］. Transportation Research Part E: Logistics and Transportation Review, 2022, 164: 102814.

［289］Yücenur, G. N., Ipeki, A. SWARA/WASPAS methods for a marine current energy plant location selection problem ［J］. Renewable Energy, 2021, 163: 1287 – 1298.

［290］Zavadskas, E. K., Turskis, Z., Antucheviciene, J., et al. Optimization of weighted aggregated sum product assessment ［J］. Elektronika ir elektrotechnika, 2012, 122: 3 – 6.

［291］Zavadskas, E., Kalibatas, D., Kalibatiene, D. A multi-attribute assessment using WASPAS for choosing an optimal indoor environment ［J］. Archives of Civil and Mechanical Engineering, 2016, 16: 76 – 85.

［292］Zhan, J., Zhang, K., Wu, W. -Z. An investigation on Wu-Leung multi-scale information systems and multi-expert group decision-making ［J］. Expert Systems with Applications, 2021, 170: 114542.

［293］Zhang, B., Yao, T., Friesz, T. L., Sun, Y. A tractable two-stage robust winner determination model for truckload service procurement via combinatorial auctions ［J］. Transportation Research Part B: Methodologica, 2015, 78: 16 – 31.

［294］Zhang, D., Pee, L., Cui, L. Artificial intelligence in E-commerce fulfillment: A case study of resource orchestration at Alibaba's Smart Warehouse ［J］. International Journal of Information Management,

2021，57：102304.

［295］Zhang，F.，Zhou，X.，Sun，M. On-demand receiver-centric channel allocation via constrained VCG auction for spatial spectrum reuse ［J］. IEEE Systems Journal，2019，13：2519 – 2530.

［296］Zhang，J.，Nault，B. R.，Tu，Y. A Dynamic Pricing Strategy for a 3PL Provider with Heterogeneous Customers ［J］. International Journal of Production Economics，2015，169：31 – 43.

［297］Zhang，J.，Zhao，Y.，Xue，W.，et al. Vehicle routing problem with fuel consumption and carbon emission ［J］. International Journal of Production Economics，2015，170：234 – 242.

［298］Zhang，R.，Hanaoka，T. Deployment of electric vehicles in China to meet the carbon neutral target by 2060：Provincial disparities in energy systems，CO_2 emissions，and cost effectiveness ［J］. Resources，Conservation and Recycling，2021，170：105622.

［299］Zhang，R.，Hanaoka，T. Cross-cutting scenarios and strategies for designing decarbonization pathways in the transport sector toward carbon neutrality ［J］. Nature Communications，2022，13：3629.

［300］Zhao，J.，Huang，L.，Lee，D. H.，et al. Improved approaches to the network design problem in regional hazardous waste management systems ［J］. Transportation Research Part E Logistics & Transportation Review，2016，88：52 – 75.

［301］Zhen，L.，Ma，C.，Wang，K.，et al. Multi-depot multi-trip vehicle routing problem with time windows and release dates ［J］. Transportation Research Part E：Logistics and Transportation Review，2020，135：101866.

［302］Zheng，Y.，Xu，Z.，He，Y. A novel weight-derived method and its application in graduate students' physical health assessment ［J］. International Journal of Intelligent Systems，2021，36：200 – 236.